U0159642

普通高等教育新工科电子信息类课改系列教材

电工电子学

（第二版）

主　编　王艳红

副主编　陈乐平　黄　琳　戴纯春

西安电子科技大学出版社

内 容 简 介

本书共分为 4 个模块：电路分析基础、电气控制技术、模拟电子技术和数字电子技术。具体内容包括电路的基本定律及基本分析方法、正弦交流电路、三相电路、电路的暂态分析、变压器、电动机、继电接触器控制系统、可编程控制器、半导体二极管及直流稳压电源电路、半导体三极管及放大电路、集成运算放大器及其应用、电力电子技术、组合逻辑电路、时序逻辑电路、半导体存储器以及模拟信号与数字信号的转换等共 16 章。

本书每章都有教学内容与要求，可帮助读者了解该章的知识结构、要求和重点；本书将理论与应用相结合，并提供了丰富的例题和习题。书中所附数字资源包括教学视频、PPT、例题及习题解答、计算机仿真实验等，读者扫描二维码即可观看学习，既便于教学改革，又便于学生自学和牢固掌握电工电子学的知识和技术。

本书可作为高等学校非电类专业学生的教科书，也可作为工程技术人员的自学参考教材。

图书在版编目(CIP)数据

电工电子学/王艳红主编. —2 版.
—西安：西安电子科技大学出版社，2020.8(2024.1 重印)
ISBN 978 - 7 - 5606 - 5827 - 8

Ⅰ. ① 电⋯ Ⅱ. ① 王⋯ Ⅲ. ① 电工 ② 电子学 Ⅳ. ① TM ② TN01

中国版本图书馆 CIP 数据核字(2020)第 143222 号

策　　划　毛红兵
责任编辑　宁晓蓉
出版发行　西安电子科技大学出版社(西安市太白南路 2 号)
电　　话　(029)88202421　88201467　　邮　编　710071
网　　址　www.xduph.com　　　电子邮箱　xdupfxb001@163.com
经　　销　新华书店
印刷单位　陕西天意印务有限责任公司
版　　次　2020 年 8 月第 2 版　2024 年 1 月第 7 次印刷
开　　本　787 毫米×1092 毫米　1/16　印 张　20.5
字　　数　485 千字
定　　价　48.00 元

ISBN 978 - 7 - 5606 - 5827 - 8/TM
XDUP 6129002 - 7
＊＊＊如有印装问题可调换＊＊＊

前　　言

　　"电工电子学"课程是高等学校非电类工科专业设置的一门重要专业基础课，其任务是使非电专业学生学习和掌握电工电子技术的基本理论和基本技能，并为相关的后续课程和今后从事专业技术工作打好基础。

　　根据高校人才培养目标、任务、方法及模式的新要求，为适应教学改革和目前课堂教学学时压缩的需要，本书在编写时力求做到以下几点：

　　（1）在保证概念、定理和分析方法正确的前提下，既注重内容全面、由浅入深，又注意全书结构清晰、重点突出，便于教与学。

　　（2）在重点章节中，利用实例来讲述相关理论在实际中的应用，并针对现代技术特点，突出数字电子技术和集成电子技术；分析了非电专业应用技术的特点，将应用广泛的可编程控制器（PLC）技术安排在第 2 模块中。本书具有体现先进性、加强实践性和应用性的特点。

　　（3）给出了丰富的例题，有的例题给出了不同的解法，有的例题引入了计算机辅助分析，以培养学生利用计算机辅助分析的能力；每章后附有习题，以提高学生分析和解决实际问题的能力。

　　（4）为了适应互联网迅猛发展的形势和 00 后学生的特点，制作了 80 个微课视频等数字资源，将各章知识点、一些计算机仿真实验及部分习题解答以二维码的形式呈现。"扫一扫，看视频"在教材中的应用和改革对学生更好地掌握电工电子学知识、提高学生学习能力及教学改革会起到积极的作用。

　　本书是按照教育部高等学校电子电气基础课教学指导分委员会的《电子电气基础课程教学基本要求》编写的。全书分为四个模块：电路分析基础、电气控制技术、模拟电子技术和数字电子技术。具体内容包括电路的基本定律及基本分析方法、正弦交流电路、三相电路、电路的暂态分析、变压器、电动机、继电接触器控制系统、可编程控制器、半导体二极管及直流稳压电源电路、半导体三极管及放大电路、集成运算放大器及其应用、电力电子技术、组合逻辑电路、时序逻辑电路、半导体存储器以及模拟信号与数字信号的转换等共 16 章。教师可以根据专业和课程学时的具体要求选择教授不同的模块与章节。

本书编写分工如下：王艳红编写第 1 模块电路分析基础（第 1 章～第 4 章），陈乐平编写第 2 模块电气控制技术（第 5 章～第 8 章），戴纯春和王艳红共同编写第 3 模块模拟电子技术（第 9 章～第 12 章）、黄琳编写第 4 模块数字电子技术（第 13 章～第 16 章）。全书由王艳红负责编写提纲和统稿。烟台大学光电信息科技技术学院王宇昊、蓝共强、张雯涛和戴振蓉及阚新宇同学制作了部分微课视频及数字资源，在此衷心感谢他们对本书做出的贡献。编写本书时，查阅和参考了众多文献资料，也得到了许多老师的帮助，在此一并表示感谢。

　　由于编者的水平有限，书中的疏漏和不妥之处在所难免，恳请使用本书的师生和读者提出宝贵意见，以便修改。

编　者
2020 年 6 月

目　　录

第 1 模块　电路分析基础

第 2 模块　电气控制技术

第 3 模块　模拟电子技术

第 4 模块 数字电子技术

第1模块

电路分析基础

第1章　电路的基本定律及基本分析方法

第1章知识点

教学内容与要求：本章介绍电路模型和电路的基本变量(电流、电压和功率)。基尔霍夫定律是分析电路的基本定律。要求掌握电路分析的支路电流法、叠加定理及戴维南定理。这些方法及定理不仅适用于直流电路，扩展后也适用于交流电路，因此要求能熟练运用基尔霍夫定律、电路分析方法及定理求解电路中的各个变量。

1.1　电路的基本概念和物理量

电路分析的任务是确定给定电路的电性能，而电路的电性能通常可以通过一组物理量来描述，最常用的便是电流、电压和功率。

1.1.1　电路组成

电路(electric circuit)是电子元器件按一定方式连接构成的电流通路。有的电路十分庞大，如电力系统及通信系统等；有的电路只有几平方毫米，如集成电路芯片。图1.1为简单的手电筒电路。电路中，电池用来提供电能，简称电源(electric source)；小灯泡将电能转变为光能，称为负载(load)；导线用来连接电源与负载；开关是控制元件，用来控制电路的接通与断开。

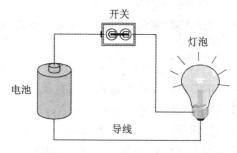

图 1.1　手电筒电路

电路按其作用和功能可分为两大类：一类是进行能量产生、传输、转换的电路，如电力系统；另一类是实现信号传递与处理的电路，如通信系统和各种信息处理系统。

1.1.2　电路的基本物理量

1. 电流及其参考方向

电路中带电粒子的定向运动形成电流。**一般把单位时间内通过导体横截面的电量定义为电流(electric current)**，用符号 $i(t)$ 表示，即

$$i(t) = \frac{\mathrm{d}q}{\mathrm{d}t} \tag{1.1}$$

习惯上把正电荷运动的方向规定为电流的方向。电流的单位为安[培]，符号为 A。

如果电流的大小和方向都不随时间变化，这种电流称为恒定电流，或称直流电流(direct current，简写作 dc 或 DC)，一般用大写字母 I 表示。随时间变化的电流称为交流电流(alternating current，简写作 ac 或 AC)，常用小写字母 i 表示。

电流是一个有方向的物理量，但是对给定的电路进行分析计算时，常常需要预先假设一个电流方向。**这个预先假设的电流方向叫作参考方向(reference direction)**，参考方向是在电路图中用箭头任意标定的电流方向，如图 1.2 所示。

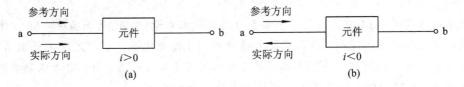

图 1.2 电流的参考方向

电流的参考方向可以任意选定，但一经选定，就不再改变。经过计算，若求得 $i>0$，则表示电流的实际方向和参考方向一致；若 $i<0$，则表示电流的实际方向和参考方向相反。

如图 1.2(a)所示，当 $i=5$ A 时，表示电流的实际方向和参考方向都为 a $\xrightarrow{\text{流向}}$ b；当 $i=-5$ A 时，表示电流的实际方向为 b $\xrightarrow{\text{流向}}$ a，如图 1.2(b)所示。

在进行电路分析时，必须先标出电流的参考方向，方能正确进行方程的列写和求解，题目中给出的电流方向均是参考方向。只有规定了参考方向，电流的正负才有意义。

2. 电压及其参考方向

电场力对电荷所做的功定义为电压(voltage)，即

$$u = \frac{\mathrm{d}w}{\mathrm{d}q} \tag{1.2}$$

不随时间变化的电压称为直流电压，用大写字母 U 表示。交流电压是随时间变化的电压，常用小写字母 u 表示。电压的单位是伏特，简称伏(V)。

如同电流标定参考方向一样，在进行电路分析时首先需对电压预先标定参考方向(也称为参考极性)。如图 1.3 所示，电压的参考方向是在元件或电路的两端用"＋""－"符号来表示的，"＋"表示高电位，"－"表示低电位。

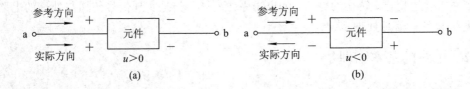

图 1.3 电压的参考方向

电压的参考方向可以任意选定，但一经选定，就不再改变。经过计算，若求得 $u>0$，则表示电压的实际方向和参考方向一致；若 $u<0$，则表示电压的实际方向和参考方向相反。另外还可以用双下标表示，例如，u_{ab} 表示 a、b 两点间电压的参考方向是从 a 指向 b(a 点为高电位，b 点为低电位)。

为了便于分析，常在电路中选某一点为参考点，**把任一点到参考点的电压称为该点的**

电位(potential)，参考点的电位一般选为零，所以，参考点也称为零电位点。

电位用 v 或 V 表示，单位与电压相同，也是 V(伏)。

已知 $V_a = 30$ V，$V_b = 5$ V，则有 $U_{ab} = V_a - V_b = 30 - 5 = 25$ V，两点之间的电压就是 a、b 两点之间的电位差。

3. 关联参考方向

在以后的电路分析中，完全不必先考虑各电流、电压的实际方向究竟如何，而应首先在电路中标定它们的参考方向，然后按参考方向进行计算，由计算结果的正负值与标定的参考方向来确定它们的实际方向，图中不需标出实际方向。参考方向可以任意选定，在图中相应位置标注(包括方向和符号)，但一经选定，在分析电路的过程中就不再改变。

为了分析电路方便，常将电压和电流的参考方向选为一致，称其为关联参考方向。

关联参考方向(associated reference direction)：如果指定流过元件电流的参考方向是从标以电压"＋"极流向"－"极的一端，即两者的参考方向一致，称电压、电流的这种参考方向为**关联参考方向**；否则称为非关联参考方向。图 1.4(a)所示为关联参考方向，图1.4(b)所示为非关联参考方向。

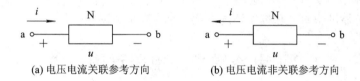

(a) 电压电流关联参考方向　　　　　　(b) 电压电流非关联参考方向

图 1.4　电压电流的关联参考方向与非关联参考方向

4. 功率与能量

电场力在单位时间内移动正电荷所做的功称为电功率，简称功率(power)，功率的国际单位是瓦[特](W)。

如果电路元件的电压 u 和电流 i 取关联参考方向，如图 1.4(a)所示，电路消耗的功率为

$$p(t) = u(t)i(t) \tag{1.3}$$

如果电路元件的 u 和 i 取非关联参考方向，如图 1.4(b)所示，可将电压或电流视为关联参考方向的负值，此时功率计算公式应该写为

$$p(t) = -u(t)i(t) \tag{1.4}$$

根据电压和电流是否为关联参考方向，可以相应选用式(1.3)或式(1.4)计算功率 p：

(1) 若 $p > 0$，则表示电路 N 确实消耗(吸收)功率，起负载作用。

(2) 若 $p < 0$，则表示电路 N 吸收的功率为负值，实质上它提供 (或发出)功率，起电源作用。

从 t_0 到 t 的时间内，元件吸收(或提供)的电能用 W 表示为

$$W = \int_{t_0}^{t} p \, \mathrm{d}t = \int_{0}^{t} ui \, \mathrm{d}t \tag{1.5}$$

单位：焦[耳]，简称焦(J)。实用中常用千瓦小时(kW·h)(俗称度)作电能单位。

$$1 \text{ 度} = 1 \text{ kW·h} = 10^3 \text{ W} \times 3600 \text{ s} = 3.6 \times 10^6 \text{ J}$$

[例 1.1]　电路如图 1.5 所示，方框代表电源或电阻，各电压、电流的参考方向均已设

定。已知 $I_1=6$ A、$I_3=5$ A、$I_4=1$ A，$U_1=40$ V、

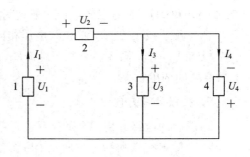

$U_2=30$ V、$U_3=10$ V、$U_4=-10$ V。(1) 判断各
元件电压、电流的参考方向是否为关联参考方向；
(2) 计算各元件消耗或向外提供的功率，判断哪个
元件起电源作用，并验证是否满足功率守恒。

[**解**]　(1) 从图 1.5 可知，元件 1、元件 4 的
电压、电流参考方向为非关联参考方向，元件 2、
元件 3 的电压与电流参考方向为关联参考方向。

图 1.5　例 1.1 电路图

(2) 计算各元件的功率。

元件 1：　　　　　　　$P_1=-U_1 I_1=-40\times 6$ W $=-240$ W<0(提供功率，起电源作用)

元件 2：　　　　　　　$P_2=U_2 I_1=30\times 6$ W $=180$ W>0(消耗功率，为负载)

元件 3：　　　　　　　$P_3=U_3 I_3=10\times 5$ W $=50$ W>0(消耗功率，为负载)

元件 4：　　　　　　　$P_4=-U_4 I_4=-(-10)\times 1$ W $=10$ W>0(消耗功率，为负载)

元件 1 提供功率，起电源作用。

功率的和：　　　　　　$P_1+P_2+P_3+P_4=0$

也可以求得提供功率之和等于消耗功率之和，满足功率守恒。

1.2　电路模型及电路理想元件

电路中的电源、负载等器件都是电路元件。在电路中能提供电能的元件(如电池等)称
为有源元件；不能提供电能的元件称为无源元件。理想电路元件主要有理想电压源、理想
电流源、理想电阻、理想电容、理想电感等。

1.2.1　电路模型

用理想电路元件构成的电路叫做电路模型(circuit model)。

理想元件就是对实际元件的抽象化和理想化。例如，电
灯、电炉等器件通常用电阻元件来表征。实际电源有内阻，
理想电源没有内阻。

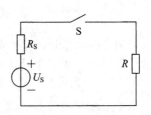

图 1.6 是手电筒的电路模型图，图中 U_S 是一个电压
源，代替电池；R 是理想电阻元件，只消耗电能，代替灯泡；
S 是开关元件；连接三个元件的细实线是理想导线，起着传
输电能的作用。

图 1.6　手电筒的电路模型

电路模型就是用抽象的理想元件及其组合近似地替代实际器件，从而构成了与实际电
路相对应的电路模型，有利于电路的分析与计算。

理想电路元件不完全等同于电路器件，而一个电路器件在不同条件下的电路模型也可
能不同。例如电炉主要是将电能转变为热能，一般用电阻元件表示；但若电路电源频率增
大，则电路内的电阻丝产生的磁场能量就不能忽略，其模型就不能只用一个电阻元件表
示，还需要包含电感。

1.2.2　理想电压源

理想电压源是从实际电源抽象出来的一种电路模型，是有源元件。

若一个二端元件接到任何电路后，该元件两端电压总能保持给定的时间函数 $u_S(t)$，与通过它的电流大小无关，则此二端元件称为理想电压源（亦称独立电压源），简称为电压源（voltage source）。 图 1.7(a)为电压源的一般符号，"＋""—"号表示电压源电压的参考极性，u_S 为电压源的端电压值，可以用其表示交流电压源或直流电压源，表示直流电压源时 $u_S = U_S$；也常用图 1.7(b)来表示直流电压源。

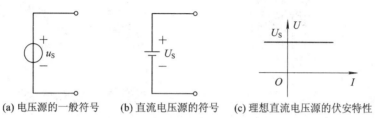

(a) 电压源的一般符号　　(b) 直流电压源的符号　　(c) 理想直流电压源的伏安特性

图 1.7　电压源的符号及伏安特性

图 1.7(c)为理想直流电压源的伏安特性，直流电压源的伏安特性为平行于电流轴的直线。电压源的电压是由它本身决定的，流过它的电流则是任意的，由电压源与外电路共同决定。因为理想电压源的电压与外电路无关，所以与电压源并联的电路，其两端的电压等于理想电压源的电压。

1.2.3　理想电流源

理想电流源也是从实际电源抽象出来的另一种电路模型，是有源元件。

如果一个二端元件的输出电流总能保持给定的电流，与该元件两端电压无关，则称此二端元件为理想电流源，简称为电流源（current source），也称独立电流源。 其图形符号如图 1.8(a)所示，图中箭头表示电流源电流的参考方向。

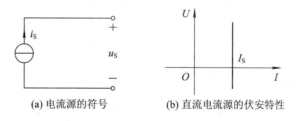

(a) 电流源的符号　　　　(b) 直流电流源的伏安特性

图 1.8　电流源的符号及伏安特性

当 i_S 为恒定值时，也称为直流电流源 I_S，其伏安特性如图 1.8(b)所示。电流源的电流是由它本身决定的，电压则任意，电流源的端电压是由电流源与外电路共同决定的。因为理想电流源的电流与外电路无关，所以与电流源串联的电路，其电流等于理想电流源的电流。

1.2.4　电阻元件

1. 电阻元件伏安关系

电路最常用的元件是二端电阻元件，电阻元件（resistor）是消耗电能的理想元件。电阻分为线性和非线性电阻，这里讨论理想线性电阻。

电压的单位是伏（V），电流的单位是安（A），电阻元件的电压电流关系称为**伏安特性或伏安关系（Voltage Current Relation，VCR）**。

如果电阻的 VCR 在任意时刻都是通过 u-i 平面坐标原点的一条直线，如图 1.9(b) 所示，则称该电阻为线性时不变电阻元件。其电阻值为常量，用 R 表示，单位为欧姆，简称"欧"，符号为 Ω。

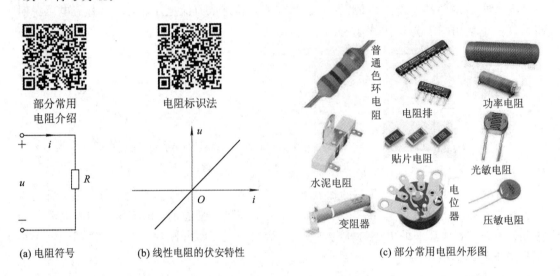

(a) 电阻符号　　　(b) 线性电阻的伏安特性　　　(c) 部分常用电阻外形图

图 1.9　电阻元件

线性电阻的电压电流关系满足欧姆定律：

$$u = Ri \quad (u \text{ 和 } i \text{ 为关联参考方向}) \tag{1.6}$$

$$u = -Ri \quad (u \text{ 和 } i \text{ 为非关联参考方向}) \tag{1.7}$$

式中，u 为电阻两端电压，i 为流过电阻的电流。

电阻的倒数定义为电导（conductance），以符号 G 表示，即

$$G = \frac{1}{R} \tag{1.8}$$

电导的 SI（国际）单位为西[门子]（S），用电导表征电阻时，欧姆定律为：$i(t) = \pm Gu(t)$。

2. 电阻元件的功率

当线性电阻元件的电压和电流为关联参考方向时，其消耗的功率为

$$p = ui = i^2 R = \frac{u^2}{R} \tag{1.9}$$

显然，若 $R \geqslant 0$，则 $p \geqslant 0$，即电阻为耗能元件，也是无源元件（passive element）。

额定值（rated value）就是为了保证安全，制造厂家所给出的电压、电流或功率的限制数值。例如，一只灯泡上标明 220 V、40 W，如果所接电压超过 220 V，灯泡消耗功率大于 40 W，就有可能将灯泡烧坏（不安全）。电气设备额定值通常在铭牌上标出，也可以在产品目录中找到，使用时必须遵守规定。如果过载时间过长，不仅会大大缩短电源或电气设备的使用寿命，严重时还会导致火灾事故等。在实际电路中，要注意防止过载情况发生。

[**例 1.2**]　求一只额定功率为 100 W、额定电压为 220 V 的灯泡的额定电流及电阻值，

若每天使用 4 小时，则每月(30 天)用电多少？

[解]
$$P = UI = \frac{U^2}{R}$$

得

$$I = \frac{P}{U} = \frac{100}{220} = 0.455 \text{ A} \qquad R = \frac{U^2}{P} = \frac{220^2}{100} = 484 \ \Omega$$

$$W = Pt = 100 \times 10^{-3} \times (4 \times 30) = 12 \text{ kW} \cdot \text{h}$$

安全意识

1.2.5 电容元件

1. 电容元件伏安关系

电容器是用来表征电路中电场能储存性质的理想元件。理想线性电容元件的特性是它所储存电荷 q 同它的端电压 u 成正比。这里设 u 和 q 为关联参考方向，有

$$q = Cu \qquad\qquad (1.10)$$

式中：C 为电容元件的参数，简称**电容(capacitance)**，其图形符号如图 1.10(a)所示。在国际单位制中，C 的单位为法拉(简称法，符号为 F)，工程上多用微法(μF)或皮法(pF)。

理想线性电容的库伏特性可用 u-q 平面上直角坐标系中一条通过原点的直线来表示，如图 1.10(b)所示。图 1.10(c)是部分常用电容器的外形。

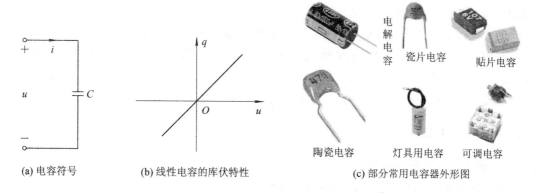

| (a) 电容符号 | (b) 线性电容的库伏特性 | (c) 部分常用电容器外形图 |

图 1.10 电容元件

当电容上的电荷量 q 或电压 u 发生变化时，在电路中将引起电流的流过。

由 $i(t) = \dfrac{\mathrm{d}q}{\mathrm{d}t}$ 及 $q = Cu$ 可推得

$$\boxed{i(t) = \frac{\mathrm{d}Cu}{\mathrm{d}t} = C\frac{\mathrm{d}u}{\mathrm{d}t}} \qquad\qquad (1.11)$$

部分常用电容介绍

式(1.11)是电容的伏安关系(VCR)，它是在电容元件的电压 u 和电流 i 的参考方向相关联情况下的表达式，若 u 和 i 的参考方向为非关联参考方向，则要加上负号。

式(1.11)表明：某一时刻电容的电流正比于该时刻电容与电压的变化率。如果电容两端加直流电压，那么 $\mathrm{d}u/\mathrm{d}t$ 为零，虽有电压，但电流为零，电容相当于开路。因此，**电容有隔断直流的作用**。电容电压变化越快，即 $\mathrm{d}u/\mathrm{d}t$ 越大，则电流也就越大。

将式(1.11)两边积分，可得电容上的电压与电流的关系式，即

$$u(t) = \frac{1}{C}\int_{-\infty}^{t} i(\xi)\,\mathrm{d}\xi = \frac{1}{C}\int_{-\infty}^{0} i(\xi)\,\mathrm{d}\xi + \frac{1}{C}\int_{0}^{t} i(\xi)\,\mathrm{d}\xi = u_0 + \frac{1}{C}\int_{0}^{t} i(\xi)\,\mathrm{d}\xi \quad (1.12)$$

式中，u_0 是在 $t=0$ 时电容两端的电压值，称为电压的初始值。因此，电容电压与电流的"全部过去历史"有关，即电容电压具有记忆电流的作用。

2. 电容元件的功率与储能

若电容的电压、电流为关联参考方向，则任一瞬间电容吸收的瞬时功率为

$$p = ui = Cu\frac{\mathrm{d}u}{\mathrm{d}t} \quad (1.13)$$

当 $p>0$ 时，电容元件吸收功率，处于充电状态；当 $p<0$ 时，电容元件释放功率，处于放电状态。

由于

$$p = \frac{\mathrm{d}w}{\mathrm{d}t}$$

若设 $u(-\infty)=0$，可得

$$w_C(t) = \int_{-\infty}^{t} p\,\mathrm{d}t = \int_{-\infty}^{t} Cu\frac{\mathrm{d}u}{\mathrm{d}t}\mathrm{d}t = \int_{u(-\infty)}^{u(t)} Cu\,\mathrm{d}u = \frac{1}{2}Cu^2(t) \quad (1.14)$$

式(1.14)表明，电容储能与该时刻电压的平方成正比，为非负值。这说明电容是一种储能元件，电容所储存的是电场能量。

实际的电容器除了有储能作用外，也会消耗一部分电能，因此实际的电容器元件可以看成是理想电容元件和理想电阻元件的并联组合。一个电容器，除了标明它的电容量外，还需标明它的额定工作电压。每一个电容器允许承受的电压是有限度的，电压过高，介质就会被击穿，从而导致电容器的损坏。因此，电容器工作时电压不应超过额定工作电压。

1.2.6　电感元件

1. 电感元件及伏安关系

电感器是用来表征电路中磁场能储存性质的理想元件。

理想电感元件的特性是：元件中的磁链 ψ 与流过的电流 i 成正比，即

$$\psi = Li \quad (1.15)$$

式中，L 为电感元件的参数，简称**电感(inductance)**，其图形符号如图 1.11(a)所示。在国际单位制中，L 的单位为亨利(简称亨，符号为 H)，工程上常用毫亨(mH)或微亨(μH)。

理想线性电感元件的磁链与电流之间的关系可用 ψ-i 平面上一条通过原点的直线表示，如图 1.11(b)所示，且不随时间而变。图 1.11(c)为部分电感的外形。

当变化的电流流过电感线圈时，在线圈中会产生变化的磁通或磁链，变化的磁链在线圈两端引起感应电压 u。

由 $u=\dfrac{\mathrm{d}\psi}{\mathrm{d}t}$ 及 $\psi=Li$ 可推得

$$\boxed{u = \frac{\mathrm{d}Li}{\mathrm{d}t} = L\frac{\mathrm{d}i}{\mathrm{d}t}} \quad (1.16)$$

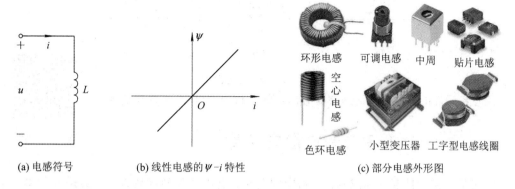

(a) 电感符号　　　　　(b) 线性电感的 $\psi\text{-}i$ 特性　　　　　(c) 部分电感外形图

图 1.11　电感元件

式(1.16)是电感的伏安关系(VCR)，它是在 u 和 i 的参考方向相关联情况下的表达式，若 u 和 i 的参考方向为非关联参考方向，则要加上负号。

式(1.16)表明：在某一时刻电感的电压正比于该时刻电流的变化率。如果电流不变，那么 $\mathrm{d}i/\mathrm{d}t$ 为零，虽有电流，但电压为零，电感相当于短路。因此，**电感对直流起短路的作用**，电感电流变化越快，即 $\mathrm{d}i/\mathrm{d}t$ 越大，则电压也就越大。

将式(1.16)两边积分，可得电感上的电流与电压的关系式，即

$$i(t) = \frac{1}{L}\int_{-\infty}^{t} u(\xi)\mathrm{d}\xi = \frac{1}{L}\int_{-\infty}^{0} u(\xi)\mathrm{d}\xi + \frac{1}{L}\int_{0}^{t} u(\xi)\mathrm{d}\xi = i_0 + \frac{1}{L}\int_{0}^{t} u(\xi)\mathrm{d}\xi \quad (1.17)$$

式中，i_0 是在 $t=0$ 时电感元件的电流值，称为电流的初始值。因此，电感电流与电压的"全部过去历史"有关，即电感电流具有记忆电压的作用。

2. 电感元件的功率与储能

若电感的电压、电流为关联参考方向，则电感吸收的瞬时功率为

$$p = ui = Li\frac{\mathrm{d}i}{\mathrm{d}t} \quad (1.18)$$

当 $p>0$ 时，电感元件吸收功率，处于充磁状态；当 $p<0$ 时，电感元件释放功率，处于放磁状态。

电感介绍

和电容相类似，电感也是储能元件，若设 $i(-\infty)=0$，则有

$$w_L(t) = \int_{-\infty}^{t} p\mathrm{d}t = \int_{-\infty}^{t} Li\frac{\mathrm{d}i}{\mathrm{d}t}\mathrm{d}t = \int_{i(-\infty)}^{i(t)} Li\,\mathrm{d}i = \frac{1}{2}Li^2(t) \quad (1.19)$$

式(1.19)表明，电感储能与该时刻电流的平方成正比，为非负值，说明电感是一种储能元件，电感所储存的是磁场能量。

实际的电感元件除了有储能作用外，也会消耗一部分电能，因此实际的电感元件可以看成是理想电感元件和理想电阻元件的串联组合。一个实际的电感线圈，除了标明它的电感量外，还应标明它的额定工作电流。电流过大，会使线圈过热或使线圈受到过大电磁力的作用而发生机械变形，甚至烧毁线圈。

[**例 1.3**]　如图 1.12 所示，电压 u 和 i 的参考方向在图中已经标出，写出各元件 u 和 i 的特性方程。

[**解**]　(a) $u=-8$ V；(b) $u=L\dfrac{\mathrm{d}i}{\mathrm{d}t}=10^{-2}\dfrac{\mathrm{d}i}{\mathrm{d}t}$；(c) $i(t)=-C\dfrac{\mathrm{d}u}{\mathrm{d}t}=-3\times10^{-5}\dfrac{\mathrm{d}u}{\mathrm{d}t}$

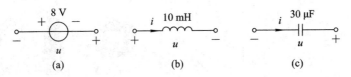

图 1.12　例 1.3 电路图

基尔霍夫介绍

注意各元件的电压和电流的参考方向，图 1.12(c)为非关联参考方向。

1.3　基尔霍夫定律

电路是电路元件互连而成的。电路中的电压、电流受到**两类约束**：一类是元件本身的**伏安关系约束**(如电阻元件的欧姆定律)；另一类是电路结构的约束。基尔霍夫定律就是描述电路结构约束的基本定律，包括基尔霍夫电流定律(Kirchhoff's Current Law，KCL)和基尔霍夫电压定律(Kirchhoff's Voltage Law，KVL)。它反映了电路中所有支路电流和电压的约束关系，是分析电路的基本定律。基尔霍夫定律与元件伏安特性构成了电路分析的基础。

1.3.1　电路图相关术语

三条或三条以上支路的连接点称为**节点**(**node**)。通常用 n 表示节点数。图 1.13 中 a、b 为两个节点。

回路(**loop**)是由支路组成的闭合路径。通常用 l 表示回路数。图 1.13 中回路有三个，分别是：a−c−b−d−a，a−d−b−e−a，a−c−b−e−a。

连接两个节点之间的电路称为**支路**(**branch**)，图 1.13 中有三个支路，a−c−b 为一条支路，同理，a−d−b 和 a−e−b 为另两条支路。流过支路的电流称为支路电流。

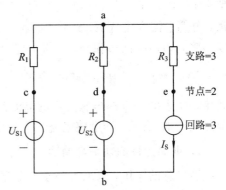

图 1.13　电路图相关术语示意图

1.3.2　基尔霍夫电流定律(KCL)

基尔霍夫电流定律(简称 KCL)描述的是电路中同一节点上相连各支路电流之间的关系。

1. KCL 的内容

KCL：在电路中，在任一时刻，任一节点上，流出(或流入)该节点的所有支路的电流的代数和为零。若规定流出该节点的电流为正，则流入该节点的电流为负。

$$\sum_{k=1}^{n} i_k = 0 \tag{1.20}$$

KCL 也可以表述为：电路中的任一节点，在任一时刻，流入该节点的电流之和等于流出该节点的电流之和，即

$$\sum i_入 = \sum i_出 \tag{1.21}$$

2. KCL 的说明

（1）用式（1.20）列写 KCL 方程时，首先要设出每一支路电流的参考方向，然后根据参考方向取符号：如果流出节点的电流取正号，则流入电流取负号；如果流入节点的电流取正号，则流出电流取负号。两种选择方法均可以，但在列写的同一个 KCL 方程中取号规则应一致。

（2）应将 KCL 代数方程中各项前的正负号与电流本身数值的正负号区别开来。

（3）KCL 不仅适用于节点，而且适用于任何一个封闭曲面。对任意的闭合面 S，流入（或流出）闭合面的电流的代数和等于零。

图 1.14 为电子技术中经常使用的晶体三极管，其内部结构较复杂，但对闭合面来讲，仍符合基尔霍夫电流定律。所以对晶体三极管有

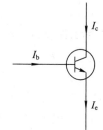

图 1.14　晶体三极管

$$I_e = I_c + I_b$$

［例 1.4］　图 1.15 中已知 $I_2 = -1$ A，$I_4 = 3$ A，$I_6 = 4$ A。求电流 I_1、I_3、I_5 的值。

［解］　对节点 1 如果设流入电流为正，则有 KCL 方程：
$$I_1 + I_6 - I_4 = 0 \quad 或 \quad I_1 + I_6 = I_4$$

得　　　　　　　$I_1 = I_4 - I_6 = 3 - 4 = -1$ A

对闭合面有　　　　$I_1 + I_3 = I_2$

得　　　　$I_3 = I_2 - I_1 = (-1) - (-1) = 0$ A

对节点 3 有 KCL 方程：　$I_5 + I_3 = I_6$

得　　　　　　　$I_5 = I_6 = 4$ A

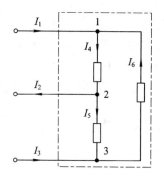

图 1.15　例 1.4 电路图

1.3.3　基尔霍夫电压定律

基尔霍夫电压定律（简称 KVL）描述了回路中各支路（元件）电压之间的约束关系。

1. KVL 的内容

在电路中，在任一时刻，沿任一回路绕行一周，各支路（元件）的电压降的代数和为零。

$$\boxed{\sum_{k=1}^{n} u_k = 0} \tag{1.22}$$

KVL 也可以表述为：在任一时刻，沿任一回路绕行一周，回路中各元件上的电压升之和等于电压降之和，即

$$\boxed{\sum u_{升} = \sum u_{降}} \tag{1.23}$$

2. KVL 的说明

（1）KVL 实质上是能量守恒原理在集总电路中的体现。

（2）应用 KVL 列写方程步骤是：首先对回路中各元件电压要规定参考方向；并设定回路的绕行方向，选顺时针绕行或逆时针绕行均可。凡元件电压参考方向（由"＋"极到"－"

极的方向)与绕行方向相同者取"＋"，反之取"－"。

（3）应将 KVL 代数方程中各项前的正负号与电压本身数值的正负号区别开来。

（4）KVL 可推广应用于开路电路。图 1.16 中无闭合回路，可以假设 a、b 之间有一支路 u_{ab}，与其他元件构成一个假想回路。可以列出下面的 KVL 方程：

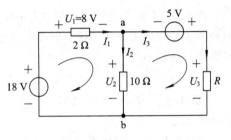

$$u_2 + u_3 + u_5 = u_1 + u_4 + u_{ab}$$
$$u_{ab} = u_2 + u_3 + u_5 - u_1 - u_4$$

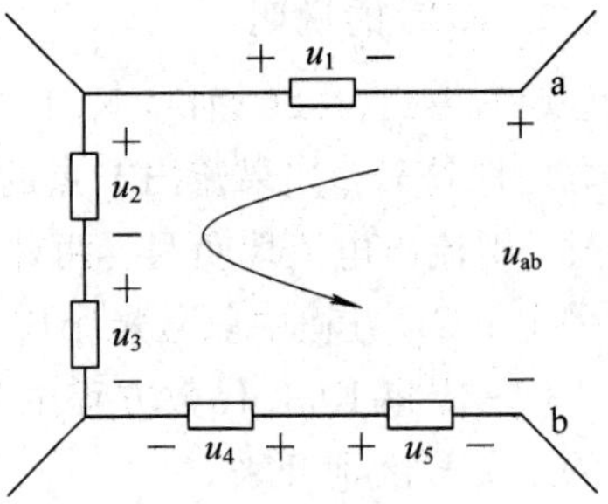

图 1.16　开路电路

[例 1.5]　电路如图 1.17 所示，(1) 求电压 U_2、U_3 的值；(2) 求电阻 R 的值。

[解]　(1) 应用 KVL 列写回路电压方程，首先要选定回路的绕行方向。如图 1.17 所示，假定两个回路绕行方向均为顺时针，对左边回路列 KVL 方程：

$$8\ \text{V} + U_2 = 18\ \text{V}$$

得
$$U_2 = 10\ \text{V}$$

对右边回路列 KVL 方程：　　$U_3 = 5\ \text{V} + U_2$

得
$$U_3 = 15\ \text{V}$$

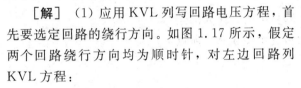

图 1.17　例 1.5 电路图

（2）求电阻 R 的值：利用欧姆定律和基尔霍夫定律，有

$$I_1 = \frac{U_1}{2\ \Omega} = \frac{8\ \text{V}}{2\ \Omega} = 4\ \text{A} \qquad I_2 = \frac{U_2}{10\ \Omega} = \frac{10\ \text{V}}{10\ \Omega} = 1\ \text{A}$$

$$I_1 = I_2 + I_3$$

得

$$I_3 = 3\ \text{A}$$

而

$$I_3 = \frac{U_3}{R}$$

故

$$R = \frac{U_3}{3\ \text{A}} = \frac{15\ \text{V}}{3\ \text{A}} = 5\ \Omega$$

求解此题利用了 KCL、KVL 和欧姆定律，它们是电路分析的基本依据。

KCL、KVL 定律与电路支路元件性质无关，只取决于电路的连接结构，这种结构约束称为**拓扑约束**；欧姆定律取决于支路元件的伏安关系，称为**元件约束**。利用两类约束可以直接列写电路方程求解电路的各个变量。

1.4　支 路 电 流 法

支路电流法(branch current method)是以支路电流为未知量，应用基尔霍夫定律、元件伏安关系，对节点和回路列出所需的方程组，解方程以求得各支路的电流，再根据支路特性求得所需要的电压、功率等。

下面用图 1.18 说明**支路电流法解题步骤**。

设电路中有 n 个节点、b 个支路。

（1）标出各支路电流参考方向。如图 1.18 所示，标出三个支路电流 I_1、I_2 和 I_3 的参考方向。

（2）列出 $n-1$ 个独立的 KCL 方程。图 1.18 中有两个节点：A 节点的 KCL 方程为 $I_1+I_2=I_3$；B 节点的 KCL 方程为 $I_3=I_1+I_2$。可见，2 个节点只有 1 个独立的 KCL 方程。

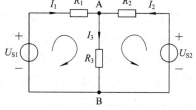

（3）列出 $b-(n-1)$ 个独立的 KVL 方程。图1.18 中，$b=3$，$n=2$，可以列出 $b-(n-1)=3-(2-1)=$ 2 个 KVL 方程。

对左边网孔列方程： $I_1R_1+I_3R_3=U_{S1}$

对右边网孔列方程： $I_2R_2+I_3R_3=U_{S2}$

图 1.18 支路电流法

（4）联立所列 KCL 、KVL 方程，为 b 元一次方程组，求解该方程组，就可得到 b 个支路电流。求得 I_1、I_2、I_3 后就可求得对应的电压和功率。

[**例 1.6**] 电路如图 1.19(a)所示，已知 $U_S=24$ V，$I_S=5$ A，利用支路电流法：(1) 求解各支路电流；(2) 验证功率是否守恒。

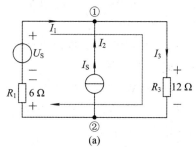

(a)

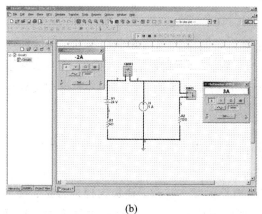

(b)

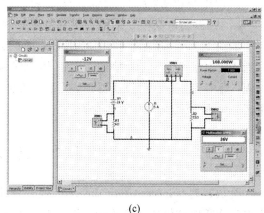

(c)

图 1.19 例 1.6 的电路

[**解**] （1）分析图 1.19(a)，电路有三个支路，各支路的电流参考方向如图 1.19(a)所示，其中支路电流 I_2 的值为电流源 I_S 的电流 5 A，所以只需列出 2 个方程就可求得未知的支路电流 I_1、I_3。两个节点中，只有 1 个独立的 KCL 方程，列出①节点的 KCL 方程：

$$I_1+I_2=I_3 \qquad I_1+5=I_3$$

列出 1 个独立的 KVL 方程，因为 5 A 电流源上电压值是未知的，故此题选大回路列写 KVL 方程。先在电路中标出电阻的电压参考方向，一般选关联参考方向，画出回路绕行

方向，如图 1.19(a)所示，则 KVL 方程为

$$R_3 I_3 + R_1 I_1 = U_s$$

即

$$12 I_3 + 6 I_1 = 24 \text{ V}$$

解方程得

$$I_1 = -2 \text{ A}, \quad I_3 = 3 \text{ A}$$

随着计算机技术的发展及电路的集成化，可利用计算机进行电路辅助分析与设计。Multisim 是一款方便实用的电路仿真与设计软件。它是在计算机屏幕上利用直观的图形界面，从虚拟的元器件库中选取所需元件，如选取电阻、电压源等元件来创建电路图，然后直接从屏幕上选取电路仿真需要的测试仪器进行电路分析。图 1.19(b)是利用 Multisim 对图 1.19(a)进行仿真的界面图，利用虚拟的万用表测试得到支路 1 的电流为 -2 A，支路 3 的电流为 3 A，与计算值相同。

(2) 先求各元件的功率。

R_1 的电压：$U_1 = R_1 I_1 = 6 \times (-2) = -12$ V

R_1 的功率：$P_1 = U_1 I_1 = (-12) \times (-2) = 24$ W > 0，吸收功率

U_s 的电流：$I_1 = -2$ A，非关联参考方向

U_s 的功率：$P_{U_s} = -24 \times (-2) = 48$ W > 0，吸收功率

R_3 的电压：$U_3 = R_3 I_3 = 12 \times 3 = 36$ V

R_3 的功率：$P_3 = U_3 I_3 = 36 \times 3 = 108$ W > 0，吸收功率

I_s 的电压：$U_3 = 36$ V，非关联参考方向

I_s 的功率：$P_{I_s} = -36 \times 5 = -180$ W < 0，产生功率

吸收功率：$P_{吸} = P_1 + P_3 + P_{U_s} = 24 + 108 + 48 = 180$ W

图 1.19 电路中 24 V 电压源起负载作用。

I_s 产生的功率：$P_{产生} = P_{吸收} = 180$ W

图 1.19(a)电路中 5 A 电流源起电源作用。

例 1.6 Multisim 电路仿真

如图 1.19(c)所示，利用 Multisim 中的万用表和功率表测试得到电阻 R_1 的电压为 -12 V，电阻 R_3 的电压为 36 V，R_3 的功率为 108 W，与计算值相同。Multisim 具有界面直观、虚拟元件库和虚拟仪器仪表丰富、方便易学及仿真分析能力强等特点，可在实践中学习和掌握 Multisim 仿真软件。

1.5 叠 加 定 理

叠加定理(superposition theorem)是分析线性电路的基本定理。叠加定理内容是：在多个电源作用的线性电阻电路中，任一支路的电流或电压等于电路中每个独立源单独作用于电路产生的响应的代数和。所谓每一个电源单独作用，是指其他独立源变为零（电压源短路，电流源开路）。

叠加定理可以用下例说明，在图 1.20(a)中，我们利用支路电流法求电流 I_1，列出两个方程：

节点①有 KCL 方程：

$$I_1 + I_2 = I_3 \quad 即 \quad I_1 - I_3 = -I_2 = -I_s$$

大回路有 KVL 方程：

$$R_3 I_3 + R_1 I_1 = U_S$$

解上述两个方程，求得电流 I_1：

$$I_1 = \frac{1}{R_1 + R_3} U_S - \frac{R_3}{R_1 + R_3} I_S = I_1' - I_1'' \tag{1.24}$$

上式中：

$$I_1' = \frac{1}{R_1 + R_3} U_S \qquad I_1'' = \frac{R_3}{R_1 + R_3} I_S \tag{1.25}$$

其中，式(1.24)的 I_1' 是电压源单独作用时产生的电流，等效电路如图 1.20(b)所示，图中电流源为零(即开路)，可求得

$$I_1' = \frac{1}{R_1 + R_3} U_S = 2 \text{ A}$$

I_1'' 是电流源单独作用时产生的电流，等效电路如图 1.20(c)所示，图中电压源为零(即短路)，可求得

$$I_1'' = \frac{R_3}{R_1 + R_3} I_S = 3 \text{ A}$$

$$I_1 = I_1' - I_1'' = -1 \text{ A}$$

同理

$$I_3 = I_3' + I_3''$$

可见，利用叠加定理可以将一个含有多个有源元件的电路简化成若干个只含单个有源元件的电路。

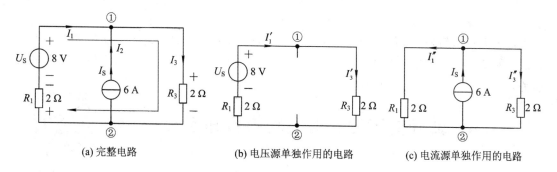

(a) 完整电路　　　　　(b) 电压源单独作用的电路　　　　　(c) 电流源单独作用的电路

图 1.20　叠加定理

应用叠加定理时的解题步骤如下：

(1) 在原电路中标出所求电路电量(总量)的参考方向。

(2) 画出各电源单独作用的各个分电路，不起作用的电源应置零，即电压源处用短路代替，电流源处用开路代替，并标出各分量的参考方向，然后分别在各分电路中计算各分量。

(3) 将各分量叠加。叠加取和时应注意各个分量前的"+"、"一"号，若分量与总量参考方向一致则取"+"，否则取"一"。如图 1.20 中 I_3' 与 I_3'' 都与 I_3 方向相同，故 $I_3 = I_3' + I_3''$；而 I_1' 与 I_1 方向相同，I_1'' 与 I_1 方向相反，所以 $I_1 = I_1' - I_1''$。

[**例 1.7**]　电路如图 1.21(a)所示，已知 $u_S = 9 \text{ V}$，$i_S = 6 \text{ A}$，求电阻 R_2 上的电压 u 和 i。

[**解**]　(1) 当 9 V 电压源单独作用时，将电流源置为零，即电流源开路，如图 1.21(b)

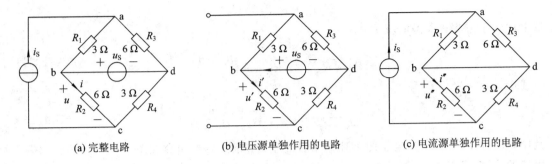

(a) 完整电路　　　　　　(b) 电压源单独作用的电路　　　　(c) 电流源单独作用的电路

图 1.21　例 1.7 电路

所示,分析电路图,R_2、R_4 是串联电阻,求得

$$i' = \frac{u_s}{R_2 + R_4} = \frac{9}{6+3} = 1 \text{ A}$$

$$u' = i'R_2 = 6 \text{ V}$$

(2) 当 6 A 电流源单独作用时,将电压源置为零,即电压源短路,如图 1.21(c)所示,分析电路图,R_2、R_4 是并联电阻,起分流作用,可利用分流公式求得

$$i'' = \frac{R_4}{R_2 + R_4} i_S = \frac{3}{6+3} \times 6 = 2 \text{ A}$$

$$u'' = i''R_2 = 2 \times 6 = 12 \text{ V}$$

(3) 当 $u_S = 9$ V 电压源、$i_S = 3$ A 电流源共同作用时:

$$i = i' + i'' = 1 + 2 = 3 \text{ A}$$

$$u = u' + u'' = 6 + 12 = 18 \text{ V}$$

这里需指出的是,叠加定理适用于线性电路,不适用于非线性电路。功率之所以不能叠加,是因为电阻消耗的功率 $P_1 = I_1^2 R_1 = (I_1' + I_1'')^2 R_1 \neq {I_1'}^2 R + {I_1''}^2 R$,功率与电流不是线性关系。

1.6　戴维南定理和最大功率传输定理

1.6.1　戴维南定理

戴维南介绍

戴维南定理(Thevenin's theorem)是计算复杂线性电路的有力工具,是一种分解方法。

在电路分析中,常常需要计算复杂电路中某一支路的电流、电压或功率,此时可以把电路分解成两个部分:该支路作为一部分,其余部分则可看成是一个有源二端网络。所谓**有源二端网络,是指该电路仅通过两个接线端与外界发生联系,并且含有电源**。有源二端网络可等效为较简单的电压源与电阻的串联电路或电流源与电阻的并联支路,以达到简化计算和分析的目的。

戴维南定理:对外电路而言,任何一个线性有源二端网络(如图 1.22(a)所示),可以用一个电压源与电阻串联的电路来等效,如图 1.22(b)所示。该串联组合中的电压等于线性有源二端网络的开路电压 U_{oc},如图 1.22(c)所示;电阻等于单口网络的全部独立电源置零后的等效电阻 R_{eq},如图 1.22(d)所示。

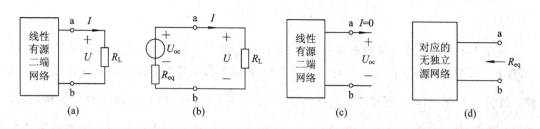

图 1.22　戴维南定理示意图

图 1.22(b)是最简单的实际电压源等效电路,为一个理想电压源与电阻串联电路。由此电路可计算出负载 R_L 上的电流为

$$I = \frac{U_{oc}}{R_{eq} + R_L}$$

[例 1.8]　电路如图 1.23 所示,已知 $U_S = 8$ V, $I_S = 3$ A, $R_1 = R_2 = 4$ Ω,负载电阻 $R_L = 6$ Ω。用戴维南定理求负载电流 I_L。

[解]利用戴维南定理解题步骤如下:

(1) 首先将待求支路从原电路中断开,可得图 1.24(a),由此求得开路电压 U_{oc}:

$$U_{oc} = I_S R_2 + U_S = 3 \times 4 + 8 = 20 \text{ V}$$

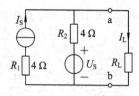

图 1.23　例 1.8 电路

(2) 求等效电阻 R_{eq},将原电路中独立源置零,即电流源断路,电压源短路,可得图 1.24(b),由此可求得戴维南等效电阻:

$$R_{eq} = R_2 = 4 \text{ Ω}$$

等效电阻的另一个求法是:分别求出开路电压和短路电流,然后利用式(1.26)求得

$$R_{eq} = \frac{U_{oc}}{I_{sc}} \tag{1.26}$$

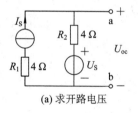 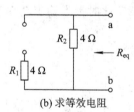 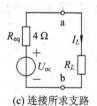

(a) 求开路电压　　　(b) 求等效电阻　　　(c) 连接所求支路

图 1.24　例 1.8 等效电路

例 1.8 仿真

将图 1.24(a)中的 a、b 端短路,得到图 1.25 所示的电路,求得短路电流为

$$I_{sc} = I_S + \frac{U_S}{R_2} = 3 + \frac{8}{4} = 5 \text{ A}$$

则利用式(1.26)求得等效电阻:

$$R_{eq} = \frac{U_{oc}}{I_{sc}} = \frac{20}{5} = 4 \text{ Ω}$$

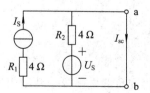

图 1.25　求短路电流

(3) 画出戴维南等效电路,将所求支路连接上,如图 1.24(c)所示,求得

$$I_L = \frac{U_{oc}}{R_{eq} + R_L} = \frac{20}{4+6} = 2 \text{ A}$$

例 1.8 中求得戴维南等效电路为一个 20 V 电压源与 4 Ω 等效电阻的串联，如图 1.26 (a)所示；该电路可以变换为一个电流源与等效电阻并联的模型，此电路称为诺顿等效电路，如图 1.26(b)所示。等效变换关系为 $I_{sc} = \frac{U_{oc}}{R_{eq}} = \frac{20}{4} = 5 \text{ A}$，其中 I_{sc} 称为端口短路电流，如图1.26(c)所示；等效电阻不变，仍为 4 Ω。图 1.26(b)所示的电流源与电阻并联等效电路可看作是一个实际电流源等效电路，实际电压源与实际电流源可以互相转换，转换公式如下：

$$I_{sc} = \frac{U_{oc}}{R_{eq}}$$

$$U_{oc} = R_{eq} I_{sc}$$

图 1.26(a)、(b)中的 R_{eq} 不变。

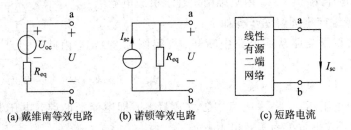

(a) 戴维南等效电路　　　(b) 诺顿等效电路　　　(c) 短路电流

图 1.26　戴维南与诺顿等效电路转换

1.6.2　最大功率传输定理

最大功率传输定理：当可变负载电阻 R_L 与有源二端网络的等效电阻 R_{eq} 相等时，有源二端网络向可变电阻负载 R_L 传输最大功率。此时最大输出功率为

$$\boxed{P_{Lmax} = \frac{U_{oc}^2}{4R_{eq}}}$$

负载 R_L 上的功率为

$$P_L = I^2 R_L = \left(\frac{U_{oc}}{R_{eq} + R_L}\right)^2 R_L$$

对 R_L 求导后令其为零，即

$$\frac{dP_L}{dR_L} = U_{oc}^2 \frac{R_{eq} - R_L}{(R_{eq} + R_L)^3} = 0$$

则有

$$\boxed{R_L = R_{eq}} \tag{1.27}$$

即当可变负载电阻等于戴维南等效电阻时，负载上得到的功率最大，此时的最大功率为

$$P_{Lmax} = \left(\frac{U_{oc}}{R_{eq} + R_L}\right)^2 R_L = \frac{U_{oc}^2}{4R_{eq}}$$

例 1.8 中如果 R_L 负载可变，当 $R_L = R_{eq} = 4$ Ω 时能获得最大功率，即

$$P_{Lmax} = \frac{U_{oc}^2}{4R_{eq}} = \frac{20^2}{4 \times 4} = 25 \text{ W}$$

可见输出端的负载要得到最大功率，负载需要与等效电阻相等，也称为**匹配**。在通信电子设备的设计中，常常需要满足匹配，以便使负载得到最大功率。

1.7　应　用　举　例

许多电子设备，如无线电接收机、交直流电源、信号发生器等，在正常工作条件下，对负载而言，可以用戴维南等效电路来模拟。

[**例 1.9**]　低频信号发生器可以产生 1 Hz～1 MHz 频率的正弦波信号、脉冲信号。正弦信号的电压可在 0.05 mV～6 V 间连续调整，现用高内阻交流电压表测得仪器输出的正弦电压为 1 V，如图 1.27(a)所示。当仪器端接 900 Ω 负载电阻时，输出电压幅度降为 0.6 V，如图 1.27(b)所示。试求信号发生器的电路模型。

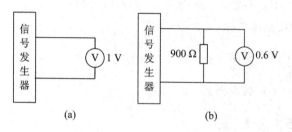

图 1.27　例 1.9 电路

[**解**]　该信号发生器工作频率较低，可以忽略电感和电容的影响。该信号发生器在线性工作范围内，可以用一个电压源与线性电阻串联电路来近似模拟，如图 1.28(a)所示。

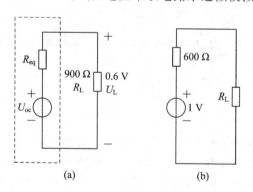

图 1.28　等效电路

由图 1.27(a)所示高内阻交流电压表测得仪器输出的正弦电压为 1 V，开路电压 $U_{oc} = 1$ V。

仪器端接 900 Ω 负载电阻时的电压为

$$U_L = \frac{U_{oc}}{R_{eq} + R_L} \times R_L = 0.6 \text{ V}$$

$$R_{eq} = 600 \text{ Ω}$$

信号发生器在线性工作范围内，可以用一个 1 V 电压源与线性电阻 $R_{eq} = 600$ Ω 串联电路等效，如图 1.28(b)所示。

1.8 小 结

1. 电路中的基本变量：电流、电压、功率

(1) 分析电路时首先要标注电流、电压的参考方向，某个电路元件上电压和电流的参考方向可以各自假定，但为了方便起见，电流参考方向从电压"十"极流到"一"极，称为关联参考方向。

(2) 某个电路元件的功率定义为 $p=ui$（关联参考方向）或 $p=-ui$（非关联参考方向）。如果经计算功率大于零，则消耗功率，为负载；如果功率小于零，则提供功率，起电源作用。

2. 电路的理想元件

(1) 理想电压源 $u_S(t)$ 和理想电流源 $i_S(t)$ 无内阻。

(2) 理想电阻满足欧姆定律：$u=Ri$。

(3) 电容元件的 VCR 微分形式：$i(t)=C\dfrac{\mathrm{d}u}{\mathrm{d}t}$。

(4) 电感元件的 VCR 微分形式：$u=L\dfrac{\mathrm{d}i}{\mathrm{d}t}$。

3. 电路的基尔霍夫定律

(1) KCL：在电路中，在任一时刻流出任一节点上或封闭面的全部支路电流的代数和等于零。

$$\sum_{k=1}^{n} i_k = 0$$

(2) KVL：在任一时刻，沿任一回路绕行一周，各支路（元件）的电压降的代数和为零。

$$\sum_{k=1}^{n} u_k = 0$$

4. 支路电流法

对于一个具有 b 条支路、n 个节点的电路，当以支路电流为未知数列电路方程时，应用 KCL 可以列出 $n-1$ 个独立方程，利用元件的 VCR，将 b 条支路电压用相应的支路电流表示，利用 KVL 列出 $b-n+1$ 个独立方程，共列出 b 个有关支路电流的独立方程，这种方法称为支路电流法。

5. 叠加定理

叠加定理是分析线性电路的基本定理。叠加定理的内容是：在多个电源作用的线性电阻电路中，任一支路的电流或电压等于电路中每个独立源单独作用于电路产生的响应的代数和。所谓每一个电源单独作用，是指其他独立源变为零（电压源短路，电流源开路）。

6. 戴维南定理

戴维南定理的内容是：对外电路而言，任何一个线性有源二端网络，可以用一个电压源与电阻串联的电路来等效。该串联组合中的电压等于线性有源二端网络的开路电压 U_{oc}，电阻等于单口网络的全部独立电源置零后的等效电阻 R_{eq}。

7. 最大功率传输定理

有源二端网络向可变电阻负载 R_L 传输最大功率的条件是：可变负载电阻 R_L 与有源二端网络的等效电阻 R_{eq} 相等，其中最大输出功率为 $P_{Lmax} = \dfrac{U_{oc}^2}{4R_{eq}}$。

习　题　1

1.1　判断题

(1) 电阻、电流和电压都是电路中的基本物理量。　　　　　　　　　　　(　　)

(2) 理想电流源输出恒定的电流，其输出端电压由内电阻决定。　　　　　(　　)

(3) 电压是产生电流的根本原因，因此电路中有电压必有电流。　　　　　(　　)

(4) 220 V、60 W 的灯泡接在 110 V 的电源上，消耗的功率为 30 W。　　(　　)

1.2　填空题

(1) 电压、电流的方向包括：_____、真实方向和关联参考方向。

(2) 电路中某元件上的电压、电流取非关联参考方向，且已知 $I = -20$ mA，$U = -3.5$ V，则该元件吸收的功率 $P = $ _____。

(3) 叠加定理、戴维南定理仅适用于_____电路。

(4) 把一只 110 V、9 W 的指示灯接在 380 V 的电源上，应串联_____ 的电阻，串接电阻的功率为 _____。

(5) 题 1.2-(5)图中，$I_1 = 2$ A，$I_2 = -5$ A，则 $I_3 = $ _____。

(6) 题 1.2-(6)图(a)为一实际的电压源，若将它转换为电流源，如题 1.2-(6)图(b)所示，则电流源的 $I_S = $ _____，$R_S = $ _____。

题 1.2-(5)图

题 1.2-(6)图

1.3　选择题

(1) 一个 100 Ω、1 W 的碳膜电阻被用于直流电路，使用时电流不能超过(　　)。

A. 10 mA　　　　　B. 100 mA　　　　　C. 1 mA　　　　　D. 0.01 mA

(2) 题 1.3-(2)图中，若电阻从 2 Ω 变到 10 Ω，则电流 I(　　)。

A. 变大　　　　　B. 变小　　　　　C. 不变　　　　　D. 不确定

(3) 题 1.3-(3)图中，已知 $V_a = 40$ V，$V_b = -10$ V，则 $U_{ba} = ($　　$)$。

A. -50 V　　　　　B. 50 V　　　　　C. 0 V　　　　　D. 30 V

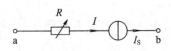

题 1.3-(2)图

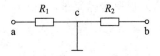

题 1.3-(3)图

(4) 题 1.3-(4)图所示电路中输出功率的元件是( )。

A. 电压源和电流源　　　B. 仅是电流源

C. 仅是电压源　　　　　D. 没有

(5) 对于电容元件而言，其正确的伏安关系(VCR)应是( )。

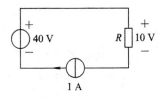

题 1.3-(4)图

A. $u_C(t) = \dfrac{\mathrm{d}i_C(t)}{\mathrm{d}t}$

B. $i_C(t) = \dfrac{1}{C} \cdot \dfrac{\mathrm{d}u_C(t)}{\mathrm{d}t}$

C. $i_C(t) = Cu_C(t)$

D. $u_C(t) = \dfrac{1}{C}\displaystyle\int_{-\infty}^{t} i_C(\xi)\mathrm{d}\xi$

(6) 在直流电路中，电感( )。

A. 相当于短路　　　　B. 相当于开路　　　　C. 短路和开路视具体情况而定

(7) 题 1.3-(7)图中，电流 I_R 为( )。

A. 10 A　　　　　B. 20 A　　　　　C. 30 A　　　　　D. 3 A

(8) 用支路电流法解算电路问题需要列出( )个独立方程。

A. 与支路数相等　　B. 支路数加一　　C. 与节点数相等　　D. 以上答案都不对

(9) 题 1.3-(9)图所示电路中电阻 R_L 可变，电阻 R_L 为( )时能获得最大功率。

A. 4 Ω　　　　　B. 2 Ω　　　　　C. 1 Ω　　　　　D. 不定

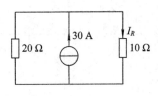

题 1.3-(7)图

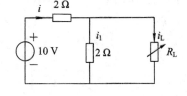

题 1.3-(9)图

1.4　电路如题 1.4 图所示，求开关断开与闭合两种情况下 A、B、C 三点的电位。

1.5　题 1.5 图(a)所示电路中 $C=2$ F，电源电压 $u_S(t)$ 如题 1.5 图(b)所示，画出电容上电流 $i(t)$ 的波形图。

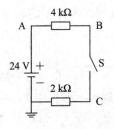

题 1.4 图

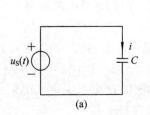

(a)

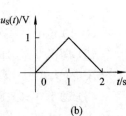

(b)

题 1.5 图

1.6　题 1.6 图(a)中，已知元件 C 提供的功率是 20 W，求电路电流 I 及元件 A、B 的功率分别是多少，判断它们是吸收功率还是提供功率。题 1.6 图(b)中，已知元件 A 提供的功率是 36 W，求元件 B、C 的功率是多少，并判断它们是吸收功率还是提供功率。

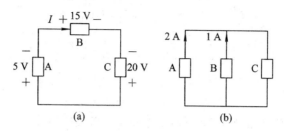

题 1.6 图

1.7　某车间有 12 盏 220 V、60 W 的照明灯和 20 把 220 V、45 W 的电烙铁，平均每天使用 8 h，问每月(按 30 天计算)该车间用电多少度(1 度＝1 kW·h)。

1.8　如题 1.8 图所示，用一个满刻度偏转电流为 0.5 mA、内阻 $R_1＝1$ kΩ 的表头，设计一个能测量 5 V、50 V 的电压表，求串联电阻 R_2、R_3 的值。

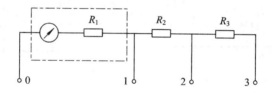

题 1.8 图

1.9　如题 1.9 图所示，各元件参数均为已知，试求电流 I 和电压 U。

1.10　如题 1.10 图所示，求电压 U 及两个电流源上的电压，并说明两个电流源是起电源作用还是负载作用。

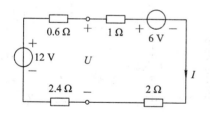

题 1.9 图

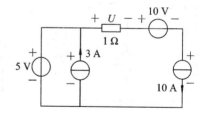

题 1.10 图

1.11　利用 KCL 和 KVL 求题 1.11 图中的电流 I。

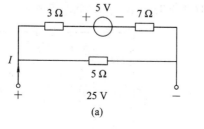

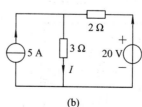

题 1.11 图

1.12 将题 1.12 图中各电路简化等效为一个理想电压源或理想电流源。

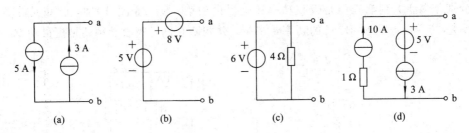

题 1.12 图

1.13 用支路电流法求题 1.13 图所示电路中的各支路电流。

1.14 题 1.14 图所示电路中,已知 $U_S=1$ V,$R_1=1$ Ω,$I_S=2$ A,电阻 R 消耗的功率是 2 W,试用支路电流法求 R 的阻值。

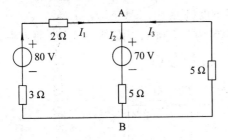

题 1.13 图

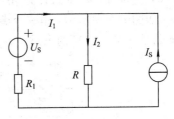

题 1.14 图

1.15 题 1.15 图所示电路中,已知 $I_S=4$ A,$U_S=6$ V,$R_1=1$ Ω,$R_2=R_3=3$ Ω,用支路电流法和叠加定理求电流 I_3 及电流源上的电压 U。

1.16 用戴维南定理和叠加定理求题 1.16 图中的电流 I。

1.17 用戴维南定理求题 1.15 图中的电流 I_3。

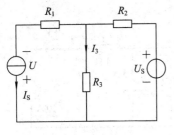

题 1.15 图

题 1.16 解答

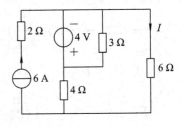

题 1.16 图

1.18 用戴维南定理求题 1.18 图中的电压 U。

1.19 题 1.19 图中,已知 $R_L=9$ Ω 时获得的功率最大,试问电阻 R 为多大。

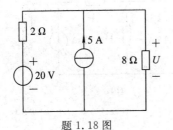

题 1.18 图

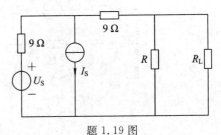

题 1.19 图

1.20　求题 1.20 图(a)、(b)所示电路的实际电压源等效电路及题 1.20 图(c)所示电路的实际电流源等效电路。

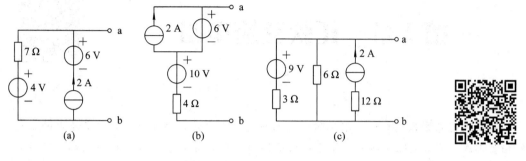

题 1.20 图

题 1.20(c)解答

1.21　题 1.21 图(a)所示电路是电子电路中的一种习惯画法，其中未画出电源，只标出与电压源相连各点对参考点(或地)的电压，即电位值，题 1.21 图(a)的等效电路如题 1.21 图(b)所示，试求电位 V_a 和电流 I 各为多少。

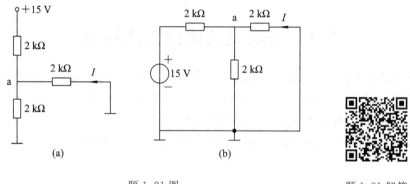

题 1.21 图

题 1.21 解答

1.22　题 1.22 图中，N 为线性有源二端网络，假定电压表内阻无穷大，当开关 S 处于位置 1 时，电压表的读数为 12 V；当开关 S 处于位置 2 时，电流表读数为 6 mA；当开关 S 处于位置 3 时，试问电压表与电流表的读数各为多少。

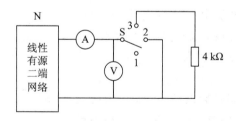

题 1.22 图

第 2 章 正弦交流电路

第 2 章知识点

教学内容与要求：本章介绍正弦交流电路的分析方法，要求理解正弦交流电的三要素和相量形式。正弦交流电路中，需建立相量模型，这是简化分析正弦稳态电路的方法，应熟悉电路 KCL、KVL 及元件 VCR 的相量形式，掌握用相量法计算交流电路的阻抗、电压及电流的方法，理解正弦交流电路的有功功率、无功功率、视在功率及功率因数的概念，并重点掌握这些参数的物理意义和计算方法。要求理解提高功率因数的意义和方法，掌握正弦交流电路串联谐振和并联谐振的条件及特征。

2.1 正弦交流电的基本概念

交流电路是指电路中的激励是交流电，即它的大小和方向随时间作周期性变化，其中正弦交流电在工农业生产和生活中的应用最广泛。在正弦交流电路中，若响应是与激励同频率的正弦电压（或电流），则称此工作状态为正弦交流稳态。

正弦交流电的实际变化规律由振幅、角频率和初相确定，故称这三个量为正弦交流电的三要素。

2.1.1 正弦交流电的三要素

正弦交流电是指大小和方向随时间按正弦规律作周期性变化的电流或电压等物理量，统称为正弦量。在分析中可以使用 sin 函数或 cos 函数来描述正弦量，本书采用 sin 函数代表正弦量。

电力系统中的交流电是由交流发电机产生的，在实验室中正弦交流电可由正弦信号发生器提供。以正弦电压为例，其数学表达式为

$$u(t) = U_m \sin(\omega t + \varphi_u) \quad (2.1)$$

式（2.1）也称为正弦量的瞬时值表达式，瞬时值用小写字母 $u(t)$ 表示，式中有三个常量：U_m 称为最大值，ω 称为角频率，φ_u 称为初相位。正弦交流电压波形图如图 2.1 所示。

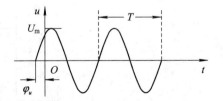

图 2.1 正弦交流电压波形图

1. 振幅（最大值）

式（2.1）的正弦量瞬时值中的最大值为 U_m，称为振幅（amplitude）。一般用大写字母带下标"m"表示，如 U_m、I_m 等。振幅反映了正弦量变化幅度的大小。

2. 角频率 ω

式(2.1)中 ω 称为角频率(angular frequency)，表示正弦量在单位时间内变化的弧度数，即

$$\omega = \frac{2\pi}{T} = 2\pi f \qquad (单位为 \text{ rad/s})$$

式中，T 表示正弦量变化一周所需的时间，称为周期(period)，单位为秒(s)；f 表示正弦量每秒钟变化的周数，称为频率(frequency)，单位为赫兹(Hz)。周期和频率互为倒数，即

$$f = \frac{1}{T}$$

我国电力网所供给的交流电的标准频率(简称工频)是 $f=50$ Hz，它的周期是 $T=1/f=0.02$ s；美国电力网频率为 60 Hz；日本电力网频率同时存在 50 Hz 和 60 Hz 两种情况。

3. 初相

式(2.1)中，$\omega t + \varphi_u$ 称为相位角；$t=0$ 时，相位为 φ_u，称其为正弦量的初相位(角)，简称初相(initial phase)。通常规定初相角的取值在 $-\pi \sim \pi$ 范围内。

正弦电量的特征表现在变化的大小、快慢和初始值三个方面，由它的振幅(最大值)、角频率(频率或周期)和初相决定，也就是知道了这三项就能确定该信号的数学表达式或波形图，U_m、ω、φ_u 与正弦量具有一一对应的关系。**振幅(最大值)、角频率(频率或周期)和初相这三个参数称为正弦量的三要素。**

2.1.2　正弦交流电的有效值

交流电的瞬时值表达式描述的只是某一瞬间的数值，实际测量瞬时值的大小不方便，在电路中需要研究它们的平均效果，因而引入有效值的概念。

正弦交流电的有效值(effective value)定义为：让正弦交流电流 i 和直流电流 I 在同一个周期 T 内通过相同电阻 R，如果所产生的热量相等，那么这个直流电流 I 的数值就称为交流电流 i 的有效值。

由此定义得出

$$I^2 R T = \int_0^T i^2 R \mathrm{d}t$$

交流电流的有效值为

$$I = \sqrt{\frac{1}{T} \int_0^T i^2 \mathrm{d}t} \tag{2.2}$$

同理，交流电压的有效值为

$$U = \sqrt{\frac{1}{T} \int_0^T u^2 \mathrm{d}t}$$

正弦交流电流为 $i(t) = I_m \sin(\omega t + \varphi_i)$，将其代入式(2.2)中，有效值为

$$I = \sqrt{\frac{1}{T} \int_0^T I_m^2 \sin^2(\omega t + \varphi_i) \mathrm{d}t}$$

因为

$$\int_0^T \sin^2(\omega t + \varphi_i) \mathrm{d}t = \int_0^T \frac{1 - \cos 2(\omega t + \varphi_i)}{2} \mathrm{d}t = \frac{1}{2}T$$

由此得出有效值和最大值的关系：

$$I = \sqrt{\frac{1}{T}I_{\mathrm{m}}^2 \cdot \frac{T}{2}} = \frac{I_{\mathrm{m}}}{\sqrt{2}} = 0.707 I_{\mathrm{m}} \quad 或 \quad I_{\mathrm{m}} = \sqrt{2}\,I$$

$$\boxed{\begin{aligned} I &= \frac{I_{\mathrm{m}}}{\sqrt{2}} = 0.707 I_{\mathrm{m}} \\ U &= \frac{U_{\mathrm{m}}}{\sqrt{2}} = 0.707 U_{\mathrm{m}} \end{aligned}} \tag{2.3}$$

正弦量的最大值与有效值之间存在着 $\sqrt{2}$ 倍的关系。有效值都用大写字母表示，如 I、U。大部分交流测量电表测得的值是有效值。

工程上说的设备铭牌额定值、电网的电压等级等一般指有效值。例如，在我国日常生活中使用的电压 220 V 是指有效值，其振幅（最大值）为 $220\sqrt{2}\,\mathrm{V} \approx 311\,\mathrm{V}$；但绝缘水平、耐压值指的是最大值。因此，在考虑电气设备的耐压水平时应按最大值考虑。

2.1.3 正弦交流电的相位差

相位差(phase difference)指两个同频率正弦量的相位之差。

两个同频率的正弦量如果为

$$u(t) = U_{\mathrm{m}}\sin(\omega t + \varphi_u) \qquad i(t) = I_{\mathrm{m}}\sin(\omega t + \varphi_i)$$

则相位差为

$$\varphi = (\omega t + \varphi_u) - (\omega t + \varphi_i) = \varphi_u - \varphi_i \tag{2.4}$$

式(2.4)表明：对于同频率的正弦量而言，相位差就是初相之差，且为定值。相位差和初相均在 $-\pi \sim \pi$ 范围内取值。

相位差用来描述两个同频率正弦量的超前、滞后关系，即谁先到达最大值，谁后到达最大值，相差多少角度。

同频率正弦量的几种相位关系如下：

(1) 超前关系：$\varphi = \varphi_u - \varphi_i > 0$ 且 $|\varphi| \leqslant \pi$ 弧度，如图 2.2(a)所示，称电压 u 超前 i，即 u 比 i 先到达正最大值。

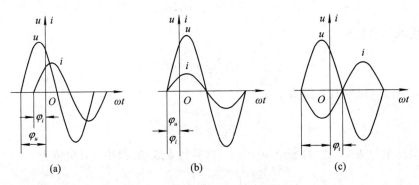

图 2.2 正弦量的相位差

(2) 滞后关系：$\varphi = \varphi_i - \varphi_u < 0$，如图 2.2(a)所示，也可以称电流 i 滞后于电压 u。

(3) 同相关系：$\varphi = \varphi_u - \varphi_i = 0$，称电压与电流这两个正弦量同相，如图 2.2(b)所示。

（4）反相关系：$\varphi=\varphi_u-\varphi_i=\pi$，称电压与电流这两个正弦量反相，如图 2.2(c)所示。

2.2　正弦交流电的相量表示法

在线性交流电路中，经常遇到正弦信号的代数运算和微分、积分运算。利用正弦三角函数关系进行计算，显得比较繁杂。为了简化电路分析，电工电子学中，常利用相量法来计算，相量法的实质就是用复数来表述正弦量。

2.2.1　复数及复数运算

1. 复数及其表示形式

一个复数是由实部和虚部组成的。以复数 $A=a+jb$ 为例（在数学中用 i 表示虚数的单位，在电工电子学中用 j 表示虚数单位），如图 2.3 所示，A 对应实轴的长度为 a，对应虚轴的长度为 b，对应复平面上的点 $A(a, b)$，在原点与 A 之间连接一直线，直线长度记作 r，为复数的模，在线段 A 端加上箭头，这个有向线段与实轴的夹角为 φ，也是复数 A 的辐角。复数可表示为以下几种形式：

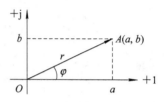

图 2.3　复数 A 的矢量图

（1）代数形式：$\qquad A=a+jb$

（2）三角函数形式：$\qquad A=r(\cos\varphi+j\sin\varphi)$

（3）指数形式：$\qquad A=re^{j\varphi}$

（4）极坐标形式：$\qquad A=r\angle\varphi$

上面四种复数表示形式可以互相转换，相互关系是

复数知识

$$r=\sqrt{a^2+b^2},\ \varphi=\arctan\left(\frac{b}{a}\right) \qquad (2.5)$$

$$a=r\cos\varphi,\ b=r\sin\varphi \qquad (2.6)$$

在以后的运算中，代数式和极坐标式是常用的，应掌握它们之间的转换。

【**例 2.1**】（1）写出复数 $A_1=3-j4$ 的极坐标形式；（2）将极坐标形式 $A_2=13\angle112.6°$ 转换为代数形式。

【**解**】（1）利用式(2.5)，有

$$r=\sqrt{3^2+(-4)^2}=5$$

$$\varphi=\arctan\left(\frac{-4}{3}\right)=-53.1°（在第四象限）$$

极坐标形式：$\qquad A_1=5\angle(-53.1°)$

（2）利用式(2.6)，有

$$a=r\cos\varphi=13\cos112.6°=-5$$

$$b=r\sin\varphi=13\sin112.6°=12$$

代数形式：$\qquad A_2=a+jb=-5+j12$

2. 复数运算

（1）复数的加、减法。复数的加减运算应用代数形式较为方便，就是把它们的实部和

虚部分别相加或相减。

设有两个复数：

$$A_1 = a_1 + \mathrm{j}b_1 = r_1 \mathrm{e}^{\mathrm{j}\varphi_1} = r_1 \angle \varphi_1$$

$$A_2 = a_2 + \mathrm{j}b_2 = r_2 \mathrm{e}^{\mathrm{j}\varphi_2} = r_2 \angle \varphi_2$$

$$A_1 \pm A_2 = (a_1 + \mathrm{j}b_1) \pm (a_2 + \mathrm{j}b_2) = (a_1 \pm a_2) + \mathrm{j}(b_1 \pm b_2)$$

（2）复数的乘、除法。一般来讲，复数的乘、除法运算用复数的极坐标形式较为简便。

设有两个复数：

$$A_1 = a_1 + \mathrm{j}b_1 = r_1 \mathrm{e}^{\mathrm{j}\varphi_1} = r_1 \angle \varphi_1$$

$$A_2 = a_2 + \mathrm{j}b_2 = r_2 \mathrm{e}^{\mathrm{j}\varphi_2} = r_2 \angle \varphi_2$$

$$A = A_1 A_2 = r_1 \mathrm{e}^{\mathrm{j}\varphi_1} r_2 \mathrm{e}^{\mathrm{j}\varphi_2} = r_1 r_2 \mathrm{e}^{\mathrm{j}(\varphi_1 + \varphi_2)} = r_1 r_2 \angle (\varphi_1 + \varphi_2)$$

$$A = \frac{A_1}{A_2} = \frac{r_1 \angle \varphi_1}{r_2 \angle \varphi_2} = \frac{r_1}{r_2} \angle (\varphi_1 - \varphi_2)$$

由于

$$\mathrm{j} = 1 \angle 90°$$

$$\frac{1}{\mathrm{j}} = -\mathrm{j} = 1 \angle (-90)°$$

所以，当一个复数乘以 j 时，模不变，辐角增大 90°；当一个复数除以 j 时，模不变，辐角减小 90°。

2.2.2　正弦量的相量表示法

如前所述，由振幅（有效值）、角频率和初相可以确定一个正弦交流电，而在线性电路中，当施加的电源（激励）都是同频率的正弦电量时，电路的各支路电压、电流为相同频率的正弦量，这样就可以将电源的角频率这一个要素作为已知量，因此求解交流电路的各支路电压、电流时，主要是求各支路电压、电流的有效值和初相位。一个复数具有模和辐角，若用复数的模表示正弦量的有效值，复数的辐角表示初相角，这个复数就可以用来表示正弦量，**表示正弦量的复数称为相量（phasor）。**

假设某正弦电压为

$$u(t) = 220\sqrt{2}\sin(\omega t + 60°)\,\mathrm{V}$$

其有效值相量为

$$\dot{U} = U \angle \varphi_u = 220 \angle 60° \mathrm{V}$$

相量是复数，为了与一般复数区别，利用它代表一个正弦量时，需在表示相量的大写字母上端加一点，如 $\dot{U}$、$\dot{I}$。式（2.7）为电流有效值相量。

$$\dot{I} = I \angle \varphi_i \qquad\qquad (2.7)$$

需要注意的是，复数只能用来表示一个正弦量，而不等同于正弦量，例如：

$$u(t) = 220\sqrt{2}\,\sin(\omega t + 60°)\mathrm{V} \neq 220 \angle 60°$$

相量与正弦量是一一对应的关系：

$$i \xleftrightarrow{\text{一一对应}} \dot{I}_\mathrm{m} = \sqrt{2}\,I \angle \varphi_i \xleftrightarrow{\text{一一对应}} \dot{I} = I \angle \varphi_i$$

$$u \xleftrightarrow{\text{一一对应}} \dot{U}_m = \sqrt{2}U\angle\varphi_u \xleftrightarrow{\text{一一对应}} \dot{U} = U\angle\varphi_u \qquad (2.8)$$

可以将相量画在复平面中，用有向线段表示，所得的图形称为相量图（phasor diagram），如图 2.4 所示。

[例 2.2]　已知同频率的正弦电压和正弦电流分别为 $u(t)=5\sqrt{2}\cos(314t+150°)$ V，$i(t)=10\sqrt{2}\sin(314t+30°)$ A。试写出 u 和 i 的相量，画出相量图，并说明它们的相位关系。

[解]　$u(t)=5\sqrt{2}\cos(314t+150°)=5\sqrt{2}\sin(314t+90°+150°)$

$$=5\sqrt{2}\sin(314t+240°)=5\sqrt{2}\sin(314t-120°)$$

$\dot{U}_m=5\sqrt{2}\angle(-120°)$ V（最大值相量）　　$\dot{U}=5\angle(-120°)$ V（有效值相量）

$\dot{I}_m=10\sqrt{2}\angle30°$ A（最大值相量）　　$\dot{I}=10\angle30°$ A（有效值相量）

画出相量图，如图 2.5 所示，可知电流超前于电压 150°。

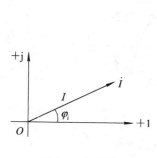

图 2.4　相量图

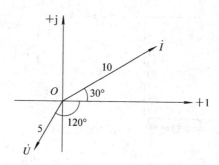

图 2.5　例 2.2 的相量图

注意：本书是以正弦函数 sin 为标准的，因此，以 cos 函数表示的正弦电压应转化为以 sin 函数表示，然后再写相量。例 2.2 的相量图如图 2.5 所示，同频率的相量可画在同一相量图中。

2.3　单一参数的正弦交流电路

单一参数是指电路仅由单一元件电阻、电感或电容组成。掌握电阻、电感、电容元件这三个基本参数的伏安关系（VCR）的相量形式、相量模型及功率特点，才能对复杂正弦交流电路进行研究分析。

2.3.1　电阻元件的正弦交流电路

1. 电阻的电压与电流的关系

在任一时刻，假设电阻 R 两端的电压与电流采用关联参考方向，如图 2.6(a) 所示。根据欧姆定律，电阻上的电压和电流瞬时值的关系为

$$u_R(t)=Ri_R(t)$$

设通过电阻的正弦电流为

$$i_R(t)=I_m\sin(\omega t+\varphi_i)$$

则有

$$u_R(t) = Ri_R(t) = RI_m \sin(\omega t + \varphi_i) = U_m \sin(\omega t + \varphi_u) \qquad (2.9)$$

式中，$U_m = RI_m$ 是电压的幅值。由式(2.9)可知，在电阻元件的正弦交流电路中，电流和电压是同频率、同相位的正弦量。

1) 电压与电流的大小关系

由式(2.9)可知，电阻两端电压幅值等于电阻值与电流幅值的乘积：

$$U_m = RI_m \qquad U_R = RI_R \qquad (2.10)$$

即电阻元件的正弦量的最大值和有效值都满足欧姆定律。

2) 电压与电流的相位关系

由式(2.9)可知，电压 $u_R(t)$ 与电流 $i_R(t)$ 的初相位相等，即电压、电流同相位，如图 2.6(d)所示。

$$\angle \varphi_u = \angle \varphi_i \qquad (2.11)$$

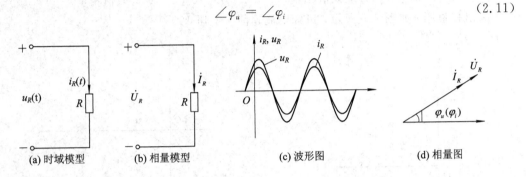

(a) 时域模型　　**(b) 相量模型**　　**(c) 波形图**　　**(d) 相量图**

图 2.6　电阻元件的时域模型、相量模型

3) 电压与电流的相量关系

若用相量形式表示式(2.9)，则电阻元件上伏安关系的相量形式为

$$\boxed{\begin{aligned} \dot{U}_{Rm} &= R\dot{I}_{Rm} \\ \dot{U}_R &= R\dot{I}_R \end{aligned}} \qquad (2.12)$$

式(2.12)为电阻元件 VCR 的振幅相量形式和有效值相量形式，它们均符合欧姆定律。

4) 电阻的相量模型、波形图及相量图

将电阻两端的电压 $u_R \xrightarrow{\text{表示为}} \dot{U}_R$，$i_R \xrightarrow{\text{表示为}} \dot{I}_R$，$R$ 不变，可得到图 2.6(b)所示电阻元件的相量模型。

电阻上的电压与电流的波形图、相量图分别如图 2.6(c)、(d)所示，电压与电流波形是同频率、同相位。

2. 电阻的功率

1) 瞬时功率

正弦交流电路中，电压瞬时值 u 与电流瞬时值 i 的乘积称为瞬时功率，用小写字母 p 表示。

电阻的瞬时功率为

$$\begin{aligned} p_R(t) &= u_R(t) \cdot i_R(t) = U_m \sin(\omega t + \varphi_u) \cdot I_m \sin(\omega t + \varphi_i) = U_m I_m \sin^2(\omega t + \varphi_i) \\ &= UI[1 - \cos 2(\omega t + \varphi_i)] = UI - UI \cos 2(\omega t + \varphi_i) \qquad (2.13) \end{aligned}$$

分析式(2.13)可知电阻的瞬时功率由两部分组成，一个常数项和一个正弦项，角频率

为 2ω，瞬时功率的波形图如图 2.7 所示，瞬时功率总是大于等于零，说明电阻始终是消耗功率的。

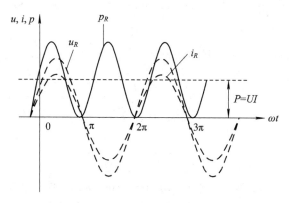

图 2.7　电阻的功率波形图

2）电阻的有功功率

瞬时功率在一周期内的平均值称为平均功率（average power），记为大写字母 P，也称为有功功率（active power），单位为 W（瓦）。有功功率反映了电路中负载消耗的电能大小。

$$P = \frac{1}{T}\int_0^T p(t)\mathrm{d}t = \frac{1}{T}\int_0^T \left[UI - UI\cos 2(\omega t + \varphi_i)\right]\mathrm{d}t = UI$$

电阻元件上的有功功率是电阻元件上电压与电流的有效值的乘积，依据 $U = RI$，则有

$$P = UI = I^2 R = \frac{U^2}{R} = \frac{1}{2}\frac{U_{\mathrm{m}}^2}{R} = \frac{1}{2}I_{\mathrm{m}}^2 R \tag{2.14}$$

通常所说的功率都是指平均功率（有功功率）。例如 40 W 灯泡是指灯泡的平均功率为 40 W。

2.3.2　电感元件的正弦交流电路

1. 电感的电压与电流的关系

如图 2.8(a) 所示，电感电流与电感电压取关联参考方向，假设通过电感的电流为

$$i_L(t) = I_{Lm}\sin(\omega t + \varphi_i) = \sqrt{2}\,I_L\sin(\omega t + \varphi_i)$$

电感元件上的电压与电流的时域关系为

$$u_L(t) = L\frac{\mathrm{d}i_L(t)}{\mathrm{d}t} \tag{2.15}$$

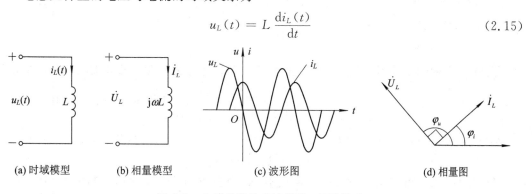

(a) 时域模型　　　　(b) 相量模型　　　　(c) 波形图　　　　(d) 相量图

图 2.8　电感元件的时域模型、相量模型

则

$$u_L(t) = L\frac{\mathrm{d}I_{Lm}\sin(\omega t + \varphi_i)}{\mathrm{d}t} = \omega L I_{Lm}\cos(\omega t + \varphi_i) = \omega L I_{Lm}\sin(\omega t + \varphi_i + 90°)$$

即

$$u_L(t) = \omega L I_{Lm}\sin(\omega t + \varphi_i + 90°) = U_{Lm}\sin(\omega t + \varphi_u) \tag{2.16}$$

1）电压与电流的大小关系

分析式(2.16)有

$$U_{Lm} = \omega L I_{Lm}$$

利用有效值表示即

$$\boxed{U_L = \omega L I_L = X_L I_L} \tag{2.17}$$

式(2.17)中的 $X_L = \omega L$ 称为**感抗(inductive reactance)**，单位为欧姆(Ω)。感抗是表示限制电流的能力大小的物理量，它与 L 和 ω 成正比。频率越高，感抗越大，对高频电流呈现的阻力也越大。在实际电路中，电感线圈常作为高频扼流线圈，可以有效阻止高频电流的通过。在直流时，$\omega = 0$ 即 $f = 0$，故 $X_L = 0$，电感相当于短路。

2）电压与电流的相位关系

电流的初相位为 φ_i，式(2.16)表明电感电压初相位 $\varphi_u = \varphi_i + 90°$，所以电感电压相位超前于电流相位 $90°$，如图 2.8(c)、(d)所示。

3）电压与电流的相量关系

用相量形式表示式(2.16)：

$$\dot{U}_L = U_L\angle\varphi_u = \omega L I_L\angle(\varphi_i + 90°) = \mathrm{j}\omega L I_L\angle\varphi_i = \mathrm{j}\omega L\ \dot{I}_L \tag{2.18}$$

从而可得

$$\boxed{\dot{U}_L = \mathrm{j}\omega L\ \dot{I}_L = \mathrm{j}X_L\ \dot{I}_L} \tag{2.19}$$

式(2.19)为电感元件的伏安关系的相量形式。

4）电感的相量模型、波形图及相量图

将电感两端电压 $u_L \xrightarrow{\text{表示为}} \dot{U}_L$，$i \xrightarrow{\text{表示为}} \dot{I}_L$，电感 $L \longrightarrow \mathrm{j}\omega L$，得到图 2.8(b)所示的**电感相量模型**。

电感上电压与电流的波形图、相量图分别如图 2.8(c)、(d)所示，电感的电压与电流波形为同频率，电感的电压相位要比电流相位超前 $90°$。

2. 电感的功率

1）电感的瞬时功率

设电感 L 两端的电压与电流为关联参考方向，为方便计算，设电感电流的初相为零，即

$$i_L(t) = I_m\sin(\omega t) = \sqrt{2}I\sin(\omega t)$$

$$p_L(t) = u_L(t)\cdot i_L(t) = \sqrt{2}U_L\sin(\omega t + 90°)\cdot\sqrt{2}I\sin(\omega t) = 2UI\sin(\omega t)\cos(\omega t)$$

$$p_L(t) = UI\sin(2\omega t) \tag{2.20}$$

利用式(2.20)可画出电感瞬时功率的波形，如图 2.9 所示。电感的瞬时功率是以 2ω 频率变化的正弦函数，当 $p > 0$ 时，电感吸收功率；当 $p < 0$ 时，电感发出功率。在一个周期

内，电感吸收功率和发出功率相等，平均功率为零。

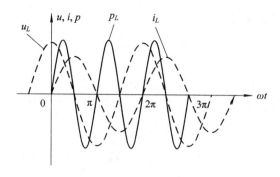

图 2.9 电感的功率波形图

2）电感的平均功率

电感的瞬时功率是以 2ω 频率变化的正弦函数。在一个周期内的平均值为零，即

$$P_L = \frac{1}{T}\int_0^T p_L(t)\,\mathrm{d}t = 0 \tag{2.21}$$

因此，在正弦激励下，电感吸收的平均功率即有功功率为零，即电感是一个储能元件。

在正弦稳态时，电感与外电路间存在着能量不断往返的现象。为了表征能量交换的大小和规模，在电工电子技术中，引入了无功功率。

3）电感的无功功率

电感的无功功率(reactive power)定义为瞬时功率的最大值。从式(2.20)中可见，瞬时功率的最大值为电感电压、电流的有效值的乘积，记为 Q_L，**表明电感与外电路能量往返的规模**，此部分功率没有被消耗掉，故称为无功功率。

$$\boxed{Q_L = UI} \tag{2.22}$$

将 $U = \omega L I$ 代入式(2.22)中，有

$$\boxed{Q_L = UI = \omega L I^2 = X_L I^2 = \frac{U^2}{X_L}} \tag{2.23}$$

无功功率的单位为乏(var, volt ampere reactive)。

[例 2.3] 已知 $L=0.2\ \mathrm{H}$ 的电感(电阻为 0)接在电压为 220 V 的工频电源上。试求：(1)电感的感抗；(2)电流的有效值；(3)无功功率。

[解] (1)感抗：$\quad X_L = \omega L = 2\pi f L = 2\times 3.14\times 50\times 0.2 = 62.8\ \Omega$

(2)电流的有效值：$\quad I = \dfrac{U}{X_L} = \dfrac{220}{62.8} = 3.5\ \mathrm{A}$

(3)无功功率：$\quad Q_L = UI = 220\times 3.5 = 770\ \mathrm{var}$

无功功率也可以利用 $Q_L = X_L I^2 = \dfrac{U^2}{X_L}$ 来计算。

2.3.3 电容元件的正弦交流电路

1.电容的电压与电流的关系

如图 2.10(a)所示，电容的电压和电流取关联参考方向，设外加电容的电压为

$$u_C(t) = U_{Cm} \sin(\omega t + \varphi_u) = \sqrt{2} U_C \sin(\omega t + \varphi_u)$$

电容元件上电压与电流的时域关系为

$$i_C(t) = C \frac{\mathrm{d}u_C(t)}{\mathrm{d}t} \tag{2.24}$$

则

$$i_C(t) = C \frac{dU_{Cm} \sin(\omega t + \varphi_u)}{\mathrm{d}t} = \omega C U_{Cm} \cos(\omega t + \varphi_u) = \omega C U_{Cm} \sin(\omega t + \varphi_u + 90°)$$

即

$$i_C(t) = \omega C U_{Cm} \sin(\omega t + \varphi_u + 90°) = I_{Cm} \sin(\omega t + \varphi_i) \tag{2.25}$$

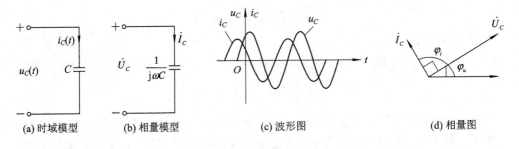

(a) 时域模型　　　(b) 相量模型　　　(c) 波形图　　　(d) 相量图

图 2.10　电容元件的时域模型、相量模型

1) 电压与电流的大小关系

分析式(2.25)有

$$I_{Cm} = \omega C U_{Cm}$$

利用有效值表示，即

$$U_C = \frac{I_C}{\omega C} = X_C I_C \tag{2.26}$$

式中，$X_C = \dfrac{U_C}{I_C} = \dfrac{1}{\omega C}$称为**容抗(capacitive reactance)**，单位为欧姆(Ω)。

容抗与感抗相似，容抗随频率变化而变化。当 $f=0$(直流电)时，$X_C = \dfrac{1}{\omega C} \longrightarrow \infty$，电容相当于开路，电路中将没有电流通过。电容具有"通高频、阻低频"的特性，在电子线路中常起到隔直、旁路、滤波的作用。

2) 电压与电流的相位关系

电压的初相位为 φ_u，式(2.25)表明电容电流初相位 $\varphi_i = \varphi_u + 90°$，所以电容上的电流相位比电压相位超前 90°，如图 2.10(c)、(d)所示。

3) 电压与电流的相量关系

用相量形式表示式(2.25)：

$$\dot{I}_C = I_C \angle \varphi_i = \omega C U_C \angle (\varphi_u + 90°) = \mathrm{j}\omega C U_C \angle \varphi_u = \mathrm{j}\omega C \dot{U}_C \tag{2.27}$$

由式(2.27)可得

$$\dot{U}_C = \frac{\dot{I}_C}{\mathrm{j}\omega C} = -\mathrm{j} X_C \dot{I}_C \tag{2.28}$$

式(2.28)为电容元件伏安关系的相量形式。

4) 电容的相量模型、波形图及相量图

依据式(2.28)，在频域中电容两端的电压 $u_C \xrightarrow{\text{表示为}} \dot{U}_C$，$i_C \xrightarrow{\text{表示为}} \dot{I}_C$，电容 $C \xrightarrow{\text{表示为}}$ $\dfrac{1}{\mathrm{j}\omega C}$，得到图 2.10(b)所示的电容相量模型。电容上的电压与电流的波形图、相量图分别如图 2.10(c)、(d)所示。电压与电流的波形同频率，电容上的电流相位比电压相位超前 90°。

2. 电容的功率

1) 电容的瞬时功率

电容也是储能元件，吸收的能量储存在电场中。

设电容 C 两端的电压与电流为关联参考方向，为方便计算，设电容电流的初相为零，即

$$i_C(t) = I_{\mathrm{m}} \sin(\omega t) = \sqrt{2}\, I \sin(\omega t)$$

电容上的电压滞后电流 90°，即

$$u_C(t) = U_{\mathrm{m}} \sin(\omega t - 90°) = -U_{\mathrm{m}} \cos(\omega t) = -\sqrt{2}\, U \cos(\omega t)$$

电容的瞬时功率为

$$p_C(t) = u_C(t) \cdot i_C(t) = -U_{\mathrm{m}} \cos(\omega t) \cdot I_{\mathrm{m}} \sin(\omega t) = -2UI \sin(\omega t) \cos(\omega t)$$

$$p_C(t) = -UI \sin(2\omega t) \tag{2.29}$$

利用式(2.29)可画出电容瞬时功率的波形，如图 2.11 所示。电容的瞬时功率是以 2ω 频率变化的正弦函数，当 $p > 0$ 时，电容吸收功率；当 $p < 0$ 时，电容发出功率。在一个周期内，电容的吸收功率和发出功率相等，平均功率为零。

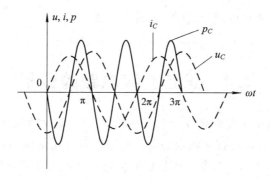

图 2.11　电容的功率波形图

2) 电容的平均功率

$$P_C = \frac{1}{T} \int_0^T p_C(t)\, \mathrm{d}t = 0 \tag{2.30}$$

因此，正弦激励时，电容吸收的**平均功率为零**。

可见，电容也是储能元件。电容与电感是对偶关系。在正弦稳态时，电容与外电路间存在着能量不断往返的现象。

3) 电容的无功功率

电容的无功功率定义为瞬时功率的最大值，从式(2.29)可得

$$Q_C = -UI \tag{2.31}$$

电容的无功功率为负，电感的无功功率为正，表明两者的储能性质不同。

将 $U = \dfrac{I}{\omega C}$ 代入式(2.31)后可得

$$Q_C = -UI = -\omega CU^2 = -\frac{I^2}{\omega C} = -X_C I^2 \tag{2.32}$$

[例2.4] 已知电源电压 $u = 220\sqrt{2}\ \sin(400t - 60°)\ \text{V}$，将 $C = 500\ \mu\text{F}$ 的电容接到电源上。

(1) 求电容上的电流 $\dot{I}_C$、i_C；

(2) 画出电容电压与电流的相量图；

(3) 求该电路的无功功率。

[解] 电源电压有效值：

$$\dot{U} = 220\angle(-60)°\ \text{V}$$

(1) 电容上电流的相量形式：

$$\begin{aligned}
\dot{I}_C &= j\omega C\dot{U} \\
&= j400 \times 500 \times 10^{-6} \times 220\angle -60° \\
&= 44\angle 30°\text{A}
\end{aligned}$$

$$i_C = 44\sqrt{2}\ \sin(400t + 30°)\text{A}$$

(2) 电容电压与电流的相量图如图2.12所示，电流超前于电压90°。

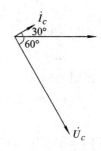

图2.12 例2.4 电压与电流相量图

(3) 电容的无功功率可以利用式(2.32)计算，即

$$Q_C = -UI = -220 \times 44 = -9680\ \text{var} = -9.68\ \text{kvar}$$

2.4 正弦交流电路的分析

实际正弦交流电路中常包含多个元件，例如 R、L、C 元件以串联或并联形式构成电路，也可能既串又并。分析正弦交流电路时，先建立电路相量模型，再利用基尔霍夫定律和元件伏安关系的相量形式，在电路相量模型上仿照电阻电路的分析方法进行分析，计算出交流电路的电压和电流。交流电路分析是用复数进行运算的。

2.4.1 基尔霍夫定律的相量形式

1. 基尔霍夫电流定律(KCL)的相量形式

在时域分析中，KCL 的瞬时值表达式为

$$\sum i = 0$$

以图2.13为例：

$$\sum i = i_1 - i_2 + i_3 = 0$$

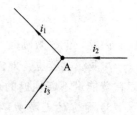

图2.13 A节点的电流

由于

$$i \xleftarrow{\text{一一对应}} \dot{I} = I\angle\varphi_i$$

则有

$$\sum \dot{I} = \dot{I}_1 - \dot{I}_2 + \dot{I}_3 = 0$$

$$\boxed{\sum \dot{I} = 0} \tag{2.33}$$

式(2.33)是 KCL 的相量形式：**对于具有相同频率的正弦电路中的任一节点，在任一时刻，流出该节点的全部支路电流相量的代数和等于零。**

2. 基尔霍夫电压定律(KVL)的相量形式

在时域分析中，KVL 的瞬时值表达式为

$$\sum u = 0$$

同理可得 KVL 的相量形式为

$$\boxed{\sum \dot{U} = 0} \tag{2.34}$$

式(2.34)是 KVL 的相量形式：**对于具有相同频率的正弦电流电路中的任一回路，沿该回路全部支路电压相量的代数和等于零。即任一回路所有支路电压用相量表示时仍满足 KVL。**

[**例 2.5**]　如图 2.14 所示，已知 $u_1(t) = 8\sqrt{2}\sin(314t + 90°)\,\text{V}$，$u_2(t) = 6\sqrt{2}\sin314t\,\text{V}$。求 V_3 表的读数。

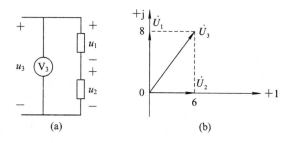

图 2.14　例 2.5 的电路图

[**解**]　由 KVL 可得

$$u_3 = u_1 + u_2$$

方法一：求 V_3 表的读数，即求 u_3 的有效值。

已知

$$\dot{U}_1 = 8\angle90° = 8\text{j} \qquad \dot{U}_2 = 6\angle0° = 6$$

KVL 的相量形式为

$$\dot{U}_3 = \dot{U}_1 + \dot{U}_2$$

$$\dot{U}_3 = \dot{U}_1 + \dot{U}_2 = 6 + \text{j}8 = \sqrt{6^2 + 8^2}\,\arctan\frac{8}{6} = 10\angle53.1°\,\text{V}$$

$\dot{U}_3$ 的有效值为 10，所以 V_3 表的读数为 10 V。

方法二：相量图法。

将 $\dot{U}_1$、$\dot{U}_2$ 相量用相量图表示，如图 2.14(b)所示。利用平行四边形法则，有

$$U_3 = \sqrt{U_1^2 + U_2^2} = \sqrt{8^2 + 6^2} = 10 \text{ V}$$

注意：

$$U_3 = 10 \text{ V} \neq U_1 + U_2 = 8 + 6 = 14 \text{ V}$$

即
$$\sum_{k=1}^{n} U_k \neq 0$$

2.4.2　正弦交流电路的串联电路

如图 2.15(a)所示的 RLC 串联电路，串联电路中流过各个元件的电流相同，设电流为

$$i(t) = I_{\mathrm{m}} \sin\omega t = \sqrt{2}\, I \sin\omega t$$

1. 相量模型

为了便于分析交流电路，引入电路的相量模型(phasor model)。

什么是相量模型？ 以 RLC 串联电路为例，保持原来电路的结构不变，$R \rightarrow R$，$L \rightarrow \mathrm{j}\omega L$，$C \rightarrow \dfrac{1}{\mathrm{j}\omega C}$，并将电压、电流都换为相量，如图 2.15(b)所示，$u \rightarrow \dot{U}$，$i \rightarrow \dot{I}$，$u_R \rightarrow \dot{U}_R$，$u_L \rightarrow \dot{U}_L$，$u_C \rightarrow \dot{U}_C$，其参考方向不变。这是一种假想的模型，用来分析正弦交流电路，称为相量模型。图 2.15(b)、(c)分别是 RLC 串联电路的相量模型和相量图。

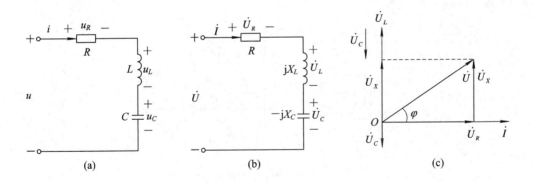

图 2.15　RLC 串联电路、相量模型、相量图

2. 阻抗

阻抗(impedance)为端口处电压相量与电流相量的比值，即

$$Z = \frac{\dot{U}}{\dot{I}} = \frac{U\angle\varphi_u}{I\angle\varphi_i} = \frac{U}{I}\angle(\varphi_u - \varphi_i) = |Z| \angle\varphi_Z \tag{2.35}$$

式中，Z 为阻抗；$|Z|$ 称为阻抗的模，其大小为端口电压与电流有效值之比；φ_Z 为阻抗角，$\varphi_Z = \angle(\varphi_u - \varphi_i)$。阻抗 Z 是复数(也称复数阻抗)，也常称为输入阻抗、等效阻抗。阻抗 Z 的 SI 单位是欧姆(Ω)。

分析式(2.35)可得

$$\boxed{\dot{U} = Z\dot{I}}$$ (2.36)

式(2.36)称为相量形式的**交流电路欧姆定律。**

分析图 2.15(b)所示的 RLC 串联电路，利用 KVL 的相量形式，则有

$$\dot{U} = \dot{U}_R + \dot{U}_L + \dot{U}_C = R\dot{I} + j\omega L\dot{I} + \frac{1}{j\omega C}\dot{I} = \left(R + j\omega L + \frac{1}{j\omega C}\right)\dot{I}$$

$$= \left[R + j\left(\omega L - \frac{1}{\omega C}\right)\right]\dot{I} = \left[R + j(X_L - X_C)\right]\dot{I}$$

端口阻抗为

$$Z = \frac{\dot{U}}{\dot{I}} = R + j\left(\omega L - \frac{1}{\omega C}\right) = R + jX = |Z| \angle \varphi_Z$$ (2.37)

式(2.37)中 Z 的实部是 R，虚部 X 是电抗：

$$X = \omega L - \frac{1}{\omega C} = X_L - X_C$$ (2.38)

式(2.37)中阻抗模为

$$|Z| = \sqrt{R^2 + X^2} = \sqrt{R^2 + \left(\omega L - \frac{1}{\omega C}\right)^2}$$ (2.39)

式(2.37)中阻抗角为

$$\varphi_Z = \arctan \frac{X}{R}$$ (2.40)

RLC 串联电路的阻抗既可以利用端口电压相量与电流相量的比值来计算，也可以利用各元件的相量模型的串联关系仿照电阻串联形式直接求得。

3. 电路的性质

分析式(2.37)得到 RLC 串联电路有以下**三种不同性质：**

(1) 当 $X > 0$，$\varphi_Z > 0$，即 $X_L > X_C$ 时，电路呈感性，电压超前电流。

(2) 当 $X < 0$，$\varphi_Z < 0$，即 $X_L < X_C$ 时，电路呈容性，电压滞后电流。

(3) 当 $X = 0$，$\varphi_Z = 0$，即 $X_L = X_C$ 时，电路呈电阻性，电压与电流同相位。

[例 2.6]　如图 2.16 所示，已知端口电压 $u(t) = 20\sqrt{2}\sin(100t + 53.1°)$ V，$i(t) = 2\sqrt{2}\sin 100t$ A。求该网络的输入阻抗及等效电路。

[解]　由已知条件可得电压与电流的相量形式及其比值为

$$\dot{U} = 20\angle 53.1°\text{V} \qquad \dot{I} = 2\angle 0°\text{A}$$

$$Z = \frac{\dot{U}}{\dot{I}} = R + jX = \frac{20\angle 53.1°}{2} = 10\angle 53.1° = (6 + j8)\Omega$$

因为 $X = 8\ \Omega > 0$，所以电路呈感性，等效电路为 $R = 6\ \Omega$ 的电阻与一个感抗 $X_L = 8\ \Omega$ 的电感元件串联，等效阻抗如图 2.17(a)所示，其等效电感为

$$L = \frac{X_L}{\omega} = \frac{8}{100} = 0.08\ \text{H}$$

等效电路如图 2.17(b)所示。

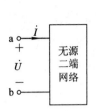

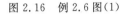

图 2.16　例 2.6 图(1)

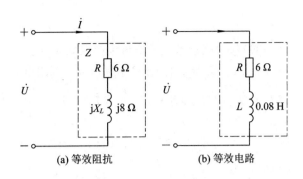

(a) 等效阻抗　　　　(b) 等效电路

图 2.17　例 2.6 图(2)

4. 阻抗三角形与电压三角形

由式(2.39)知，**R、X、|Z|构成一个直角三角形，称为阻抗三角形**，如图 2.18 所示。

画相量图时，常选择一个相量作为参考相量(参考相量的辐角设为零)，画在实轴上，其他相量以它为基准。串联电路中常以电流为参考相量。根据上节得到的各元件与电流的相位关系，画出 $\dot{U}_R$、$\dot{U}_L$(超前电流 $90°$)和 $\dot{U}_C$(滞后电流 $90°$)，三者相量相加就得到总电压 $\dot{U}$，如图 2.15(c)所示，为 RLC 串联电路呈电感性时的相量图。可以看出 $\dot{U}$、$\dot{U}_R$ 及 $\dot{U}_X$($\dot{U}_X = \dot{U}_L + \dot{U}_C$)构成一个直角三角形，如图 2.19 所示，称为电压三角形。从图中可得 $U = \sqrt{U_R^2 + U_X^2}$。

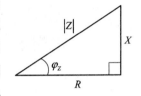

图 2.18　阻抗三角形

图 2.19 中将电压三角形的各边长除以电流 I，即可以得到阻抗三角形，所以电压三角形和阻抗三角形是相似三角形，图 2.18 中阻抗角为总电压与电流的相位差角 $\varphi_Z = \varphi_u - \varphi_i = \varphi$。

在正弦交流电路中应用相量模型后，直流电路的分析方法都可以采用，只是将电阻、电压、电流改为阻抗、电压相量和电流相量，就是正弦交流电路的计算公式，阻抗串联后，等效阻抗和电阻串联相似，但计算时使用复数运算的方法。

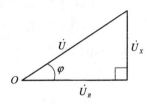

图 2.19　电压三角形

[**例 2.7**]　已知某交流电路由交流电源 $u = 200\sqrt{2}\sin(\omega t + 60°)$ 供电，$\omega = 1 \times 10^3$ rad/s，内阻抗由 $R_S = 10\ \Omega$、$L = 30$ mH 串联组成，负载由 $R_L = 10\ \Omega$、$C = 20\ \mu$F 串联而成，求电路电流 i 及负载上的电压。

[**解**]　画出电路相量模型如图 2.20 所示。

$$\dot{U}_S = 200 \angle 60° \text{V}$$

内阻抗为 $Z_S = R_S + j\omega L = 10 + j10^3 \times 30 \times 10^{-3} = (10 + j30)\Omega$

负载阻抗为

$$Z_L = R_L + \frac{1}{j\omega C} = 10 + \frac{1}{j10^3 \times 20 \times 10^{-6}} = (10 - j50)\Omega$$

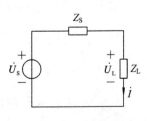

图 2.20　例 2.7 电路图

电路的阻抗为

$$Z = Z_S + Z_L = 10 + j30 + 10 - j50 = (20 - j20)\Omega$$

$$\dot{I} = \frac{\dot{U}_S}{Z} = \frac{200\angle 60°}{20 - j20} = \frac{200\angle 60°}{20\sqrt{2}\angle(-45°)} = 5\sqrt{2}\angle 105° \text{A}$$

$$\dot{U}_L = Z_L \dot{I} = (10 - j50) \times 5\sqrt{2}\angle 105° = 360.6\angle 26.3° \text{V}$$

电流为　　　　　　　　　　$i = 10 \sin(10^3 t + 105°) \text{A}$

负载上的电压为　　　　　$u_L = 360.6\sqrt{2} \sin(10^3 t + 26.3°) \text{V}$

2.4.3　正弦交流电路的电压、电流分析

在对正弦交流电路电压、电流进行分析时，首先建立相量模型，然后运用电阻电路的分析方法，如支路电流法、戴维南定理等进行分析，不同的是电流、电压要用相量表示，电阻用阻抗表示，计算采用复数形式。

[例 2.8]　RLC 并联电路如图 2.21 所示。(1) 求总电流 $\dot{I}$；(2) 画出电流相量图。

[解]　三个元件为并联，各元件电压相同，均为 $U = 20\angle 0° \text{V}$。

(1) 利用 KCL 的相量形式：

$$\dot{I} = \dot{I}_R + \dot{I}_L + \dot{I}_C = \frac{\dot{U}}{R} + \frac{\dot{U}}{jX_L} + \frac{\dot{U}}{-jX_C} \qquad (2.41)$$

将端口电流相量与电压相量的比值称为导纳，由式(2.41)得

$$Y = \frac{\dot{I}}{\dot{U}} = \frac{1}{R} + \frac{1}{jX_L} + \frac{1}{-jX_C} \qquad (2.42)$$

导纳与阻抗互为倒数：

$$Y = \frac{1}{Z}$$

总电流可以由式(2.41)求得

$$\dot{I} = \frac{20}{10} + \frac{20}{j10} + \frac{20}{-j5} = 2 - j2 + j4 = 2 + j2 = 2\sqrt{2}\angle 45° \text{A}$$

总电流还可先求并联电路的总导纳或总阻抗再利用 $\dot{I} = Y\dot{U}$ 或 $\dot{I} = \frac{\dot{U}}{Z}$ 求得。

(2) 利用相量图，由几何关系也可求得总电流。并联电路作图时常选择电压相量作为参考相量，画在实轴上，其他相量以它为基准。电流相量图如图 2.22 所示。

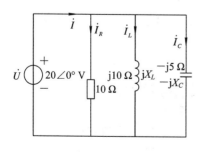

图 2.21　例 2.8 电路

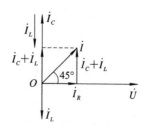

图 2.22　电流相量

[例 2.9]　电路如图 2.23 所示，已知 $\dot{U} = 4\sqrt{2}\angle 0° \text{V}$，求输出电压 $\dot{U}_2$。

[解]　方法一：先求电路的阻抗。图 2.23 为串并联混联电路，可得

$$Z = \mathrm{j}2 + \frac{(1+\mathrm{j}) \times (-\mathrm{j})}{(1+\mathrm{j}) + (-\mathrm{j})} = \mathrm{j}2 + 1 - \mathrm{j}$$

$$= 1 + \mathrm{j} = \sqrt{2} \angle 45° \, \Omega$$

$$\dot{I} = \frac{\dot{U}}{Z} = \frac{4\sqrt{2} \angle 0°}{\sqrt{2} \angle 45°} = 4 \angle (-45°) \, \mathrm{A}$$

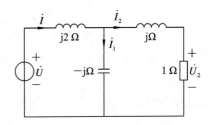

图 2.23　例 2.9 电路

利用分流公式可得

$$\dot{I}_2 = \frac{-\mathrm{j}}{1+\mathrm{j}-\mathrm{j}} \dot{I}$$

$$= -\mathrm{j} \times 4 \angle (-45°) = 4 \angle (-135°) \, \mathrm{A}$$

$$\dot{U}_2 = \dot{I}_2 \times 1 = 4 \angle (-135°) \, \mathrm{V}$$

方法二：利用戴维南定理。

（1）先将待求支路从电路中断开，电路如图 2.24(a)所示，求开路电压 $\dot{U}_{\mathrm{oc}}$。$\dot{U}_{\mathrm{oc}}$ 为电容上的电压。

$$\dot{U}_{\mathrm{oc}} = \frac{\dot{U}}{\mathrm{j}2 - \mathrm{j}} \times (-\mathrm{j}) = -4\sqrt{2} = 4\sqrt{2} \angle (-180°) \, \mathrm{V}$$

（2）将电压源短路，电路如图 2.24(b)所示，求等效阻抗 Z_{eq}。

$$Z_{\mathrm{eq}} = \mathrm{j} + \frac{\mathrm{j}2 \times (-\mathrm{j})}{\mathrm{j}2 + (-\mathrm{j})} = \mathrm{j} - \mathrm{j}2 = -\mathrm{j}\Omega$$

（3）画出戴维南等效电路，将所求支路连接上，如图 2.24(c)所示。

$$\dot{U}_2 = \frac{\dot{U}_{\mathrm{oc}}}{Z_{\mathrm{eq}} + 1} \times 1 \, \Omega = \frac{4\sqrt{2} \angle (-180°)}{-\mathrm{j} + 1} = \frac{4\sqrt{2} \angle (-180°)}{\sqrt{2} \angle (-45°)} = 4 \angle (-135°) \, \mathrm{V}$$

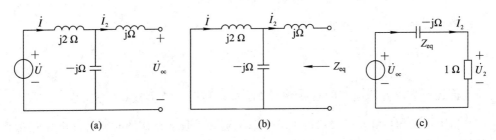

图 2.24　利用戴维南定理求电压

方法三：利用支路电流法。以电流 $\dot{I}$、$\dot{I}_1$、$\dot{I}_2$ 为未知数，列写 KCL、KVL 方程，先求出 $\dot{I}_2$，即可求得输出电压 $\dot{U}_2$。读者可练习利用支路电流法求解此题。

2.5　正弦交流电路的功率

本节将从正弦交流电路的瞬时功率出发，给出正弦交流电路的有功功率、无功功率、视在功率(表观功率)、功率因数的概念，并讨论它们的物理意义、相互关系及计算方法。

2.5.1　正弦交流电路的瞬时功率

如图 2.25(a)所示，设无源二端网络 N 的端口电压和电流为关联参考方向，分别为

$$i = \sqrt{2}\,I\,\sin\omega t \qquad u = \sqrt{2}\,U\,\sin(\omega t + \varphi)$$

该电路的瞬时功率为

$$\begin{aligned}
p &= ui = \sqrt{2}\,U\,\sin(\omega t + \varphi) \cdot \sqrt{2}\,I\,\sin\omega t \\
&= 2UI\,\sin(\omega t + \varphi) \cdot \sin\omega t \\
&= UI\,\cos\varphi - UI\,\cos(2\omega t + \varphi)
\end{aligned} \tag{2.43}$$

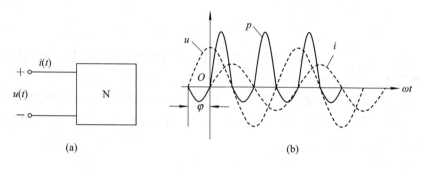

图 2.25　正弦单口网络及波形

　　瞬时功率的波形图如图 2.25(b)所示。瞬时功率有正有负，这是因为电路由电阻、电感及电容等元件组成，正值表示网络从电源吸收功率，负值表示网络向电源提供功率。由于电路含有储能元件电感和电容的作用，所以存在与电源交换功率的情况。网络 N 存在电阻元件，网络总体是耗能的，从图 2.25(b)中可以看出，$p>0$ 的部分大于 $p<0$ 的部分。

2.5.2　有功功率和无功功率

1. 有功功率

　　正弦交流电路的有功功率(active power)即平均功率，是瞬时功率在一个周期内的平均值，用 P 表示，则

$$\begin{aligned}
P &= \frac{1}{T}\int_0^T p\,\mathrm{d}t = \frac{1}{T}\int_0^T [UI\,\cos\varphi - UI\,\cos(2\omega t + \varphi)]\mathrm{d}t \\
&= \frac{1}{T}\int_0^T (UI\,\cos\varphi)\mathrm{d}t - \frac{1}{T}\int_0^T [UI\,\cos(2\omega t + \varphi)]\mathrm{d}t
\end{aligned}$$

式中，第二项积分为零。正弦交流电路的平均功率也是有功功率，即

$$\boxed{P = UI\,\cos\varphi} \tag{2.44}$$

　　式(2.44)表明有功功率等于端口电压、电流有效值之积，再乘以电压电流相位差的余弦。有功功率(平均功率)的单位是瓦(W)。有功功率表示无源二端网络实际消耗的功率。

　　无源二端网络的平均功率还可以利用功率守恒法来计算，即等于网络中所有电阻消耗的功率之和。

$$P = \text{端口处所接电源提供的平均功率}$$
$$= \text{网络内部各电阻消耗的平均功率总和}$$
$$P = \sum P_k \tag{2.45}$$

式中，P_k 为第 k 个元件的平均功率。无源二端网络的平均功率是守恒的。

2. 无功功率

将式(2.43)利用三角函数公式写为

$$p = UI\cos\varphi - UI[\cos(2\omega t)\cos\varphi - \sin(2\omega t)\sin\varphi]$$
$$= UI\cos\varphi[1 - \cos(2\omega t)] + UI\sin\varphi\sin(2\omega t)$$
$$= P[1 - \cos(2\omega t)] + Q\sin(2\omega t) \tag{2.46}$$

式中：

$$\boxed{Q = UI\sin\varphi} \tag{2.47}$$

式(2.46)中，$UI\sin\varphi$ **反映二端网络中储能元件与外部电路进行能量交换的最大速率，定义为电路的无功功率(reactive power)**。无功功率 Q 的单位为乏(var)。

当 $\varphi > 0$(感性电路)时，$Q > 0$；当 $\varphi < 0$(容性电路)时，$Q < 0$；感性无功功率与容性的无功功率可以互相补偿，电路的无功功率还可以利用功率守恒法来计算，即等于网络中所有电抗无功功率之和(代数和)。

$$Q = Q_L + Q_C \tag{2.48}$$

$$\boxed{Q = \sum Q_k} \tag{2.49}$$

式中，Q_k 为第 k 个元件的无功功率。无源端口网络的无功功率是守恒的。

2.5.3 视在功率和功率因数

1. 视在功率

视在功率(apparent power)定义为端口电压有效值与电流有效值的乘积，用 S 表示，即

$$\boxed{S = UI} \tag{2.50}$$

视在功率也称为表观功率，S 的单位为伏安(V·A)，工程上也常用千伏安(kV·A)。

视在功率 S 是有功功率的最大值，反映交流电气设备的容量。电源设备(如发电机、变压器等)的铭牌上所标的功率通常是指额定视在功率或额定容量，也就是设备的额定电压和额定电流的乘积，即 $S_N = U_N I_N$。额定电压和额定电流的大小是由设备的材料、发热程度及机械强度等因素决定的。

2. 功率因数

有功功率 P 与视在功率 S 的比值称为功率因数(power factor)，表示为 λ，即

$$\boxed{\lambda = \frac{P}{S} = \cos\varphi} \tag{2.51}$$

功率因数 λ 代表有功功率占视在功率的份额，即电源的利用率。用电设备一般是利用有功功率来进行能量转换的，功率因数越大，有功功率越大，电能利用率越高。

2.5.4 功率三角形

通过有功功率、无功功率、视在功率的定义，可以得到

$$\begin{cases} S = UI = \sqrt{P^2 + Q^2} \\ P = S\cos\varphi \\ Q = S\sin\varphi \\ \lambda = \cos\varphi = \dfrac{P}{S} \\ \varphi = \arctan\dfrac{Q}{P} \end{cases} \quad (2.52)$$

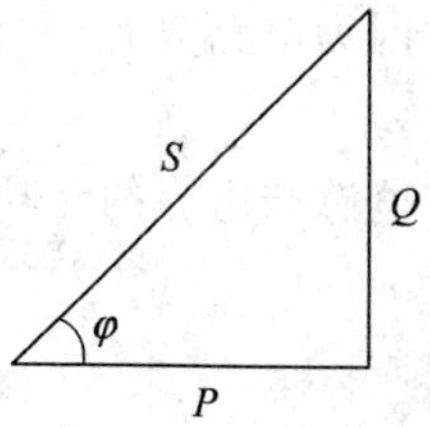

图 2.26　功率三角形

可见，有功功率 P、无功功率 Q 和视在功率 S 可构成一个直角三角形，称为功率三角形，如图 2.26 所示。

[例 2.10]　电路如图 2.27 所示，其中阻抗 Z_1 为电感与电容串联，阻抗 Z_2 为电感与电阻串联，阻抗 Z_1 与阻抗 Z_2 并联接在 $\dot{U} = 10\sqrt{2}\angle 0°\text{V}$ 电源上。求总电流 $\dot{I}$、电路的有功功率、无功功率、视在功率和功率因数。

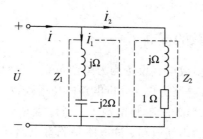

图 2.27　例 2.10 图

[解]　电路的总阻抗为

$$Z = \frac{Z_1 Z_2}{Z_1 + Z_2} = \frac{(j - 2j) \times (1 + j)}{(j - 2j) + (1 + j)} = 1 - j = (\sqrt{2}\angle -45°)\,\Omega$$

$$\dot{I} = \frac{\dot{U}}{Z} = \frac{10\sqrt{2}\angle 0°}{\sqrt{2}\angle(-45°)} = 10\angle 45°\text{A}$$

方法一：利用端口电压和电流求功率。

$$P = UI\cos\varphi_Z = 10\sqrt{2} \times 10\cos(-45°) = 100\ \text{W}$$

$$Q = UI\sin\varphi_Z = 10\sqrt{2} \times 10\sin(-45°) = -100\ \text{var}$$

$$S = UI = 10\sqrt{2} \times 10 = 100\sqrt{2} = 141.4\ \text{V} \cdot \text{A}$$

$$\lambda = \cos\varphi_Z = \cos(-45°) = 0.707(\text{超前})$$

由于不论 $\varphi > 0$（感性）还是 $\varphi < 0$（容性），$\cos\varphi$ 的值均为正，不能反映电路是感性还是容性的，所以在给出 λ 值的同时，可以说明是滞后还是超前。$\lambda = 0.707$（超前）表示电流超前于电压，是容性电路。假设计算出 $\lambda = 0.81$（滞后）表示电流滞后于电压，是感性电路。

方法二：利用功率守恒计算。

分流公式为

$$\dot{I}_1 = \frac{Z_2}{Z_1 + Z_2}\dot{I} = \frac{1 + j}{1 + j - j}\dot{I} = (1 + j) \times 10\angle(45°) = 10\sqrt{2}\angle 90°\text{A}$$

$$\dot{I}_2 = \frac{Z_1}{Z_1 + Z_2}\dot{I} = \frac{-j}{1 + j - j}\dot{I} = -j \times 10\angle(45°) = 10\angle(-45°)\text{A}$$

因为电路只有一个电阻，所以有功功率为

$$P = P_R = I_2^2 R = 10^2 \times 1 = 100 \text{ W}$$

电感与电容的无功功率为

$$Q_{L1} = I_1^2 \times X_{L1} = (10\sqrt{2})^2 \times 1 = 200 \text{ var}$$

$$Q_C = -I_1^2 \times X_C = -(10\sqrt{2})^2 \times 2 = -400 \text{ var}$$

$$Q_{L2} = I_2^2 \times X_{L2} = 10^2 \times 1 = 100 \text{ var}$$

各部分无功功率的代数和为

$$Q = \sum Q_k = Q_{L1} + Q_{L2} + Q_C = 200 - 400 + 100 = -100 \text{ var}$$

$$S = \sqrt{P^2 + Q^2} = \sqrt{100^2 + (-100)^2} = 141.4 \text{ V} \cdot \text{A}$$

对于交流电路，总的有功功率是守恒的，总的无功功率是电路各部分的无功功率的代数和，但在一般情况，总的视在功率不是各部分的视在功率之和，即电路的视在功率不守恒。

2.5.5 应用——功率因数的提高

在实际生产和生活中大多数电气设备均为感性负载，它们的功率因数 λ 都较低。下面以图 2.28 所示的日光灯连接电路为例，分析电路的功率因数。

[例 2.11] 日光灯接于 220 V 工频电源上。当灯管亮后，整个电路相当于一个电阻（灯管）和一个电感（镇流器）的串联电路。该电路是测量电路元件参数的实验电路，此时电流表 A 的读数为 0.55 A，功率表 W 的读数为 60 W。试求：（1）电阻 R、电感 L；（2）电路的功率因数、无功功率。

[解] 图 2.28 所示电路中，功率表测的功率为日光灯电路的有功功率。功率表 W 中有两个线圈：一个是电流线圈，串联在被测电路中；另一个是电压线圈，并联在被测电路中，两个线圈连接在一起的端子用"*"号标记。

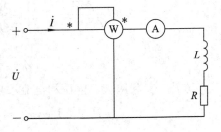

图 2.28 例 2.11 电路

（1）求 R 和 L：

$$P = I^2 R$$

$$R = \frac{P}{I^2} = \frac{60}{0.55^2} = 198.35 \ \Omega$$

$$|Z| = \frac{U}{I} = \frac{220}{0.55} = 400 \ \Omega$$

因为

$$Z = R + j\omega L$$

所以

$$|Z| = \sqrt{R^2 + (\omega L)^2}$$

日光灯连接实验

$$X_L = \omega L = \sqrt{|Z|^2 - R^2} = \sqrt{(400)^2 - (198.35)^2} = 347.36 \ \Omega$$

$$\omega = 2\pi f = 2 \times 3.14 \times 50 = 314 \quad (\text{工频 } f = 50 \text{ Hz})$$

$$L = \frac{347.36}{314} = 1.11 \text{ H}$$

(2) 求 λ、Q：

$$P = UI \cos\varphi = UI\lambda$$

$$\lambda = \frac{P}{UI} = \frac{60}{220 \times 0.55} = 0.5(\text{滞后})$$

$$Q = UI \sin\varphi = UI \sqrt{1 - \cos^2\varphi} = 220 \times 0.55 \times 0.87 = 105.27 \text{ var}$$

日光灯电路需串联镇流器，其功率因数在 0.5 左右（功率因数 λ 较低），电源所能传输的有功功率 $P = \lambda S$ 仅为电源设备的一半，发电设备的能量没有被充分利用；另外，提高功率因数 λ 一方面能充分利用电源的容量，另一方面能减少线路损耗，$\cos\varphi$ 越大，$\frac{P}{U \cos\varphi \uparrow} = I \downarrow$，即消耗在线路上的功率越小，因此提高功率因数有很大的经济意义。

提高功率因数的原则：必须保证原负载的工作状态不变，即加至负载上的电压 U 和负载的有功功率 P 不变。

常采用在感性负载两端并联电容器的方法提高功率因数。

[例 2.12]　例 2.11 中，功率因数 λ 为 0.5，已知工频电压 $U = 220$ V，有功功率 $P = 60$ W。

(1) 若要将功率因数提高到 0.9，需要并联多大的电容？

(2) 并联电容后电源提供的电流、电路的无功功率是多少？

[解]　将日光灯电路并联电容，电路如图 2.29(a) 所示，电路的电压不变，$U = 220$ V，有功功率不变，改变的是电路的无功功率，从而使电路的功率因数提高。

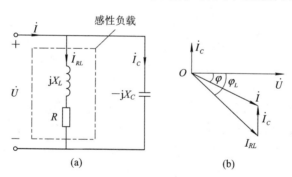

图 2.29　例 2.12 感性负载并联电容

画出并联电容后的电路相量图，如图 2.29(b) 所示。以电压为参考变量，RL 感性负载上的电流 $\dot{I}_{RL}$ 滞后于电压 φ_L；并联电容的电流 $\dot{I}_C$ 超前于电压 90°，因此电路的总电流为 $\dot{I} = \dot{I}_{RL} + \dot{I}_C$，显然 $\dot{I}$ 的模 I 减小了，功率因数角为 φ，$\varphi < \varphi_L$，那么功率因数 $\cos\varphi > \cos\varphi_L$，可见整个电路的功率因数提高了。分析图 2.29(b)，有

$$I_C = I_{RL} \sin\varphi_L - I \sin\varphi \tag{2.53}$$

未并联电容时有功功率为

$$P = UI_{RL} \cos\varphi_L$$

所以

$$I_{RL} = \frac{P}{U \cos\varphi_L}$$

并联电容后的有功功率不变，即

$$P = UI\cos\varphi$$

所以

$$I = \frac{P}{U\cos\varphi}$$

电容两端的电压不变，即

$$U = I_C X_C$$

所以

$$I_C = \frac{U}{X_C} = \omega CU$$

提高功率因数的方法

将三个电流代入式(2.53)可得

$$\omega CU = \frac{P}{U\cos\varphi_L}\sin\varphi_L - \frac{P}{U\cos\varphi}\sin\varphi$$

故

$$C = \frac{P}{\omega U^2}(\tan\varphi_L - \tan\varphi) \tag{2.54}$$

(1) 未并联电容时，$\lambda = \cos\varphi_L = 0.5$，求得 $\varphi_L = \arccos 0.5 = 60°$；并联电容后，$\lambda = \cos\varphi = 0.9$，求得 $\varphi = \arccos 0.9 = 25.84°$。利用式(2.54)，有

$$C = \frac{P}{\omega U^2}(\tan\varphi_L - \tan\varphi)$$
$$= \frac{60}{314 \times 220^2}(\tan 60° - \tan 25.84°)$$
$$= 4.93\ \mu F$$

(2) 并联电容后的电流为

$$I = \frac{P}{U\cos\varphi} = \frac{60}{220 \times 0.9} = 0.303\ A$$

并联电容后的无功功率为

$$Q = UI\sin\varphi = 220 \times 0.303 \times \sin 25.84° = 29.05\ var$$

通过例 2.12 可知并联电容前的电流为 0.55 A，$Q_{前} = 105.3$ var，显然并联电容后的电流和无功功率均减小，电源与负载之间的电能交换减少，从而输电线路的损耗降低。

2.6 电路的谐振

当电路含有电感、电容和电阻元件时，调节电路元件(L 或 C)的参数或电源频率，出现端口电压和电流的相位相同的情况，使得整个电路呈电阻性，这称为电路发生谐振(resonance)。谐振电路可应用于收音机、电视机等无线电电路中，也可应用于高温淬火、高频加热中；但发生谐振时也能产生较大的电压与电流，使元件损坏，因此研究谐振现象有一定的实际意义。本节研究串联谐振和并联谐振的产生条件及其特征。

2.6.1 串联谐振

1. 谐振条件与谐振频率

串联谐振电路如图 2.30 所示。其总阻抗为

$$Z = R + \mathrm{j}\left(\omega L - \frac{1}{\omega C}\right) = R + \mathrm{j}(X_L - X_C) = R + \mathrm{j}X$$

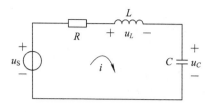

当阻抗的虚部 $X = 0$ 时，电路呈纯电阻性。电压 $\dot{U}_\mathrm{S}$ 和电流 $\dot{I}$ 同相，电路发生谐振。

产生串联谐振的条件是 $X = 0$，$X_L = X_C$，即

$$\omega L = \frac{1}{\omega C} \qquad (2.55)$$

图 2.30　串联谐振电路

改变 ω、电容 C 或电感 L 均可满足式(2.55)，使电路产生谐振，谐振角频率为 ω_0，谐振频率为 f_0，由式(2.55)可求得

$$\boxed{\omega_0 = \frac{1}{\sqrt{LC}}} \qquad (2.56)$$

$$f_0 = \frac{1}{2\pi\sqrt{LC}} \qquad (2.57)$$

RLC 串联谐振电路研究

谐振时，电路中感抗或容抗吸收的无功功率的值与电阻吸收的有功功率的值之比称为**电路的品质因数（quality factor）**，用字母 Q_f[①] 表示，即

$$Q_\mathrm{f} = \frac{\text{无功功率}}{\text{有功功率}} = \frac{I_0^2 X_L}{I_0^2 R} = \frac{\omega_0 L}{R} = \frac{1}{\omega_0 RC} = \frac{1}{R}\sqrt{\frac{L}{C}} \qquad (2.58)$$

2. 串联谐振的特点

（1）电流与端电压同相，电路呈纯阻性，此时 $\lambda = 1$，电路的有功功率最大 $P = S$，Q_C 与 Q_L 互相补偿，电路的无功功率为零。

（2）当电路中发生串联谐振时，输入端阻抗 $Z = R$ 为纯电阻，阻抗最小，而电流有效值为 $I = \frac{U_\mathrm{S}}{|Z|} = I_0 = \frac{U_\mathrm{S}}{R}$，当电压一定时，谐振电流达到最大值。

（3）串联谐振时，U_L、U_C 大小相等、相位相反，互为补偿，其相量关系如图 2.31 所示。谐振时，电源电压 $\dot{U}_\mathrm{S} = \dot{U}_R$。

图 2.31　串联谐振相量图

$$U_L = IX_L = \frac{\omega_0 L}{R}U = Q_\mathrm{f} U_\mathrm{s}$$

$$U_C = IX_C = \frac{1}{R\omega_0 C}U = Q_\mathrm{f} U_\mathrm{s}$$

串联谐振时，电感电压和电容电压的有效值是外加电压的 Q_f 倍，所以串联谐振称为电压谐振。

在通信工程中，当输入信号微弱时，可利用电压谐振来获得一个较高的输出电压；而在电力工程中，过高的电压会使电容器和电感线圈被击穿而造成损害，因而常常要避免谐振或接近谐振的情况发生。

[**例 2.13**]　在图 2.32 所示的收音机选频电路中，已知 $L = 0.25\ \mathrm{mH}$，$R = 100\ \Omega$，为收到中央电台 $f_1 = 820\ \mathrm{kHz}$ 信号：(1)求调谐电容 C 值；(2)如输入电压 U_1 为 $10\ \mathrm{mV}$，求谐

---

①　国标规定品质因数用 Q 表示，本书加下标 f（即 Q_f）以避免与无功功率符号混淆。

振电流和此时的电容电压。

[解] （1）谐振频率为

$$f_1 = \frac{1}{2\pi \sqrt{LC}}$$

调谐电容为

$$C = \frac{1}{(2\pi f_1)^2 L} = \frac{1}{(2\pi \times 820 \times 10^3)^2 \times 0.25 \times 10^{-3}} \approx 150 \text{ pF}$$

（2）输入电压 U_1 为 10 mV 时的电流为

$$I_1 = \frac{U_1}{R} = \frac{10 \times 10^{-3}}{100} = 100 \ \mu A$$

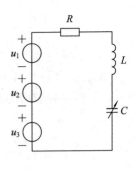

图 2.32 例 2.13 电路

电容电压为

$$U_C = Q_t U_1 = \frac{\omega_1 L}{R} U_1 = \frac{2 \times 3.14 \times 820 \times 10^3 \times 0.25 \times 10^{-3}}{100} \times 10 \times 10^{-3} = 128.7 \text{ mV}$$

即所希望收听的电台信号被放大了约 12.8 倍。

2.6.2 并联谐振

实际应用中，常以电感线圈和电容器并联作为并联谐振电路，考虑到电感线圈的损耗，可以用图 2.33 所示的等效并联谐振电路。

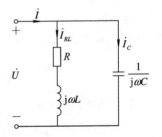

图 2.33 并联谐振电路

1. 谐振条件与谐振频率

并联电路的总阻抗为

$$Z = \frac{(R + j\omega L)\left(\dfrac{1}{j\omega C}\right)}{(R + j\omega L) + \dfrac{1}{j\omega C}} = \frac{R + j\omega L}{1 + j\omega RC - \omega^2 LC} \tag{2.59}$$

在实际应用中，线圈的电阻非常小，即 $R \ll \omega L$，式（2.59）可写为

$$Z = \frac{R + j\omega L}{1 + j\omega RC - \omega^2 LC} = \frac{1}{\dfrac{RC}{L} + j\left(\omega C - \dfrac{1}{\omega L}\right)} \tag{2.60}$$

式中，当 $\omega_0 C - \dfrac{1}{\omega_0 L} = 0$ 时 Z 为纯电阻，电路发生谐振，故谐振条件为

$$\omega_0 C = \frac{1}{\omega_0 L} \tag{2.61}$$

谐振频率为

$$f_0 = \frac{1}{2\pi \sqrt{LC}} \tag{2.62}$$

2. 并联谐振的特点

（1）并联谐振时电路的等效阻抗较大且具有纯电阻性质，其等效阻抗为

$$Z_0 = \frac{L}{RC}$$

（2）总电流的有效值接近最小，且与外加电压同相。谐振时，电路中阻抗最大，则电路

中的总电流 I_0 达到最小值,即

$$I_0 = \frac{U}{|Z_0|} = \frac{RC}{L}U \tag{2.63}$$

(3) 谐振时,电容支路电流 I_{C0} 与电感电流 I_{L0} 近似相等,且等于总电流的 Q_f 倍,因为

$$I_{C0} = \frac{U}{X_{C0}} = \frac{|Z_0|I_0}{X_{C0}}$$

$$= \frac{\omega_0 L}{R}I_0 = Q_f I_0 \approx I_{L0} \tag{2.64}$$

可见谐振时各并联支路的电流比总电流大许多倍,因此并联谐振又称为电流谐振。

并联谐振时的电流相量图如图 2.34 所示。

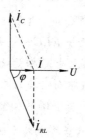

图 2.34　并联谐振时的电流相量图

2.7　小　　结

1. 正弦量的三要素及其相量表示

振幅 I_m(有效值 I)、角频率 ω(或频率 f 及周期 T)、初相 φ_i 是正弦量的三要素。

$\dot{I} = I\angle\varphi_i$ 称为有效值相量。正弦量与其相量有着一一对应的关系。

2. 单一参数的相量形式

电阻、电感和电容元件上电压与电流之间的相量关系如表 2-1 所示。

表 2-1　**R、L、C 的 VCR 的相量形式**

元件名称	相量关系	有效值关系	相位关系	相量图
电阻 R	$\dot{U}_R = R\dot{I}$	$U_R = RI$	$\varphi_u = \varphi_i$	$\dot{I}_R$　$\dot{U}_R$
电感 L	$\dot{U}_L = jX_L\dot{I}_L$	$U_L = X_L I_L$	$\varphi_u = \varphi_i + 90°$	$\dot{U}_L$　$\dot{I}_L$
电容 C	$\dot{U}_C = -jX_C\dot{I}_C$	$U_C = X_C I_C$	$\varphi_u = \varphi_i - 90°$	$\dot{I}_C$　$\dot{U}_C$

3. 基尔霍夫定律的相量形式

KCL 和 KVL 的相量形式为 $\sum\dot{I} = 0$ 和 $\sum\dot{U} = 0$。

4. 相量模型、阻抗

(1) 相量模型。

在正弦稳态下,电路结构与时域具有相同的电路结构,其中 $R \to R$,$L \to j\omega L$,$C \to \frac{1}{j\omega C}$;该模型中电压、电流都使用正弦量,$u \to \dot{U}$,$i \to \dot{I}$,$u_R \to \dot{U}_R$,$u_L \to \dot{U}_L$,$u_C \to \dot{U}_C$,其参考方向不变。由此得到的电路模型称为相量模型。

(2) 阻抗和导纳。

无源二端网络:$Z = \dfrac{\dot{U}}{\dot{I}} = |Z|\angle\varphi_Z$,$Z = R + jX$ 称为阻抗。$Y = \dfrac{\dot{I}}{\dot{U}} = |Y|\angle\varphi_Y$ 称为导纳。

Z 和 Y 互为倒数关系。当 $X>0$，$\varphi_Z>0$ 或 $\varphi_Y<0$ 时，电路呈电感性；当 $X<0$，$\varphi_Z<0$ 或 $\varphi_Y>0$ 时，电路呈电容性；当 $\varphi_Z=\varphi_Y=0$ 时，电路呈电阻性。

5. 正弦交流电路的相量分析法

(1) RLC 串、并联电路。

首先画出 RLC 串、并联电路的相量模型，然后利用与电阻串、并联相似的方法，求得电路的阻抗、电压相量或电流相量等值。计算过程采用复数形式。

(2) 戴维南定理的应用。

做出交流电路的相量模型，将待求支路从电路中断开，求出有源二端网络的等效开路电压 $\dot{U}_{oc}$；然后将电路中的电源置为零，求得无源二端网络的等效阻抗 Z_{eq}；开路电压 $\dot{U}_{oc}$ 和等效阻抗 Z_{eq} 的串联电路为戴维南等效电路。

(3) 相量图法。

相量图法是通过绘制电流、电压的相量图求得未知相量。通常，对于串联电路，将电流相量作为参考相量，参考相量初相为零；对于并联电路，将电压相量作为参考相量。从参考相量出发，利用元件 VCR 及 KCL、KVL 确定有关电流电压间的相量关系，定性画出相量图。利用相量图表示的几何关系，求得所需的电流、电压相量。

6. 正弦交流电路的功率

正弦交流电路有功功率、无功功率、视在功率和功率因数的概念和计算方法见表2-2。

表 2 - 2　正弦交流电路的功率表

符号	名称	公　　　式	备　　注
p	瞬时功率	$p=ui=\sqrt{2}U\sin(\omega t+\varphi)\cdot\sqrt{2}I\sin\omega t=UI\cos\varphi-UI\cos(2\omega t+\varphi)$ $p=UI\cos\varphi[1-\cos(2\omega t)]+UI\sin\varphi\sin(2\omega t)$	瞬时功率有正有负
P	有功功率	$P=UI\cos\varphi_Z=I^2\text{Re}[Z]$　（Re$[Z]$表示阻抗 Z 的实部） $P=\sum P_k$	单位：瓦(W)。 $\varphi_z=\varphi_u-\varphi_i$ 一周消耗的平均功率；有功功率守恒
Q	无功功率	$Q=UI\sin\varphi_Z=I^2\text{lm}[Z]$　（lm$[Z]$表示阻抗 Z 的虚部） $Q=\sum Q_k$	单位：乏(var)。 动态元件瞬时功率的最大值；无功功率守恒
S	视在功率	$S=UI=I^2|Z|=U^2|Y|$ $S=\sqrt{P^2+Q^2}$	单位：伏安(V·A)。 反映设备的容量；视在功率不守恒
λ	功率因数	$\lambda=\cos\varphi_Z=\dfrac{P}{S}=\dfrac{R}{|Z|}=\dfrac{G}{|Y|}$	φ_Z 为正时，电流滞后
	功率三角形	$S=UI=\sqrt{P^2+Q^2}$ $P=S\cos\varphi\qquad\varphi=\arctan\dfrac{Q}{P}$ $Q=S\sin\varphi$	

7. 提高功率因数的方法

在实际生产和生活中，大多数感性负载设备的功率因数 λ 较低，可采用在感性负载两端并联电容器的方法来提高功率因数 λ。并联的电容为

$$C = \frac{P}{\omega U^2}(\tan\varphi_L - \tan\varphi)$$

8. 电路谐振

电路谐振时电压相量与电流相量同相，二端网络阻抗为纯电阻。

（1）在串联电路中，谐振阻抗最小（$Z_0 = R$）从而回路电流最大。串联谐振又称为电压谐振。

谐振条件为

$$\omega_0 L = \frac{1}{\omega_0 C}$$

谐振频率为

$$f_0 = \frac{1}{2\pi\sqrt{LC}}$$

品质因数为

$$Q_f = \frac{\omega_0 L}{R} = \frac{1}{\omega_0 RC} = \frac{1}{R}\sqrt{\frac{L}{C}}$$

L、C 上电压为

$$U_L = U_C = Q_f U_S$$

（2）在并联电路中，谐振条件和谐振频率与串联谐振相同；谐振时的电容支路电流 I_{C0} 与电感电流 I_{L0} 近似相等，且等于总电流的 Q_f 倍，即 $I_{C0} = Q_f I_0 \approx I_{L0}$。并联谐振又称为电流谐振。

习　题　2

2.1　判断题

（1）因为正弦量可以用相量来表示，所以说相量就是正弦量。　　　　　　　　　（　　）

（2）电感与电容元件相串联的正弦交流电路中，消耗的有功功率等于零。　　　（　　）

（3）正弦交流电路的视在功率等于有功功率和无功功率之和。　　　　　　　　（　　）

（4）一个实际的电感线圈，在任何情况下呈现的电特性都是感性。　　　　　　（　　）

（5）某同学做荧光灯电路实验时，测得灯管两端电压为 110 V，镇流器两端电压为 190 V，两电压之和大于电源电压 220 V，说明该同学测量数据错误。　　　　　　　（　　）

2.2　填空题

（1）有两个正弦交流电流 $i_1 = 70.7\sin(314t - 30°)$A，$i_2 = 60\sin(314t + 60°)$A，则两电流的有效相量为 $\dot{I}_1 = $ _____（极坐标形式）；$\dot{I}_2 = $ _____（指数形式）。

（2）某元件两端电压和通过的电流分别为 $u = 5\sin(200t + 90°)$V，$i = 2\cos 200t$ A，则该元件代表的是 _____ 元件。

（3）已知一个电感 $L = 5$ H 的线圈，接到电压 $u = 500\sqrt{2}\sin(100t + 30°)$V 的电源上，

则电感的感抗为 _____，电流的瞬时表达式为 _____。

（4）在纯电容电路中，已知 $u = 10\sqrt{2}\,\sin(100t + 30°)$ V，$C = 20\ \mu$F，则该电容元件的容抗 $X_C =$ _____，流经电容元件的电流 $I =$ _____，电容的有功功率 $P =$ _____。

（5）已知某交流电路，电源电压 $u = 100\sqrt{2}\,\sin(\omega t - 30°)$ V，电路中通过的电流 $i = \sqrt{2}\,\sin(\omega t - 90°)$ A，则电压和电流之间的相位差是 _____，电路的功率因数 $\cos\varphi =$ _____，电路消耗的有功功率 $P =$ _____，电路的无功功率 $Q =$ _____，电源输出的视在功率 $S =$ _____。

（6）题 2.2-（6）图中，各电压表指示为有效值，电压表 V_2 的读数为 _____。

（7）题 2.2-（7）图中，等效输入阻抗 $Z =$ _____，输入导纳 $Y =$ _____。

60 V
R
V₁
V₂
L
V₃
100 V
题 2.2-（6）图

1 Ω
j2 Ω
−j1 Ω
题 2.2-（7）图

2.3　选择题

（1）通常用交流仪表测量的是交流电流、电压的（　　）。

A. 幅值　　　　　B. 平均值　　　　　C. 有效值　　　　　D. 瞬时值

（2）R、L、C 三个理想元件串联，若 $X_L > X_C$，则电路中的电压、电流关系是（　　）。

A. u 超前 i　　　B. i 超前 u　　　C. 同相　　　D. 反相

（3）在下列表达式中，仅有（　　）式正确。

A. $\dfrac{u}{i} = x_L$　　B. $\dfrac{u}{i} = R$　　C. $\dfrac{U}{I} = -j\dfrac{1}{\omega C}$　　D. $\dot{I} = j\dfrac{\dot{U}}{\omega C}$

（4）下列表达式中，错误的是（　　）。

A. $u_L = L\dfrac{\mathrm{d}i}{\mathrm{d}t}$　　B. $\dot{I} = -j\dfrac{\dot{U}}{\omega L}$　　C. $\dot{U} = j\omega L\,\dot{I}$　　D. $\dot{U} = X_L\,\dot{I}$

（5）已知无源二端网络输入端的电压和电流分别为 $u(t) = 110\sqrt{2}\,\sin(314t + 10°)$ V，$i(t) = 22\sqrt{2}\,\sin(314t + 70°)$ A，题 2.3-（5）图中二端网络的等效电路为（　　）。

A. R 与 L 串联　　B. R 与 C 串联　　C. L 与 C 串联

题 2.3-（5）图　　　　　　　　　　题 2.3-（6）图

（6）如题 2.3-(6)图所示，若感抗 $X_L = 5\ \Omega$ 的电感元件上的电压为向量图所示的 $\dot{U}$，则通过该元件的电流相量 $\dot{I} = ($　　$)$

A. $5\angle-60° A$　　　B. $50\angle120°\ A$　　　　C. $2\angle-60° A$　　　　D. $2\angle30° A$

（7）如题 2.3-(7)图所示，已知 $I_1 = 3\ A$，$I_2 = 4\ A$，$I_3 = 8\ A$，则 I 等于(　　)。

A. $1\ A$　　　　　　B. $15\ A$　　　　　　C. $9\ A$　　　　　　D. $5\ A$

（8）在电感性负载两端并联一定值的电容，以提高功率因数，下列说法正确的是(　　)。

A. 减小了负载的工作电流　　　　　　B. 减小了负载的有功功率

C. 减小了负载的无功功率　　　　　　D. 减小了线路的功率损耗

（9）题 2.3-(9)图所示 RLC 串联电路，$\dot{U}_S$ 保持不变，发生串联谐振时的特点为(　　)。

A. $\dot{U}_L = -\dot{U}_C$　　　B. $\dot{U}_L = \dot{U}_C$　　　　　C. U 为最大值　　　D. $\dot{U} \neq \dot{U}_R$

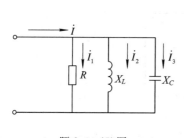 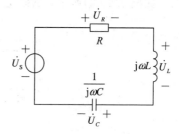

　　　　题 2.3-(7)图　　　　　　　　　　　　　　　题 2.3-(9)图

2.4　已知正弦电压 $u(t) = 311\sin(628t - 30°)\ V$，试求其最大值、有效值、频率、角频率、周期、初相位，并画出其波形图。

2.5　画出下列电压、电流的相量图，并分别写出其对应相量的正弦量的瞬时值表达式。

（1）$\dot{U}_1 = 6j\ V$；　　　　　　　　　　（2）$\dot{U}_2 = 10\angle(-40°)\ V$；

（3）$\dot{I}_3 = 4e^{-j45°}\ A$；　　　　　　　　（4）$\dot{I}_4 = (-5 - j5)\ A$。

2.6　若已知 $i_1(t) = -5\sin(314t + 60°)\ A$，$i_2(t) = 4\cos(314t + 60°)\ A$。

（1）写出 $i_1(t)$、$i_2(t)$ 电流的相量表达式，并绘出它们的相量图；

（2）求 $i_1(t)$ 与 $i_2(t)$ 的相位差，并判断相位关系；

（3）求 $i_1(t) - i_2(t)$。

2.7　已知交流单一参数电路中 $C = 20\ \mu F$。

（1）当 $u_C = 100\sqrt{2}\sin300t\ V$ 时，计算电容上的电流 i_C；

（2）当 $\dot{I}_C = 1.2\angle(-60°)\ A$ 时，计算电压 $\dot{U}_C$，并画出相量图。

2.8　已知 $\dot{I}_1 = 6\angle30° A$，$\dot{I}_2 = 8\angle120° A$；$\dot{U}_1 = 5\angle(-30°)\ V$，$\dot{U}_2 = 5\angle(60°)\ V$。试用相量图求：

（1）$\dot{I} = \dot{I}_1 + \dot{I}_2$，并写出电流 i 的瞬时表达式；

（2）$\dot{U}=\dot{U}_1-\dot{U}_2$，并写出电压的瞬时值表达式。

2.9　题 2.9 图中，已知 $R=100\ \Omega$，$L=31.8\ \text{mH}$，$C=318\ \mu\text{F}$。求电源的频率和电压分别为 50 Hz、100 V 和 1000 Hz、100 V 两种情况下，开关 S 合向 a、b、c 位置时电流表的读数，并计算各元件的有功功率和无功功率。

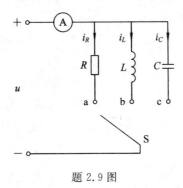

题 2.9 图

2.10　如题 2.10 图所示，试确定方框内最简单串联组合的元件值。

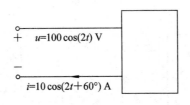

题 2.10 图

2.11　在串联交流电路中，下列三种情况下电路中的 R 和 X 各为多少？指出电路的性质和电压与电流的相位差。

（1）$Z=(8+\text{j}6)\ \Omega$；　（2）$\dot{U}=90\angle20°\text{V}$，$\dot{I}=3\angle20°\text{A}$；　（3）$\dot{U}=100\angle(-20)°\text{V}$，$\dot{I}=5\angle25°\text{A}$。

2.12　题 2.12 图所示的电路中，已知 $U=10\ \text{V}$，$R=3\ \Omega$，$X_L=4\ \Omega$。求：

（1）X_C 为何值时（$X_C\neq0$），开关 S 闭合前后电流 I 的有效值不变？这时的电流是多少？

（2）X_C 为何值时，开关闭合前电流最大？这时电流为多少？

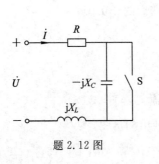

题 2.12 图

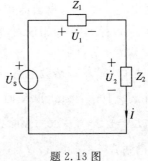

题 2.13 图

2.13　题 2.13 图中：

（1）如果已知 $\dot{U}_S=10\angle0°\text{V}$，$Z_1=2\ \Omega$，$Z_2=(2+\text{j}3)\ \Omega$，则电路中的电流 $\dot{I}$、$\dot{U}_1$、$\dot{U}_2$ 为

多少?

(2) 如果已知 $U_1 = 6$ V，$U_2 = 8$ V，$Z_2 = jX_L$，则 Z_1 为何种元件时 U 最大? 其值是多少?

(3) Z_1 为何种元件时 U 最小? 其值是多少?

2.14　题 2.14 图中，已知 $R_1 = 4$ Ω，$X_L = 3$ Ω，$R_2 = 7.07$ Ω，$X_C = 7.07$ Ω，电压 $\dot{U} = 100\angle 0°$V。求 $\dot{I}_1$、$\dot{I}_2$ 和输入阻抗 Z。

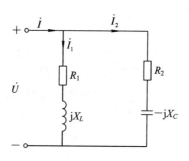

题 2.14 图

2.15　如题 2.15 图所示，试列出各支路的支路电流方程。

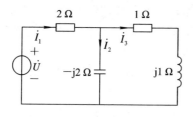

题 2.15 图

题 2.16 解答

2.16　电路如题 2.15 图所示，电压 $\dot{U} = 40\angle 45°$V，试利用戴维南定理求电流 $\dot{I}_3$。

2.17　RLC 串联交流电路中，已知 $R = 8$ Ω，$X_L = 10$ Ω，$X_C = 4$ Ω，通过该电路的电流是 5 A，求该电路的有功功率 P、无功功率 Q、视在功率 S 和功率因数 λ。

2.18　已知日光灯电源电压为 220 V，灯管相当于 300 Ω 的电阻，与灯管串联的镇流器相当于感抗为 500 Ω 的电感(内阻忽略不计)。试求:

(1) 日光灯电路的电流 I、灯管两端的电压;

(2) 电路的有功功率 P、无功功率 Q、视在功率 S 和功率因数 λ。

2.19　为测得线圈的参数，在线圈两端加上电压 $U = 100$ V，测得电流 $I = 5$ A，功率 $P = 200$ W，电源频率 $f = 50$ Hz，计算线圈的电阻及电感。

2.20　RLC 并联交流电路中，已知 $R = 3$ Ω，$X_L = 6$ Ω，$X_C = 2$ Ω，接于 60 V 的交流电路上，求该电路的总有功功率 P、无功功率 Q、视在功率 S 和功率因数 λ。

2.21　题 2.21 图中，已知: $u = 311\sin 314t$V，$i_1 = 22\sin(314t - 45°)$A，$i_2(t) = 11\sqrt{2}\sin(314t + 90°)$A。试求各仪表的读数及电路参数 R、L、C 和总有功功率。

2.22　题 2.22 图中，已知 $\dot{U}_C = 10\angle 0°$ V，求 $\dot{U}_S$ 及有功功率 P。

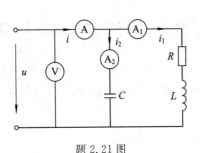

题 2.21 图

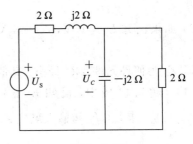

题 2.22 图

2.23 今有一个 40 W 的日光灯,使用时灯管与镇流器(可近似把镇流器看作纯电感)串联在电压为 220 V、频率为 50 Hz 的电源上。已知灯管工作时属于纯电阻负载,灯管两端的电压等于 110 V,试求镇流器上的感抗和电感。这时电路的功率因数等于多少? 若将功率因数提高到 0.9,应并联多大的电容?

2.24 某电源 $S_N = 20 \text{ kV} \cdot \text{A}$, $U_N = 220 \text{ V}$, $f = 50 \text{ Hz}$。试求:

(1) 电源的额定电流 I_N。

(2) 电源若供给 $\cos\varphi = 0.5$, $P = 40 \text{ W}$ 的荧光灯,最多可以点多少盏? 线路的电流是多少?

(3) 若将电路功率因数提高到 0.9,此时线路电流是多少? 需并联多大的电容?

2.25 某收音机的电感 $L = 0.3 \text{ mH}$,设可变电容 C 的调节变化范围为 25~360 pF,试问能否满足收听中波频率为 535~1605 kHz 的要求。

2.26 RLC 串联电路中,设 $U = 10 \text{ V}$, $R = 10 \text{ } \Omega$, $C = 400 \text{ pF}$, $\omega_0 = 10^7 \text{ rad/s}$,试求 Q_f、电感 L 和 U_C。

2.27 如题 2.27 图所示,RLC 组成并联谐振电路,已知电压源 $U_s = 20 \text{ V}$, $L = 8 \text{ mH}$, $R = 500 \text{ } \Omega$, $C = 20 \text{ } \mu\text{F}$,求并联谐振频率及谐振时的总电流。

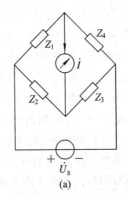

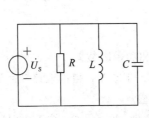

题 2.27 图

题 2.28 图

2.28 在电子仪器与测量中,常常利用交流电桥电路测量电感或电容。交流电桥电路如题 2.28 图(a)所示,试推导:

(1) 电桥平衡条件为 $Z_1 Z_3 = Z_2 Z_4$。

(2) 由题 2.28 图(b)可得 $L_x = R_2 R_4 C_1$。

题 2.28 解答

第 3 章 三 相 电 路

第 3 章知识点

教学内容及要求：本章主要介绍三相电源的概念，讨论三相电源的连接方式，并讲解安全用电知识。当三相负载连接为星形和三角形时，要求掌握相关相电压、线电压、相电流、线电流等概念和计算方法，以及三相电路功率的计算方法。

3.1 三 相 电 源

三相电源(three-phase source)一般是由三个频率相同、振幅相同、相位彼此相差 $120°$ 的正弦电压源按一定方式连接而成的对称电源。

在工农业生产和人们的日常生活中，常采用三相交流电源供电。由三相交流电源供电的电路称为**三相电路(three-phase circuit)**。三相电源由三相交流发电机产生，三相交流发电机比同功率的单相发电机体积小、成本低、更节省材料。

3.1.1 三相电源的表达式及特点

1. 三相电源的产生

图 3.1 为对称三相电源的示意图。该电源由定子和转子组成。

定子(stator) 由机座、定子铁芯和电枢绕组组成。图 3.1 中 $L_1 L_1'$、$L_2 L_2'$ 和 $L_3 L_3'$ 分别为在空间上互成 $120°$ 的三组定子绕组，其中 L_1 端、L_2 端、L_3 端称为三相绕组的首端，L_1' 端、L_2' 端、L_3' 端称为三相绕组的末端。三组绕组采用同一型号的高强漆包线，匝数相同，

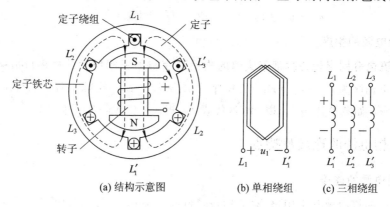

(a) 结构示意图　　(b) 单相绕组　　(c) 三相绕组

图 3.1　对称三相电压源的产生原理

绕向一致。

转子(rotor) 是一对特殊形状的磁极,当转子(磁铁)以角速度 ω 顺时针旋转时,转子磁场将依次切割定子电枢绕组,并在每相定子绕组中感应出电压 u_1、u_2、u_3,它们是三个随时间按正弦规律变化的电压,其振幅和频率相同,相位上互差 $120°$。

2. 三相电源的表达式

若以 u_1 为参考正弦量,即 u_1 初相位为零,则三相对称电压瞬时表达式分别为

$$\left.\begin{array}{l} u_1 = \sqrt{2}U \sin\omega t \\ u_2 = \sqrt{2}U \sin(\omega t - 120°) \\ u_3 = \sqrt{2}U \sin(\omega t - 240°) = \sqrt{2}U \sin(\omega t + 120°) \end{array}\right\} \tag{3.1}$$

对应三相电压的相量表示:

$$\left.\begin{array}{l} \dot{U}_1 = U\angle 0° \\ \dot{U}_2 = U\angle(-120°) \\ \dot{U}_3 = U\angle 120° \end{array}\right\} \tag{3.2}$$

3. 波形图及相量图

三相对称电压的波形图及相量图如图 3.2 所示。

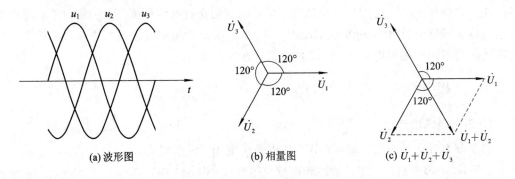

(a) 波形图　　　　(b) 相量图　　　　(c) $\dot{U}_1 + \dot{U}_2 + \dot{U}_3$

图 3.2　三相对称电压的波形图和相量图

由波形图和相量图可知:三相对称电压的瞬时值或相量之和恒为零,即

$$u_1 + u_2 + u_3 = 0 \quad \text{或} \quad \dot{U}_1 + \dot{U}_2 + \dot{U}_3 = 0 \tag{3.3}$$

4. 三相电源的相序

三相交流电分别出现正幅值最大值的先后次序称为三相电源的相序(phase sequence),三相电源的正相序为 $L_1 \to L_2 \to L_3$;负相序为 $L_1 \to L_3 \to L_2$。实际工程中,常用不同颜色区分这三相电压,如黄色代表 L_1 相,绿色代表 L_2 相,红色代表 L_3 相。

3.1.2　三相电源的连接及特点

1. 三相电源的连接

发电机三相绕组通常采用星形(Y 形)连接(star connection),如图 3.3 所示。三个绕组的末端 L_1'、L_2'、L_3' 连接在一个公共点 N 上,N 点称为电源中点或零点。通常发电机的中点

接地。中点引出的导线称为**中线**(**neutral wire**)，又称为**零线**。三相绕组始端 L_1、L_2、L_3 与输电线相连接，向负载输送能量，三根输电线称为**相线**(**phase wire**)，也称为**火线**。这种连接方式向外引出四根线，称为**三相四线制**(**three-phase four-wire system**)。

2. 相电压和线电压

(1) 相线与中线之间的电压称为相电压(**phase voltage**)，用 U_P 表示。图 3.3(a)中，$\dot{U}_1$、$\dot{U}_2$、$\dot{U}_3$ 为三个相电压的相量，有效值为 U_1、U_2、U_3。

(2) 任意两个相线之间的电压称为**线电压**(**line voltage**)，用 U_L 表示。图 3.3(a)中，$\dot{U}_{12}$、$\dot{U}_{23}$、$\dot{U}_{31}$ 为三个线电压的相量，有效值为 U_{12}、U_{23}、U_{31}。

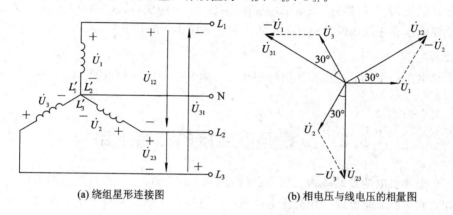

(a) 绕组星形连接图　　　　　　(b) 相电压与线电压的相量图

图 3.3　星形连接的三相电源

这种具有一根中线和三根相线的三相供电电路，称为三相四线供电体制。

3. 相电压和线电压的关系

由图 3.3(a)可知，线电压与相电压显然是不相等的。在图 3.3(a)中，利用基尔霍夫电压定律有

$$\left.\begin{array}{ll} u_{12} = u_1 - u_2 & \dot{U}_{12} = \dot{U}_1 - \dot{U}_2 \\ u_{23} = u_2 - u_3 \quad \text{或} \quad & \dot{U}_{23} = \dot{U}_2 - \dot{U}_3 \\ u_{31} = u_3 - u_1 & \dot{U}_{31} = \dot{U}_3 - \dot{U}_1 \end{array}\right\} \tag{3.4}$$

作电压相量图，如图 3.3(b)所示。由相量图可知：

$$\frac{1}{2}U_{12} = U_1 \cdot \cos 30°$$

即

$$U_{12} = \sqrt{3} U_1$$

相电压和线电压的关系

(1) 线电压大小是相电压的 $\sqrt{3}$ 倍。

若线电压有效值用 U_L 表示，相电压用 U_P 表示，则线电压和相电压的大小关系如下：

$$\boxed{U_L = \sqrt{3} U_P} \tag{3.5}$$

(2) 线电压超前于相电压 30°。

线电压也是对称的，在相位上超前于其下标第一个字符所对应的相电压 30°，即

$$\left.\begin{array}{l} \dot{U}_{12} = \sqrt{3}\,\dot{U}_1\angle 30° \\[4pt] \dot{U}_{23} = \sqrt{3}\,\dot{U}_2\angle 30° \\[4pt] \dot{U}_{31} = \sqrt{3}\,\dot{U}_3\angle 30° \end{array}\right\} \tag{3.6}$$

由此可知，三相电源采用星形连接具有以下特点：

$$\left.\begin{array}{l} \boxed{\dot{U}_{\mathrm{L}} = \sqrt{3}\,\dot{U}_{\mathrm{P}}\angle 30°} \\[6pt] \dot{U}_1 + \dot{U}_2 + \dot{U}_3 = 0 \\[4pt] \dot{U}_{12} + \dot{U}_{23} + \dot{U}_{31} = 0 \end{array}\right\} \tag{3.7}$$

由于发电机（或变压器）的绕组采用星形连接时引出四根导线（三相四线制），因此可为负载提供线电压和相电压两种电压。在低压配电系统中，相电压为 220 V，线电压为 380 V（$380 = 220\sqrt{3}$）。

当三相电源采用星形连接而不引出中线时，称为三相三线制电源。该电源只能提供一种线电压。

3.2　负载星形连接的三相电路

由三相电源供电的负载称为三相负载（three-phase load）。三相负载分为两类：一类是对称三相负载，如工业负载三相交流电动机中，每相负载阻抗参数完全相同（阻抗值相等、阻抗角相等），即 $Z_1 = Z_2 = Z_3 = |Z|\angle\varphi$；另一类为不对称负载，如各种居民生活用电设备。

3.2.1　负载星形连接及其特点

将负载 Z_1、Z_2 和 Z_3 相连的一端记为 $\mathrm{N'}$ 点，它与电源中点 N 相连，每相负载的另一端与三相电源的火线相连，如图 3.4 所示。这种负载采用星形连接的三相四线制电路，简称 Y—Y 形连接，三相四线制常见于输送电系统中。

图 3.4 所示的三相负载电路中：

(1) 流过每一相负载中的电流称为相电流（phase current），用 I_{P} 表示，有效值为 $I_{1\mathrm{P}}$、$I_{2\mathrm{P}}$、$I_{3\mathrm{P}}$；

(2) 流过每根相线上的电流称为线电流（linear current），用 I_{L} 表示，有效值为 $I_{1\mathrm{L}}$、$I_{2\mathrm{L}}$、$I_{3\mathrm{L}}$；

(3) 流过中线的电流称为中线电流（neutral current），用 I_{N} 表示。

分析图 3.4 可知，采用中线星形（Y 形）连接的三相负载电路具有如下特点：

(1) 线电流等于负载相电流，即

$$\boxed{\dot{I}_{\mathrm{P}} = \dot{I}_{\mathrm{L}}} \tag{3.8}$$

(2) 负载上的相电压等于电源的相电压，即

$$\dot{U}'_{\mathrm{P}} = \dot{U}_{\mathrm{P}}$$

(3) 由于三相对称电源的线电压与相电压具有固定关系，所以负载端的线电压与相电压之间也具有固定关系，即

$$\dot{U}'_L = \sqrt{3}\,\dot{U}'_P\angle 30°$$

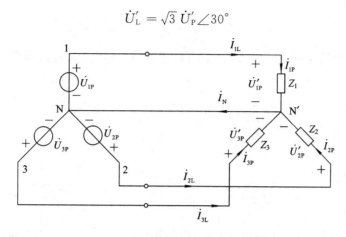

图 3.4 Y—Y 形连接的三相负载电路

3.2.2 负载星形连接的电路分析

分析三相电路的思路是：先利用三相电源求得负载相电压，然后一相一相地计算。

设

$$\left.\begin{aligned}
\dot{U}'_{1P} &= \dot{U}_{1P} = U_{1P}\angle 0° = U_P\angle 0°\\
\dot{U}'_{2P} &= \dot{U}_{2P} = U_{2P}\angle(-120°) = U_P\angle(-120°)\\
\dot{U}'_{3P} &= \dot{U}_{3P} = U_{3P}\angle(120°) = U_P\angle(120°)
\end{aligned}\right\}$$

分别是每相负载的电压，则每相负载中的相电流分别为

$$\left.\begin{aligned}
\dot{I}_{1P} &= \frac{\dot{U}'_{1P}}{Z_1} = \frac{\dot{U}_{1P}}{|Z_1|\angle\varphi_1} = \frac{U_{1P}}{|Z_1|}\angle(-\varphi_1) = I_1\angle(-\varphi_1)\\
\dot{I}_{2P} &= \frac{\dot{U}'_{2P}}{Z_2} = \frac{\dot{U}_{2P}}{|Z_2|\angle\varphi_2} = \frac{U_{2P}}{|Z_2|}\angle(-120°-\varphi_2) = I_2\angle(-120-\varphi_2)\\
\dot{I}_{3P} &= \frac{\dot{U}'_{3P}}{Z_3} = \frac{\dot{U}_{3P}}{|Z_3|\angle\varphi_3} = \frac{U_{3P}}{|Z_3|}\angle(120°-\varphi_3) = I_3\angle(120-\varphi_3)
\end{aligned}\right\}\quad (3.9)$$

中线的电流可应用基尔霍夫电流定律求得，即

$$\dot{I}_N = \dot{I}_{1P} + \dot{I}_{2P} + \dot{I}_{3P} \quad\quad (3.10)$$

［例 3.1］ 正相序对称三相四线制电源的电压为 380 V，采用 Y 形对称负载，每相阻抗 $Z = 22\angle 30°\,\Omega$，求各相电流、中线电流。

［解］ 在三相电路问题中，如不加说明，则电压均指线电压，且为有效值。线电压为 380 V，则每相电压应为 $380/\sqrt{3} = 220$ V。设第一相的电压初相为 0°，则负载的第一相电压及各相电流分别为

$$\dot{U}'_{1P} = \dot{U}_{1P} = 220\angle 0°\ \text{V}$$

$$\dot{I}_{1P} = \frac{\dot{U}'_{1P}}{Z} = \frac{220\angle 0°}{22\angle 30°} = 10\angle(-30°)\,\text{A}$$

$$\dot{I}_{2P} = \frac{\dot{U}'_{2P}}{Z} = \frac{220\angle(-120°)}{22\angle 30°} = 10\angle(-150°)\,\text{A}$$

$$\dot{I}_{3P} = \frac{\dot{U}'_{3P}}{Z} = \frac{220\angle 120°}{22\angle 30°} = 10\angle 90° \text{A}$$

对称负载的相电流也是对称的,所以可以求得第一相电流,直接推出其他两相电流为

$$\dot{I}_{2P} = 10\angle(-30° - 120°)\text{A} = 10\angle(-150°)\text{A}$$

$$\dot{I}_{3P} = 10\angle(-30° + 120°)\text{A} = 10\angle 90°\text{A}$$

各相电流有效值为 10 A。

中线电流为

$$\dot{I}_{N} = \dot{I}_{1P} + \dot{I}_{2P} + \dot{I}_{3P}$$
$$= 10\angle(-30°) + 10\angle(-150°) + 10\angle 90°$$
$$= 0$$

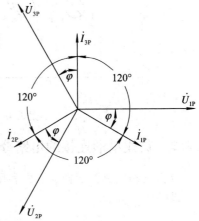

Y－Y 对称三相负载电路的相量图如图 3.5 所示。由于负载对称,因而相电流、线电流也对称,中线电流 $\dot{I}_{N} = \dot{I}_{1P} + \dot{I}_{2P} + \dot{I}_{3P} = 0$,此时中线不起作用,可以省略。所以 Y－Y 对称三相负载电路可以连接为三相三线制电路。

如果在 Y－Y 形连接电路中,负载不对称,但电源对称,有中线,则需分离为一相一相进行计算,而不能由一相的结果推知其他两相电流。

图 3.5　Y－Y 对称三相负载电路相量图

[例 3.2]　在图 3.6(a)中,电源电压对称,每相电压 $U_{P} = 220$ V,三相负载为电灯组,电灯的额定电压为 220 V,在额定电压下其阻抗分别为 $R_1 = 5\ \Omega$、$R_2 = 10\ \Omega$、$R_3 = 20\ \Omega$。试求:(1) 图 3.6(a)所示电路在正常工作状态下的负载相电压、负载电流及中线电流;(2) 当照明负载发生故障,第一相 R_1 短路,中线也断开时(如图 3.6(b)所示),其他两相电灯的电压。

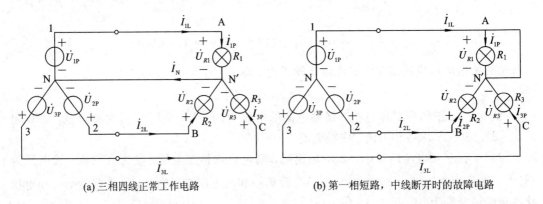

(a) 三相四线正常工作电路　　　　　　　(b) 第一相短路,中线断开时的故障电路

图 3.6　例 3.2 图

[解]　(1) 在负载不对称而有中线(中线阻抗可忽略不计)的情况下,负载的相电压和电源的相电压相等,也是对称的,$\dot{U}'_{P} = \dot{U}_{P}$,其有效值为 220 V。设第一相电压为

$$\dot{U}_{R1} = \dot{U}_{1P} = 220\angle 0° \text{V}$$

则
$$\dot{U}_{R2} = \dot{U}_{2P} = 220\angle(-120°)\,\text{V}$$

$$\dot{U}_{R3} = \dot{U}_{3P} = 220\angle 120°\,\text{V}$$

负载各相电流为

$$\dot{I}_{1P} = \frac{\dot{U}_{R1}}{R_1} = \frac{220\angle 0°}{5}\,\text{A} = 44\angle 0°\,\text{A}$$

$$\dot{I}_{2P} = \frac{\dot{U}_{R2}}{R_2} = \frac{220\angle(-120°)}{10}\,\text{A} = 22\angle(-120°)\,\text{A}$$

$$\dot{I}_{3P} = \frac{\dot{U}_{R3}}{R_3} = \frac{220\angle 120°}{20}\,\text{A} = 11\angle 120°\,\text{A}$$

中线电流为

$$\dot{I}_{N} = \dot{I}_{1P} + \dot{I}_{2P} + \dot{I}_{3P} = 29.1\angle(-19°)\,\text{A} \neq 0$$

注意：$\dot{I}_{2P}$、$\dot{I}_{3P}$ 不能直接推得，是一相一相分别计算得到的。

（2）当负载第一相短路且中线断开时，负载中点 N′ 与 A 点直接相连，因此负载电压的有效值分别为

$$U_{R_1} = 0\ \text{V}$$
$$U_{R_2} = U_{BA} = U_{21} = U_{L} = 380\ \text{V}$$
$$U_{R_3} = U_{CA} = U_{31} = U_{L} = 380\ \text{V}$$

此时第二相和第三相负载电压都是线电压，都超过了电灯的额定电压，这是不允许的。从本例可知，电灯是单相负载，通常应比较均匀地分配在各相中，尽管如此，使用时间不同，三相照明负载仍难于对称。负载不对称需采用三相四线制，中线的存在是非常重要的，能确保各相负载在额定相电压下安全工作；中线上不允许安装开关或熔断器，以防运行时中线断开。

3.3　负载三角形连接的三相电路

三相负载的首、尾依次相连构成一个三角形闭环，再从各相负载的首端引线与电源三个端线连接的三相电路，称为三角形（△形）连接的三相负载电路，如图 3.7 所示。

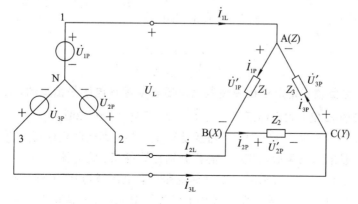

图 3.7　三角形连接的三相负载电路

分析图 3.7 可知，采用三角形连接的三相负载电路具有如下特点：

(1) 因为各相负载直接连接在两根火线之间，所以负载的相电压等于电源的线电压，即

$$\dot{U}'_{P\triangle} = \dot{U}_L \tag{3.11}$$

无论负载是否对称，负载的相电压总是对称的。

(2) 负载的相电流 $\dot{I}_P(\dot{I}_{1P}、\dot{I}_{2P}、\dot{I}_{3P})$ 与线电流 $\dot{I}_L(\dot{I}_{1L}、\dot{I}_{2L}、\dot{I}_{3L})$ 不相等，各相负载的相电流为负载上的相电压(也就是电源线电压)除以负载阻抗，即

$$\left.\begin{array}{l} \dot{I}_{1P} = \dfrac{\dot{U}'_{1P}}{Z_1} = \dfrac{\dot{U}_{12}}{Z_1} \\[2mm] \dot{I}_{2P} = \dfrac{\dot{U}'_{2P}}{Z_2} = \dfrac{\dot{U}_{23}}{Z_2} \\[2mm] \dot{I}_{3P} = \dfrac{\dot{U}'_{3P}}{Z_3} = \dfrac{\dot{U}_{31}}{Z_3} \end{array}\right\} \tag{3.12}$$

由基尔霍夫电流定律可知：

$$\left.\begin{array}{l} \dot{I}_{1L} = \dot{I}_{1P} - \dot{I}_{3P} \\[1mm] \dot{I}_{2L} = \dot{I}_{2P} - \dot{I}_{1P} \\[1mm] \dot{I}_{3L} = \dot{I}_{3P} - \dot{I}_{2P} \end{array}\right\} \tag{3.13}$$

(3) 如果负载为对称负载，那么，因为电源对称，所以相、线电流也对称。设负载的阻抗角为 φ，则相电流相量为

$$\dot{I}_{1P} = \frac{\dot{U}'_{1P}}{Z_1} = \frac{\dot{U}_{1L}}{Z} = I_P\angle(-\varphi)$$

$$\dot{I}_{2P} = I_P\angle(-\varphi-120°)$$

$$\dot{I}_{3P} = I_P\angle(-\varphi+120°)$$

图 3.8 所示为对称负载三角形连接的电流相量图，可知 $\frac{1}{2}I_{1L} = I_{1P}\cdot\cos30°$，$I_{1L} = \sqrt{3}\,I_{1P}$，且线电流的相位滞后于其下标第一个字符所对应的相电流 30°，所以

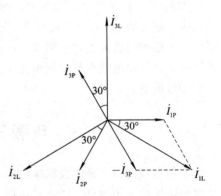

图 3.8　对称负载三角形连接电流相量图

$$\boxed{\dot{I}_{L\triangle} = \sqrt{3}\,\dot{I}_{P\triangle}\angle(-30°)} \tag{3.14}$$

显然，在对称负载三角形连接中负载相电压与电源线电压是相等的，而三角形负载的线电流是相电流的 $\sqrt{3}$ 倍，依次滞后于 $\dot{I}_{1P}$、$\dot{I}_{2P}$、$\dot{I}_{3P}$ 相电流相位 30°。

当对称负载采用三角形连接时，只需要计算出一相，其他两相即可推出。

当不对称负载采用三角形连接时，需要分别计算各相、线电流。

[**例 3.3**]　在图 3.9(a)所示的三相对称电路中，电源线电压为 380 V，对称负载的每相阻抗 $Z = (6+j8)\Omega$。(1) 试求电路的各相电流和线电流；(2) 如果 A 端接入线断开，如图 3.9(b)所示，则负载工作状态如何？

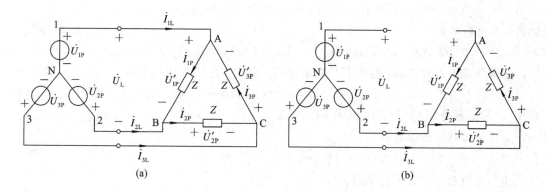

图 3.9 例 3.3 电路

[**解**] （1）负载为三角形连接，电源线电压就是负载的相电压，因为是对称负载，所以相、线电流均对称，计算出一相即可推导出其余各相、线电流。

$$\dot{I}_{1P} = \frac{\dot{U}'_{1P}}{Z} = \frac{380\angle 0°}{6 + j8}A = 38\angle(-53°)A$$

根据相序，其他两相电流可推知为

$$\dot{I}_{2P} = 38\angle(-53° - 120°)A = 38\angle(-173°)A$$

$$\dot{I}_{3P} = 38\angle(-53° + 120°)A = 38\angle 67°A$$

同理，线电流为

$$\dot{I}_{1L} = \sqrt{3} \times 38\angle(-53° - 30°)A = 65.8\angle(-83°)A$$

其他两线电流可推知为

$$\dot{I}_{2L} = 65.8\angle(-83° - 120°)A = 65.8\angle(-203°)A = 65.8\angle(157°)A$$

$$\dot{I}_{3L} = 65.8\angle(-83° + 120°)A = 65.8\angle 37°A$$

（2）电路如图 3.9（b）所示，第二相负载（BC）相电压不变，不受影响，第一相（AB）和第三相（CA）两相负载串联在线电压上，其电压、电流均小于额定值。

由此例题可知，照明负载不能采用三角形接法。

三相负载是接成星形（Y 形）还是接成三角形（△形），取决于以下两个因素：电源电压、负载的额定相电压。

当负载的额定相电压等于电源的相电压时，负载应接成星形（Y 形），此时每相负载承受电源的相电压；当负载的额定相电压等于电源的线电压时，负载应接成三角形（△形），此时每相负载承受电源的线电压。

3.4　三相电路的功率

在第 2 章中一个负载接正弦交流电压，该负载的有功功率、无功功率分别为

$$P = UI\cos\varphi \qquad Q = UI\sin\varphi$$

在三相电路中，无论负载是否为对称负载、采用何种连接方式，三相电路总的有功功率等于各相有功功率之和，即

$$P = P_1 + P_2 + P_3 = U_{1P} I_{1P} \cos\varphi_1 + U_{2P} I_{2P} \cos\varphi_2 + U_{3P} I_{3P} \cos\varphi_3$$

同理，无功功率为

$$Q = Q_1 + Q_2 + Q_3 = U_{1P} I_{1P} \sin\varphi_1 + U_{2P} I_{2P} \sin\varphi_2 + U_{3P} I_{3P} \sin\varphi_3$$

如果负载是对称负载，每相有功功率相同，则三相总的有功功率为

$$P = 3P_P = 3U_P I_P \cos\varphi \tag{3.15}$$

式中，φ 角是相电压 U_P 与相电流 I_P 的相位差。

当对称负载是星形连接时，有

$$U_L = \sqrt{3} U_P, \quad I_L = I_P$$

当对称负载是三角形连接时，有

$$U_L = U_P, \quad I_L = \sqrt{3} I_P$$

由此可知，不论对称负载是星形连接或是三角形连接，如将上述关系代入式(3.15)，则得

$$P = \sqrt{3} U_L I_L \cos\varphi \tag{3.16}$$

应注意，式(3.16)中的 φ 角仍是相电压 U_P 与相电流 I_P 的相位差。

同理，可得出三相无功功率和视在功率：

$$Q = 3U_P I_P \sin\varphi = \sqrt{3} U_L I_L \sin\varphi \tag{3.17}$$

$$S = \sqrt{3} U_L I_L \tag{3.18}$$

式(3.16)～式(3.18)是计算三相对称电路功率的常用公式。

[**例 3.4**]　一对称三相负载，每相阻抗 $Z = (6+j8)\,\Omega$，接入电压为 380 V 的三相电源中。试问：

(1) 当负载为星形连接时，电路消耗的功率是多少？

(2) 当负载为三角形连接时，三相电路如图 3.9(a)所示，电路消耗的功率是多少？

[**解**]　(1) 负载为星形连接时，有

$$P = \sqrt{3} U_L I_L \cos\varphi$$

式中：

$$U_L = 380\ \text{V}$$

$$I_L = I_P = \frac{U_P}{|Z|} = \frac{\dfrac{U_L}{\sqrt{3}}}{|Z|} = \frac{\dfrac{380}{\sqrt{3}}}{\sqrt{6^2 + 8^2}} = 22\ \text{A}$$

$$\cos\varphi = \frac{R}{|Z|} = \frac{6}{10} = 0.6$$

所以

$$P = \sqrt{3} U_L I_L \cos\varphi = \sqrt{3} \times 380 \times 22 \times 0.6 = 8.7\ \text{kW}$$

(2) 当负载为三角形连接时，从例题 3.3 中已计算得到：$U_L = 380\ \text{V}$，$I_L = \sqrt{3} I_P = 65.8\ \text{A}$，故

$$P = \sqrt{3} U_L I_L \cos\varphi = \sqrt{3} \times 380 \times 65.8 \times 0.6 = 26\ \text{kW}$$

以上计算表明，若将负载误接成三角形，则负载消耗的功率是星形连接时的 3 倍，负载可能烧毁；三角形连接时，负载每相的电压是星形连接时的 $\sqrt{3}$ 倍，负载每相的电流是星

形连接时的$\sqrt{3}$倍。

[例 3.5] 理想三相电动机有三个相同绕组，已知其额定有功功率 $P_N=80$ kW，$U_N=380$ V，功率因数为 0.8。现在要将其接到 $U_L=380$ V 的三相对称电源上运行，问：

(1) 三相电动机绕组应采用何种连接？

(2) 三相电源除连接三相电动机外还连接一台三相加热炉，采用星形连接，三相加热炉的功率因数为 1，其有功功率为 11 kW，求电源的线电流 I_L。

[解] (1) 因为三相电动机的额定电压为 $U_N=380$ V，电源的线电压 $U_L=380$ V，所以三相电动机的绕组必须采用三角形连接，此时 $U'_P=U_L=380$ V。

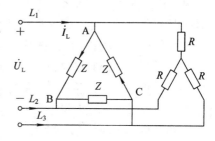

(2) 根据题意画出电路图，如图 3.10 所示。三相加热炉的功率因数为 1，等效为电阻，$\varphi_R=0°$，故其无功功率 $Q_R=0$。三相电动机的功率因数为 $\cos\varphi_Z=0.8$，$\varphi_Z=36.9$，其无功功率为

$$Q_Z = P_Z \tan\varphi_Z = 80 \times \tan36.9° = 60 \text{ kvar}$$

图 3.10 例 3.5 电路图

电源输出的总有功功率、无功功率和视在功率分别为

$$P = P_Z + P_R = (80+11)\text{kW} = 91 \text{ kW}$$
$$Q = Q_Z + Q_R = (60+0)\text{kvar} = 60 \text{ kvar}$$
$$S = \sqrt{P^2+Q^2} = \sqrt{91^2+60^2} = 109 \text{ kV·A}$$

利用视在功率的公式可求得电源的线电流有效值为

例 3.5 讲解

$$I_L = \frac{S}{\sqrt{3}U_L} = \frac{109\times10^3}{\sqrt{3}\times380} = 165.6 \text{ A}$$

3.5 安 全 用 电

在现代生产和生活中，人们经常接触各式各样的电气设备。了解安全用电常识，能避免触电事故的发生，保障人身和设备的安全，让电更好地为人类服务。

3.5.1 电对人体的危害

电对人体的伤害可分为电击和电伤两种类型。

(1) 电击是指电流流经人体内部组织所造成的伤害，如破坏心脏、呼吸系统及神经系统等，危险性高。绝大部分触电死亡事故都是由于电击造成的。

(2) 电伤是电流仅经过人体表面皮肤组织，一般多伤害人体的外部。常见的有电灼伤、电烙印和皮肤金属化等三种。大多数情况下，电击和电伤往往同时发生。

触电伤人的主要因素是电流。若流过人体的电流为 20 mA，人即感到麻痹难受，特别是人手触电，肌肉收缩反而握紧带电物体，有发生灼伤的可能。如果流过人体的电流为 50 mA，人的呼吸器官会发生麻痹，以致造成死亡。电流大小与作用到人体上的电压大小和人体电阻有关，电流作用于人体的时间愈长，人体电阻愈小，电流愈大，对人体的伤害就愈严重。触电后电压愈高，流过人体的电流就愈大；人体出汗或皮肤破裂，人体的电阻降低，通过人体的电流随之加大。当作用在人体上的电压低于 36 V 时，对人体的伤害几乎

为零，所以规定 36 V 以下的电压为安全电压。

3.5.2 触电方式

触电方式有单相触电、两相触电、跨步电压触电等。常见的是单相触电。

单相触电是指人体直接接触正常运行中的一相带电体，电流通过人体流入大地，此时人体承受 220 V 电压，会造成直接伤害，很危险。如果工作人员站在干燥的木板或绝缘垫上，那么流过人体的电流将被限制在 0.22～0.44 mA，对于人身来说是安全的。所以电气工作人员工作时须穿电工绝缘鞋，且在配电屏前后应铺绝缘垫。

两相触电是指人体同时接触到两根火线。此时作用于人体上的电压为 380 V，电流通过人体内脏形成回路，这种触电是最危险的。

当电气设备发生接地故障，如雷击或高压线断落时，会有强大的电流流入大地，在地面上形成电位分布，若人步行到此地，其两脚之间的电位差就是跨步电压。由跨步电压引起的人体触电称为跨步电压触电。

此外，还有间接触电，就是当电气设备绝缘损坏而发生接地短路故障时（俗称"碰壳"、"漏电"），其金属外壳或结构带有电压造成的触电。

3.5.3 防止触电的安全措施

安全用电的原则是：不触及低压带电体，不靠近高压带电体。

防止触电的安全措施如下：

（1）采用安全电压。安全电压的限值为在任何情况下，任何两导体间不可能出现的最高电压值，我国标准规定工频电压有效值的限值为 50 V、直流电压的限值为 120 V。我国规定工频电压 50 V 的限值是根据人体允许电流 30 mA 和人体电阻 1700 Ω 的条件确定的。

我国规定工频安全电压的额定值有 42 V、36 V、24 V、12 V 和 6 V。

（2）合理选择熔断器。熔断器是一种过电流保护器。使用时，将熔断器串联于被保护电路中，当过载或短路电流通过熔体时，熔体自身将发热而熔断，从而对各种电工设备、家用电器和人身都起到了一定的保护作用。

（3）接地保护。在电源中点不接地的三相三线制供电系统中，电气设备的金属外壳接地称为接地保护，如图 3.11 所示。

（4）接零保护。在电源中点接地的三相四线制供电系统中，将电气设备正常情况下不带电的金属部分（如外壳）与电源的零线连接起来，称为接零保护，如图 3.12 所示。设备采用接零保护后，当设备绝缘损坏碰壳时，接地电阻小于 4 Ω，短路电流流经相线，相当于火线与零线短接，从而产生足够大的短路电流，使过流保护装置迅速动作，切断漏电设备的电源，以保障人身安全。其保护效果比接地保护更好。

（5）漏电开关。当被保护的设备出现故障时，故障电流作用于保护开关，若该电流超过预定值，便会使开关自动断开，切断供电电路。该方式主要用于低压供电系统。

（6）安全标志。在电气上用黄、绿、红三色分别代表 L_1、L_2、L_3 三个相序；红色的电器外壳表示其外壳有电；灰色的电器外壳表示其外壳接地或接零；黑色表示工作零线；明敷接地扁钢或圆钢涂黑色；黄绿双色线绝缘导线表示保护零线。直流电中红色代表正极，蓝色代表负极，信号和警告回路用白色。

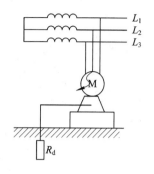

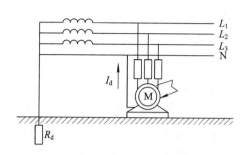

图 3.11　接地保护　　　　　安全用电基本常识　　　　　　图 3.12　接零保护

3.6　小　　结

1. 三相电路的相电压、线电压、相电流和线电流

（1）三相电源是由三个频率相同、振幅相同、相位彼此相差 $120°$ 的正弦电压源组成的对称电源。三相对称电源采用星形连接时，可以构成三相四线制供电系统。若相电压 $\dot{U}_1$ 为参考相量，则电源相电压分别为

$$\dot{U}_1 = U_P\angle0°\qquad \dot{U}_2 = U_P\angle(-120°)\qquad \dot{U}_3 = U_P\angle120°$$

星形连接的电源线电压分别为

$$\dot{U}_{12} = U_L\angle30°\qquad \dot{U}_{23} = U_L\angle(-90°)\qquad \dot{U}_{31} = U_L\angle150°$$

$\dot{U}_L = \sqrt{3}\dot{U}_P\angle30°$，故三相四线制供电系统可以供给负载两种不同的电压。

（2）负载为星形连接且有中线时，各相电流的计算方法与单相电路中电流的计算方法一样：

$$\dot{I}_{1P} = \frac{\dot{U}'_{1P}}{Z_1} = \frac{\dot{U}_{1P}}{|Z_1|\angle\varphi_1}\qquad \dot{I}_{2P} = \frac{\dot{U}'_{2P}}{Z_2} = \frac{\dot{U}_{2P}}{|Z_2|\angle\varphi_2}\qquad \dot{I}_{3P} = \frac{\dot{U}'_{3P}}{Z_3} = \frac{\dot{U}_{3P}}{|Z_3|\angle\varphi_3}$$

若三相负载对称，则相电流对称，只需计算一相电流，即可推得另外两相，这时中线电流 $\dot{I}_N = 0$。若三相负载不对称，则分离为一相一相进行计算。

（3）负载为三角形连接时，先求出负载相电压和相电流，再计算线电流。

$$\dot{I}_{1P} = \frac{\dot{U}'_{1P}}{Z_1} = \frac{\dot{U}_{12}}{Z_1}\qquad \dot{I}_{2P} = \frac{\dot{U}'_{2P}}{Z_2} = \frac{\dot{U}_{23}}{Z_2}\qquad \dot{I}_{3P} = \frac{\dot{U}'_{3P}}{Z_3} = \frac{\dot{U}_{31}}{Z_3}$$

若三相负载对称，则相电流对称，线电流也对称，而且

$$\dot{I}_L = \sqrt{3}\,\dot{I}_P\angle(-30°)$$

2. 三相电路的功率

三相电路的总的有功功率和无功功率必定是各相有功功率和无功功率之和。

若三相负载对称，不论对称负载是星形连接还是三角形连接，都可用下式计算三相功率：

$$P = \sqrt{3}U_L I_L\cos\varphi\qquad Q = \sqrt{3}U_L I_L\sin\varphi\qquad S = \sqrt{3}U_L I_L$$

3. 安全用电的原则

安全用电的原则是：不触及低压带电体，不靠近高压带电体。可采用安全电压、熔断

器、接地保护、接零保护、漏电开关及安全标志等一系列安全技术及措施保证电气设备及
人身安全。

习　题　3

3.1　判断题

(1) 中线的作用可以使不对称 Y 形连接负载的端电压保持对称。　　　　　( )

(2) 三相负载作三角形连接时，总有 $I_L=\sqrt{3}\,I_P$ 成立。　　　　　　　( )

(3) 负载作星形连接时，必有线电流等于相电流。　　　　　　　　　　　( )

(4) 三相不对称负载越接近对称，中线上通过的电流就越小。　　　　　　( )

(5) 对称三相电路的有功功率 $P=\sqrt{3}U_L I_L\cos\varphi$，其中 φ 为线电压与线电流的夹角。

　　　　　　　　　　　　　　　　　　　　　　　　　　　　　　　　　( )

3.2　填空题

(1) 在星形连接的对称三相电路中，$U_L/U_P=$＿＿＿＿，$I_L/I_P=$＿＿＿＿。

(2) 在对称三相电路中，已知电源线电压的有效值为 380 V，若负载作星形连接，则负
载相电压为＿＿＿＿；若负载作三角形连接，则负载相电压为＿＿＿＿。

(3) 在三相正序电源中，若线电压 u_{12} 的初相角为 45°，则相电压 u_2 的初相角为 ＿＿。

(4) 三角形连接的对称三相电路的线电流 $\dot I_{1L}=17.3\angle 0°$ A，则相电流 $\dot I_{2P}=$ ＿＿＿。

(5) 对称三相电路的功率因数为 λ，线电压为 U_L，线电流为 I_L，则视在功率 $S=$
＿＿＿＿，无功功率 $Q=$＿＿＿＿。

3.3　选择题

(1) 若要求三相负载中各相电压均为电源相电压，则负载应接成( )。

A. 星形有中线　　　B. 星形无中线　　　C. 三角形连接　　　D. 星形和三角形均可以

(2) 对称三相电源的相电压 $u_1=10\sin(\omega t+60°)$ V，相序为 $L_1-L_2-L_3$，则当电源采
用星形连接时，线电压 u_{12} 为( )V。

A. $10\sin(\omega t+90°)$　　　　　　　　B. $17.32\sin(\omega t-30°)$

C. $17.32\sin(\omega t+90°)$　　　　　　　D. $17.32\sin(\omega t+150°)$

(3) 对称三相交流电路中，三相负载为三角形连接，当电源线电压不变时，三相负载
换为星形连接，三相负载的相电流应( )。

A. 减小　　　　　B. 增大　　　　　C. 不变

(4) 对称三相交流电路中，三相负载为星形连接，当电源
电压不变，而负载变为三角形连接时，对称三相负载所吸收的
功率( )。

A. 不变　　　　　B. 增大　　　　　C. 减小

(5) 题 3.3-(5)图所示是对称三相三线制电路，负载为星
形连接，线电压 $U_L=380$ V，若故障 B 相断路(相当于 S 打
开)，则电压表读数(有效值)为( )。

A. 0 V　　　　　　B. 380 V

题 3.3-(5)图

C. 220 V   D. 190 V

（6）三相对称负载作星形连接时（   ）。

A. $I_L=\sqrt{3}\,I_P$，$U_L=U_P$ B. $I_L=I_P$，$U_L=\sqrt{3}\,U_P$

C. 不一定   D. 都不正确

（7）在三相电路中，对称负载为三角形连接，若每相负载的有功功率为 30 W，则三相有功功率为（   ）。

A. 0   B. $30\sqrt{3}$ W   C. 不确定   D. 90 W

3.4 已知星形连接的对称三相负载，每相阻抗$|Z|=10\ \Omega$；对称三相电源的线电压为 380 V。求负载的相电流和线电流。

3.5 对称电源为星形连接，线电压为 380 V；负载为三角形对称三相负载，每相阻抗$|Z|=10\ \Omega$。求负载的相电流和线电流。

3.6 已知星形连接的对称三相负载，每相阻抗为$40\angle25°\Omega$；对称三相电源的线电压为 380 V。求负载相电流、线电流，并绘出电压、电流的相量图。

3.7 三相负载电路的额定电压为 220 V，每相负载的电阻为 4 Ω，感抗为 3 Ω，接于线电压为 380 V 的对称三相电源上。试问：（1）该负载应采用什么连接方式？（2）负载的线电流和相电流是多少？（3）负载的有功功率、无功功率和视在功率是多少？

3.8 一个车间由三相四线制供电，电源线电压为 380 V，车间总共有 220 V、100 W 的灯泡 132 个，试问应如何连接？这些灯泡全部工作时，供电线路的线电流为多少？

3.9 一台三相交流电动机，定子绕组 Y 形连接于线电压为 380 V 的对称三相电源上，其线电流$I_L=2.2$ A，$\cos\varphi=0.8$。试求该电动机每相绕组的阻抗 Z。

3.10 题 3.10 图中，电源线电压$U_L=380$ V，每相负载的阻抗为$R=X_L=X_C=22\ \Omega$。

（1）该三相负载能否称为对称负载？为什么？

（2）计算中线电流和各相电流，画出相量图。

（3）求三相总功率。

3.11 在题 3.11 图所示的三相电路中，$R=X_C=X_L=25\ \Omega$，接于线电压为 220 V 的对称三相电源上，求各线中的线电流。

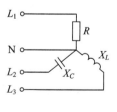

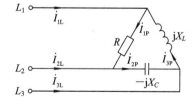

题 3.10 图   题 3.10 解答   题 3.11 图

3.12 某人用三根铬铝电阻丝制成三相加热器。每根电阻丝的电阻为 40 Ω，最大允许电流为 6 A，已知电源电压为 380 V。试根据电阻丝的最大允许电流决定三相加热器的接法。

3.13 现要做一个 11.4 kW 的电阻加热炉，用三角形接法，电源线电压为 380 V，问每相的电阻值应为多少？如果改用星形接法，每相的电阻值又为多少？

3.14 在线电压为 380 V 的三相电源上，接有两组电阻性对称负载，如题 3.14 图所示。试求线电流 I。

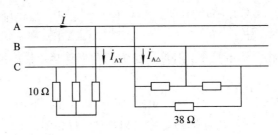

题 3.14 解答   题 3.14 图

3.15 三相对称负载为三角形连接，其线电流 $I_L = 5.5$ A，有功功率 $P = 7760$ W，$\lambda = 0.8$，求电源的线电压 U_L、电路的视在功率 S 和每相阻抗 Z。

第 4 章　电路的暂态分析

第 4 章知识点

教学内容与要求：从一种稳定状态(转动)向另一种稳定状态(停止)变化的过程就是暂态过程。本章介绍暂态的概念及换路定则，分析 RC 及 RL 电路的暂态过程，讲解微分、积分电路。要求理解零状态响应、零输入响应、暂态响应和稳态响应的含义，掌握暂态分析的三要素法。

4.1　换路定则和初始值的计算

当电路在接通、断开或参数、结构发生变化时，电路运行改变统称为换路(switching)。

本节主要介绍换路定则，即电容电压和电感电流在换路时不能发生跃变；讨论利用换路定则确定各元件上的电压和电流初始值的问题。

4.1.1　换路定则

设 $t=0$ 为换路的瞬间，把换路前的最后一瞬间记作 $t=0_-$，换路后的初始瞬间记作 $t=0_+$，0_- 与 0_+ 之间的数值近于零。$t=\infty$ 时为电路的稳态。

由电容元件的电压、电流关系 $i_C = C\dfrac{\mathrm{d}u_C}{\mathrm{d}t}$ 可以得到

$$u_C(t) = \frac{1}{C}\int_{-\infty}^{t} i_C(\xi)\mathrm{d}\xi = u_C(t_0) + \frac{1}{C}\int_{t_0}^{t} i_C(\xi)\mathrm{d}\xi$$

设电容元件在 $t=0_-$ 时的电压为 $u_C(0_-)$，则 $t=0_+$ 时的电压为

$$u_C(0_+) = u_C(0_-) + \frac{1}{C}\int_{0_-}^{0_+} i_C(\xi)\mathrm{d}\xi$$

换路时，电容电流 i 的值是有限的，则有

$$\frac{1}{C}\int_{0_-}^{0_+} i_C(\xi)\mathrm{d}\xi = 0$$

所以

$$u_C(0_+) = u_C(0_-)$$

同理，电感元件在换路前后，电感电流 $i_L(0_+) = i_L(0_-)$。

换路定则：在换路瞬间，电容元件的电流值为有限值时，其电压不能跃变；电感元件电压值为有限值时，其电流不能跃变。其表达式为

$$\begin{cases} u_C(0_+) = u_C(0_-) \\ i_L(0_+) = i_L(0_-) \end{cases}$$

$$(4.1)$$

4.1.2　初始值及其计算

所谓初始值(initial value)，就是在电路换路后的一瞬间，即 $t=0_+$ 时电路中各电量的数值，记作 $f(0_+)$，初始值可利用换路定则求得。

一般电路的初始值求解步骤如下：

(1) 求换路前的瞬间 $u_C(0_-)$、$i_L(0_-)$，换路前如达到稳态，则电容视为开路，电感视为短路。

(2) 利用换路定则，求得 $u_C(0_+)=u_C(0_-)$，$i_L(0_+)=i_L(0_-)$。

(3) 求得 $u_C(0_+)$、$i_L(0_+)$ 之后，将电路中的电容元件替换成电压为 $u_C(0_+)$ 的电压源，电感元件替换成电流为 $i_L(0_+)$ 的电流源，这样就建立了 $t=0_+$ 的等效电路。这是一个纯电阻电路，可以按照线性电阻电路的解题方法进行求解。

[**例 4.1**]　在图 4.1 所示的电路中，已知 $I_S=12\text{ A}$，$R_1=2\ \Omega$，$R_2=3\ \Omega$，电路原已稳定。在 $t=0$ 时闭合开关 S，试求 $i_L(0_+)$、$u_C(0_+)$、$i_C(0_+)$、$i_k(0_+)$。

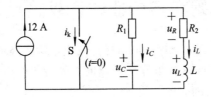

图 4.1　例 4.1 电路　　　　　　例 4.1 讲解

[**解**]　(1) 开关合上前，电路原已稳定，处于直流状态，电感相当于短路，电容相当于开路，$t=0_-$ 时的等效电路如图 4.2(a)所示。

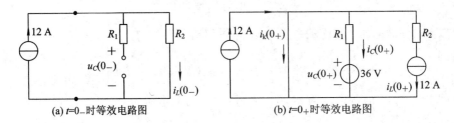

(a) $t=0_-$ 时等效电路图　　　　(b) $t=0_+$ 时等效电路图

图 4.2　例 4.1 等效电路

$$i_L(0_-)=I_S=12\text{ A}$$
$$u_C(0_-)=i_L(0_-)\times R_2=12\times3\text{ V}=36\text{ V}$$

(2) 根据换路定则可得

$$i_L(0_+)=i_L(0_-)=12\text{ A}$$
$$u_C(0_+)=u_C(0_-)=36\text{ V}$$

不忘初心

(3) 作 $t=0_+$ 时的等效电路图，如图 4.2(b)所示，电感和电容分别看作电流源和电压源。

$$i_C(0_+)=-\frac{u_C(0_+)}{R_1}=-\frac{36}{2}=-18\text{ A}$$

利用基尔霍夫电流定律可得

$$i_k(0_+)=I_S-i_C(0_+)-i_L(0_+)=12-(-18)-12=18\text{ A}$$

4.2　RC 电路暂态响应

　　分析 RC 电路的暂态响应就是求 RC 电路的电压和电流，对 RC 电路来讲有零状态响应、零输入响应及完全响应。

4.2.1　RC 电路微分方程

　　以图 4.3 所示的 RC 串联电路为例，$t=0$ 时，开关 S 合在位置 1，电源对电容进行充电。根据基尔霍夫电压定律和元件 VCR，有

$$u_R + u_C = U_s$$

$$u_R = iR \qquad i = C\frac{\mathrm{d}u_C}{\mathrm{d}t}$$

可得到 RC 电路的方程为

$$RC\frac{\mathrm{d}u_C}{\mathrm{d}t} + u_C = U_s \qquad (4.2)$$

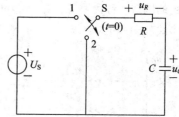

图 4.3　RC 串联电路

　　该方程为一阶常系数线性非齐次微分方程，此时电路为一阶电路，电路仅含一种储能元件。式(4.2)的解为

$$u_C(t) = u_C'(t) + u_C''(t)$$

解分为两部分：一个是特解 $u_C'(t)$，一个是通解 $u_C''(t)$。

　　特解为电路到达稳定状态时($t=\infty$)的稳态值，从换路后的稳态电路可以看出，U_s 为该方程的特解，即稳态解，因此取 $u_C'(t) = U_s$。

　　$u_C''(t)$ 为式(4.2)对应的齐次微分方程的通解。

$$RC\frac{\mathrm{d}u_C}{\mathrm{d}t} + u_C = 0$$

根据数学分析可知，通解的形式为

$$u_C'' = A\mathrm{e}^{pt}$$

代入上式，得到特征方程为

$$RCp + 1 = 0$$

$$p = -\frac{1}{RC} = -\frac{1}{\tau}$$

式中，$\boxed{\tau = RC}$，单位是 s，称为 RC 电路的时间常数。

　　故式(4.2)所对应的齐次微分方程的解形式为

$$u_C(t) = U_s + A\mathrm{e}^{-\frac{t}{\tau}} \qquad (4.3)$$

式中，A 为待定系数，由电路的初始条件求得。

4.2.2　RC 电路的零状态响应

　　换路前电路中电容的初始电压 $u_C(0_+)$ 为零时，称为零状态；储能元件的初始状态为零时，电路在外加电源作用下的响应称为零状态响应(zero-state response)。

　　将初始条件 $u_C(0_+) = 0$ 代入式(4.3)可求得 $A = -U_s$，电容上的电压为

$$u_C(t) = U_s - U_s e^{-\frac{t}{\tau}} = U_s(1 - e^{-\frac{t}{\tau}}) \qquad (t > 0) \qquad\qquad (4.4)$$

4.2.3 RC 电路的零输入响应

如图 4.3 所示，电容 C 已充电到 U_0，开关 S 从 1 打到 2 的位置，此时电路无电源，电容开始放电，$t = \infty$ 到达稳态时 $u_C(\infty) = 0$，则式(4.3)为

$$u_C(t) = U_0 e^{-\frac{t}{RC}} \qquad (t > 0) \qquad\qquad (4.5)$$

式(4.5)为 RC 电路的零输入响应，是**电路在没有独立电源作用的情况下，由初始储能产生的响应，称为零输入响应(zero-input response)**。

式(4.4)和式(4.5)中，u_C 随时间变化的曲线分别如图 4.4 和图 4.5 所示。

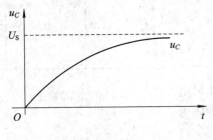

图 4.4 零状态响应

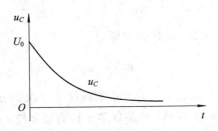

图 4.5 零输入响应

4.2.4 RC 电路的全响应

初始值为非零状态的电路在独立电源作用下的响应称为全响应(complete response)。
如图 4.3 所示，开关 S 合到 1 的位置时，电容上初始电压 $u_C(0_+) = U_0$，代入式(4.3)，则求得 $A = U_0 - U_s$，于是得到 RC 电路的全响应为

$$u_C(t) = U_s + (U_0 - U_s)e^{-\frac{t}{\tau}} \qquad (t > 0) \qquad\qquad (4.6)$$

分析式(4.6)可知

$$全响应 = 稳态响应 + 暂态响应$$

改写式(4.6)有

$$u_C(t) = U_s(1 - e^{-\frac{t}{\tau}}) + U_0 e^{-\frac{t}{\tau}}$$

即

$$全响应 = 零状态响应 + 零输入响应$$

4.2.5 一阶电路暂态分析的三要素法

由式(4.6)可写出分析一阶线性电路暂态过程中任意变量的一般公式：

$$f(t) = f(\infty) + [f(0_+) - f(\infty)]e^{-\frac{t}{\tau}} \qquad (t > 0) \qquad\qquad (4.7)$$

式中，**稳态值** $f(\infty)$、**初始值** $f(0_+)$ **及时间常数** τ **统称为一阶电路全响应的三要素**。只需确定这三个要素，就能求得一阶电路的电压和电流，故称为一阶电路暂态分析的三要素法。

[**例 4.2**] 图 4.6 所示电路中，$t = 0$ 时开关 S 闭合，闭合前电路已处于稳态。求 $t > 0$ 时的电容电压 $u_C(t)$。

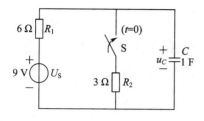

图 4.6　例 4.2 电路

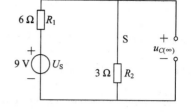

图 4.7　例 4.2 等效电路

[**解**]　（1）确定初始值 $u_C(0_+)$。开关闭合前电路已处于直流稳态，电容相当于开路，$u_C(0_-)=9$ V，根据换路定则，有

$$u_C(0_+) = u_C(0_-) = 9 \text{ V}$$

（2）确定稳态值 $u_C(\infty)$。当 $t \to \infty$ 时的等效电路如图 4.7 所示，此时电容相当于开路，其两端的电压就是电阻 R_2 两端的电压，即

$$u_C(\infty) = \frac{R_2}{R_1 + R_2} U_s = \frac{3}{6+3} \times 9 = 3 \text{ V}$$

（3）确定电路时间常数 τ。对于换路后的电路，先求从电容 C 看过去的戴维南等效电阻 R_{eq}（此时电压源短路，电流源开路），然后再求时间常数。

$$R_{eq} = \frac{R_1 \times R_2}{R_1 + R_2} = \frac{6 \times 3}{6 + 3} = 2 \ \Omega$$

时间常数为

$$\tau = R_{eq}C = 2 \times 1 = 2 \text{ s}$$

（4）根据式（4.7）求 $u_C(t)$。

$$u_C(t) = u_C(\infty) + [u_C(0_+) - u_C(\infty)]e^{-\frac{t}{\tau}} = 3 + (9-3)e^{-\frac{t}{2}}$$
$$= (3 + 6e^{-\frac{t}{2}})\text{V} \quad (t > 0)$$

4.3　*RL* 电路暂态响应

常用的电动机、继电器等电磁元器件可以等效为 *RL* 串联电路，电感元件也是储能元件，换路时能产生暂态过程。分析 *RL* 电路与 *RC* 电路相似，利用一阶微分方程，求得 *RL* 电路响应也有零状态响应、零输入响应及全响应。

4.3.1　*RL* 电路的微分方程

以图 4.8 所示的 *RL* 串联电路为例，$t=0$ 时开关 S 在位置 1。根据基尔霍夫电压定律和元件 VCR，有

$$u_R + u_L = U_s \qquad u_L = L \frac{\mathrm{d}i_L}{\mathrm{d}t}$$

可得到 *RL* 电路的微分方程为

$$L\frac{\mathrm{d}i_L}{\mathrm{d}t} + Ri_L = U_s \qquad (4.8)$$

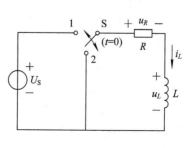

图 4.8　*RL* 电路

式(4.8)的解为

$$i_L(t) = i_L'(t) + i_L''(t)$$

式中，特解 $i_L'(t)$ 为电路到达稳定状态时 $(t=\infty)$ 的稳态值。换路后，电路达到稳态时电感相当于短路，$i_L'(t) = \dfrac{U_S}{R}$ 为方程的特解。$i_L''(t)$ 为与该方程对应的齐次方程通解。

由 $L\dfrac{di_L}{dt} + Ri_L = 0$ 得到特征方程为

$$Lp + R = 0$$

$$p = -\frac{R}{L} = -\frac{1}{\tau}$$

式中，$\boxed{\tau = \dfrac{L}{R}}$，单位是 s，称为 RL 电路的时间常数。

故式(4.8)所对应的齐次微分方程的解形式为

$$i_L(t) = \frac{U_S}{R} + A e^{-\frac{t}{\tau}} \tag{4.9}$$

式中，A 为待定系数，由电路的初始条件求得。

4.3.2　RL 电路的零状态响应

换路前电路中电感的初始电流 $i_L(0_+)$ 为零的情况称为零状态。

将初始条件 $i_L(0_+) = 0$ 代入式(4.9)可得 $A = \dfrac{-U_S}{R}$，电感上的电流即 RL 的零状态响应为

$$\boxed{i_L(t) = \frac{U_S}{R}\left(1 - e^{-\frac{t}{\tau}}\right)} \qquad (t > 0) \tag{4.10}$$

4.3.3　RL 电路的零输入响应

如果电感电流 $i_L = I_0$，电路断开电源，即开关 S 由 1 扳向 2 的位置，初始电流 $i_L(0_+) = I_0$，电流开始衰减，$t = \infty$ 到达稳态时 $i_L(\infty) = 0$，则式(4.9)为

$$\boxed{i_L(t) = I_0 e^{-\frac{R}{L}t}} \qquad (t > 0) \tag{4.11}$$

式(4.11)为 RL 电路的零输入响应。

4.3.4　RL 电路的全响应

当电感上初始电流 $i_L(0_+) = I_0$ 时，开关 S 合到位置 1，代入式(4.9)求得 $A = I_0 - \dfrac{U_S}{R}$，于是得到 RL 电路的全响应为

$$\boxed{i_L(t) = \frac{U_S}{R} + \left(I_0 - \frac{U_S}{R}\right)e^{-\frac{t}{\tau}}} \qquad (t > 0) \tag{4.12}$$

一阶电路暂态分析的三要素法也适用于 RL 电路。

[**例 4.3**]　如图 4.9 所示，已知电压源电压 $U_s=20$ V，$R_1=6$ Ω，$R_2=4$ Ω，$L=2$ H，电路原已稳定。当 $t=0$ 时打开开关，试用三要素法求换路后的 $i_L(t)$、$u_L(t)$，画出电流的变化曲线。

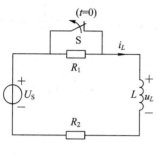

图 4.9　例 4.3 图

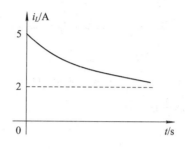

图 4.10　电流的变化曲线

[**解**]　（1）确定初始值 $i_L(0_+)$。开关没打开时电路原已稳定，电感相当于短路，所以

$$i_L(0_+)=i_L(0_-)=\frac{U_s}{R_2}=\frac{20}{4}=5 \text{ A}$$

（2）确定稳态值 $i_L(\infty)$。开关打开后电路达到新稳定状态，电感相当于短路，所以

$$i_L(\infty)=\frac{U_s}{R_1+R_2}=\frac{20}{6+4}=2 \text{ A}$$

（3）求时间常数 τ。从 L 两端看过去的戴维南等效电阻 R_{eq}（电压源看成短路，电流源看成开路）相当于 R_1 和 R_2 串联，即

$$\tau=\frac{L}{R_{eq}}=\frac{2}{10}=\frac{1}{5}=0.2 \text{ s}$$

（4）根据三要素公式求 $i_L(t)$、$u_L(t)$。

$$i_L(t)=i(\infty)+[i(0_+)-i(\infty)]e^{-\frac{t}{\tau}}=2+(5-2)e^{-\frac{t}{0.2}}=(2+3e^{-5t})\text{A}$$

$$u_L(t)=L\frac{\mathrm{d}i_L(t)}{\mathrm{d}t}=-30e^{-5t}\text{V}$$

电流的变化曲线如图 4.10 所示。

4.4　暂态电路的应用

电路暂态过程可以产生特定波形。例如，RC 电路组成的微分电路和积分电路可产生尖脉冲、三角波等波形，广泛应用于仪器仪表、计算机、自控及测量系统中。

4.4.1　微分电路

输出信号与输入信号的微分成正比的电路，称为微分电路。

如图 4.11 所示的电路中，$u_C(0_-)=0$，输入电压是矩形脉冲电压 u_1，其脉宽为 t_p（见图 4.12），取 RC 串联电路中电阻两端电压为输出电压 u_2，即 $u_2=u_R$，并选择适当的电路参数使时间常数 $\tau \ll t_p$。

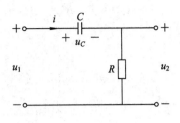

图 4.11 微分电路

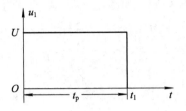

图 4.12 输入矩形脉冲电压

由于 $\tau \ll t_p$，因此充、放电很快，当输入电压发生变化时，u_C 比 u_2 变化快得多，u_C 近似等于输入电压，即

$$u_1 = u_C + u_2 \approx u_C$$

因而

$$u_2 = iR = RC\frac{\mathrm{d}u_C}{\mathrm{d}t} \approx RC\frac{\mathrm{d}u_1}{\mathrm{d}t}$$

上式表明，输出电压 u_2 近似地与输入电压 u_1 对时间的微分成正比。

总之，RC 串联电流成为微分电路的两个条件是：① $\tau \ll t_p$（一般 $\tau < 0.2t_p$）；② 信号从电阻端输出。

在脉冲电路中，常应用微分电路把矩形脉冲变换为尖脉冲，作为触发信号。

如果输入的是周期性矩形脉冲，则输出的是周期性正负尖脉冲，如图 4.13 所示。

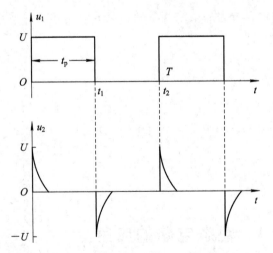

微分电路 Multisim 仿真

图 4.13 周期性矩形脉冲输入、输出波形

4.4.2 积分电路

输出信号与输入信号的积分成正比的电路，称为积分电路。

积分电路也是 RC 串联电路，电路如图 4.14(a) 所示，成为积分电路的条件为：① $\tau \gg t_p$；② 信号从电容两端输出。

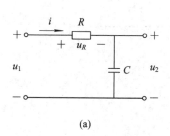
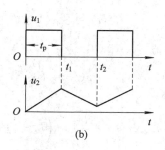

积分电路 Multisim 仿真

图 4.14　积分电路及波形

图 4.14(b)是积分电路的输入电压 u_1 和输出电压 u_2 的波形。由于 $\tau \gg t_p$，因此电容缓慢充电，然后电容经电阻缓慢放电，电容上的电压也缓慢衰减，在输出端输出一个锯齿波电压。

从数学上看，由于 $\tau \gg t_p$，因此充放电很缓慢，即 u_C 增长和衰减很缓慢，充电时 $u_2 = u_C \ll u_R$，因此

$$u_1 = u_R + u_2 \approx u_R = Ri$$

或

$$i \approx \frac{u_1}{R}$$

所以输出电压为

$$u_2 = u_C = \frac{1}{C}\int i\,\mathrm{d}t \approx \frac{1}{RC}\int u_1\,\mathrm{d}t$$

应用扩展——闪光灯电路

输出电压 u_2 与输入电压 u_1 近似成积分关系，这种电路称为积分电路。在脉冲电路中，应用积分电路把矩形脉冲变换为锯齿波电压，可用作示波器的扫描波形。

4.5　小　　结

1. 换路定则

在换路瞬间，电容电流为有限值时，其电压不能跃变；电感电压为有限值时，其电流不能跃变，即 $u_C(0_+) = u_C(0_-)$，$i_L(0_+) = i_L(0_-)$。

2. RC 电路的暂态分析

RC 电路的零状态响应为

$$u_C(t) = U_S(1 - \mathrm{e}^{-\frac{t}{\tau}})$$

RC 电路的零输入响应为

$$u_C(t) = U_0\,\mathrm{e}^{-\frac{t}{RC}}$$

RC 电路的全响应为

$$u_C(t) = U_S + (U_0 - U_S)\mathrm{e}^{-\frac{t}{\tau}}$$

3. RL 电路的暂态分析

RL 电路的零状态响应为

$$i_L(t) = \frac{U_s}{R}(1 - e^{-\frac{t}{\tau}})$$

RL 电路的零输入响应为

$$i_L(t) = I_0 e^{-\frac{R}{L}t}$$

RL 电路的全响应为

$$i_L(t) = \frac{U_s}{R} + \left(I_0 - \frac{U_s}{R}\right)e^{-\frac{t}{\tau}}$$

4. 直流输入一阶电路响应的三要素公式

$$f(t) = f(\infty) + [f(0_+) - f(\infty)]e^{-\frac{t}{\tau}} \quad (t>0)$$

式中，稳态值 $f(\infty)$、初始值 $f(0_+)$ 及时间常数 τ 统称为一阶电路响应的三要素。储能元件为电容时，$\tau = R_{eq}C$；储能元件为电感时，$\tau = L/R_{eq}$，其中 R_{eq} 是换路后从 C 或 L 看过去的戴维南等效电阻。

5. 微分电路和积分电路

微分电路和积分电路可产生尖脉冲、三角波等波形，广泛应用于仪器仪表、计算机及自控及测量系统中。

习 题 4

4.1 判断题

(1) 在换路瞬间，电容上的电流不能跃变。 （　　）

(2) 从电压、电流瞬时值关系式来看，电感元件属于动态元件。 （　　）

(3) RC 电路是积分电路，能产生三角波。 （　　）

4.2 填空题

(1) RL 电路零状态响应是当电感的_____，在外加电源作用下的响应。

(2) RC 串联电路成为微分电路的两个条件是_____、_____。

(3) 一阶电路暂态分析的三要素法中的三要素指的是_____、_____、_____。

4.3 选择题

(1) 换路定律的本质是遵循（　　）。

A. 电荷守恒　　　　B. 电压守恒　　　　C. 电流守恒　　　　D. 能量守恒

(2) 通常讲电容在直流电路中相当于断路，电感在直流电路中相当于短路。这句话是针对电路的（　　）来讲的。

A. 暂态　　　　　　B. 过渡过程　　　　C. 稳态

(3) 题 4.3 -(3)图所示电路中，当 $t=0$ 时开关 S 打开，电路的时间常数 $\tau = （　　）$。

A. $4RC$　　　　　　B. $2RC$　　　　　　C. $\frac{RC}{2}$　　　　　　D. RC

(4) 题 4.3 -(4)图所示电路中，当 $t=0$ 时开关由 1 扳向 2，电路的时间常数 $\tau = （　　）$。

A. $\frac{2L}{R}$　　　　　　B. $\frac{L}{2R}$　　　　　　C. $\frac{RL}{2}$　　　　　　D. $\frac{R}{2L}$

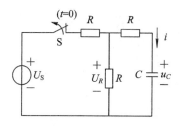

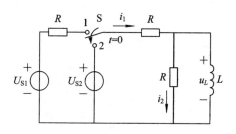

题 4.3 -(3)图
题 4.3 -(4)图

4.4　题 4.4 图所示的电路中，电压源电压 $U_S=10$ V，$R_1=2$ Ω，$R_2=3$ Ω，电路原已稳定。在 $t=0$ 时打开开关 S，试求电容电压的初始值及电阻 R_1 上电流的初始值。

4.5　题 4.5 图中，已知 $U_S=12$ V，$R_1=4$ Ω，$R_2=8$ Ω，$L=1$ mH，电路原已稳定，在 $t=0$ 时闭合开关 S，试求电感电流的初始值及电阻 R_2 上电压的初始值。

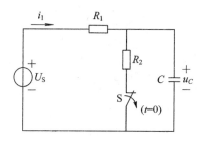
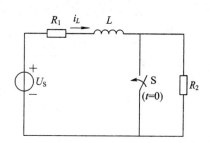

题 4.4 图
题 4.5 图

4.6　题 4.6 图中，电压源电压 $U_S=10$ V，$R_1=2$ Ω，$R_2=3$ Ω，$C=0.2$ F，电路原已稳定。在 $t=0$ 时开关 S 由 1 扳向 2，试求换路后电容的电压和电流。

4.7　题 4.7 图所示的电路中，已知 $U_S=12$ V，$R_1=4$ Ω，$R_2=2$ Ω，$R_3=3$ Ω，$C=0.2$ F，电路原已稳定。当 $t=0$ 时打开开关 S，试求 $u_C(t)$、$i(t)$。

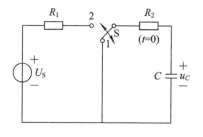
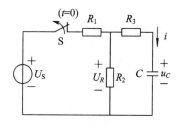

题 4.6 图
题 4.7 图

4.8　题 4.8 图所示的电路中，开关接在位置 1 时已达稳态。在 $t=0$ 时开关由 1 扳向 2，试用三要素法求 $t>0$ 时的电容电压 u_C 及 i。

4.9　题 4.9 图中，已知 $U_S=9$ V，$R_1=2$ Ω，$R_2=3$ Ω，$L=5$ H，电路原已稳定。当 $t=0$ 时打开开关 S，试求换路后的电压 $u(t)$。

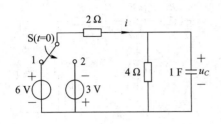

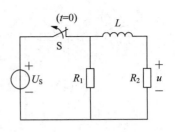

题 4.8 图 　　　　　　　　　　　　　　　 题 4.9 图

4.10　题 4.10 图中，已知 $U_{S1}=3$ V，$U_{S2}=4$ V，$R=1$ Ω，$R_1=2$ Ω，$R_2=2$ Ω，$L=0.5$ H，电路原已稳定。当 $t=0$ 时开关由 1 扳向 2，试求 $i_L(t)$、$u_L(t)$。

4.11　在题 4.11 图(a)中，$R=20$ kΩ，$C=100$ pF，输入信号 u_1 为一矩形脉冲，如题 4.11 图(b)所示，其幅值 $U=6$ V，脉冲宽度 $t_p=50$ μs。试画出输出电压 u_2 的波形图，并分析该电路是什么电路。设电容元件原先未储能。

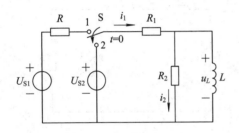

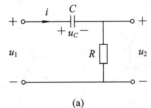

题 4.10 图 　　　　　　　　　　　 题 4.11 图

题 4.8 解答 　　　　　　　　 题 4.10 解答

第 2 模块

电气控制技术

第 5 章 变 压 器

第 5 章知识点

教学内容与要求: 变压器和电动机都以电磁感应作为工作原理。本章介绍磁路的基本概念,并讨论变压器、仪表用变压器的基本原理和基本特性。要求了解磁路的基本概念,理解变压器的基本结构、工作原理、额定值的意义、外特性及绕组的同极性端,掌握三相电压变换。

5.1 磁 路

常用的电气设备(如变压器、电动机等)在工作时都会产生磁场。为了把磁场聚集在一定的空间范围内,以便加以控制和利用,就必须用高磁导率的铁磁材料做成一定形状的铁芯,使之形成一个磁通的路径,使磁通的绝大部分通过这一路径而闭合。磁通经过的闭合路径称为**磁路(magnetic circuit)**。

5.1.1 铁磁材料的磁性能

铁磁材料一般是指钢、铁、镍、钴及其合金等材料,它是制造变压器、电机和电器铁芯的主要材料。

1. 磁化曲线与磁滞回线

铁磁材料被放入磁场强度为 H 的磁场内,会受到强烈的磁化。当磁场强度 H 由零逐渐增加时,磁感应强度 B 随之变化的曲线称为**磁化曲线(magnetization curve)**,如图 5.1 所示。由图可见,开始时,随着 H 的增加 B 增加较快,后来随着 H 的增加 B 增加缓慢,逐渐出现饱和现象,即具有磁饱和性。磁化曲线上任一点的 B 和 H 之比就是**磁导率(permeability)**,表示为 μ,它是表征物质导磁性能的一个物理量。显然,磁化曲线上各点的 μ 不是一个常数,它随 H 而变,并在接近饱和时逐渐减小。也就是说,铁磁材料的磁导率是非线性的。

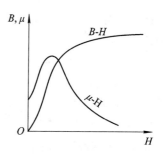

图 5.1 B、μ 与 H 的关系

虽然每一种铁磁材料都有自己的磁化曲线,但它们的 μ 值都远大于真空磁导率 μ_0,具有高导磁性。非铁磁材料的磁导率接近真空的磁导率 $\mu_0 = 4\pi \times 10^{-7}$ H/m,而铁磁材料的磁导率远大于非铁磁材料,两者之比可达 $10^3 \sim 10^4$。因此,各种变压器、电动机和电器的电磁系统几乎都用铁磁材料构成铁芯,在相同的励磁绕组匝数和励磁电流的条件下,采用铁芯可使磁感应强度增强几百倍甚至几千倍。

铁磁物质在交变磁化过程中 μ 和 B 的变化规律如图 5.2 所示。当磁场强度 H 由零增加到某个值（$H=+H_m$）后，如减少 H，此时 B 并不沿着原来的曲线返回，而是沿着位于其上部的另一条轨迹减弱。当 $H=0$ 时，$B=B_r$，B_r 称为剩磁感应强度，简称**剩磁**。只有当 H 反方向变化到 $-H_c$ 时，B 才下降到零，H_c 称为矫顽力。由此可见，磁感应强度 B 的变化滞后于磁场强度 H 的变化，这种现象称为**磁滞（hysteresis）**现象。也就是说，铁磁材料具有磁滞性。

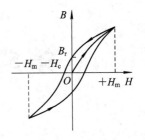

图 5.2 磁滞回线

如果继续增大反向磁场强度，到达 $H=-H_m$ 时，把反向磁场强度逐渐减小，到达 $H=0$ 时，再把正向磁场强度逐渐增加到 $+H_m$，如此在 $+H_m$ 和 $-H_m$ 之间进行反复磁化，得到的是一条如图 5.2 所示的闭合曲线，这条曲线称为**磁滞回线（hysteresis curve）**。

不同种类的铁磁材料，磁滞回线的形状不同。纯铁、硅钢、坡莫合金和软磁铁氧体等材料的磁滞回线较狭窄，剩磁感应强度 B_r 低，矫顽力 H_c 小。这一类铁磁材料称为软磁材料，通常用来制造变压器、电动机和电器（电磁系统）的铁芯。而碳钢、铝镍钴、稀土和硬磁铁氧体等材料的磁滞回线较宽，具有较高的剩磁感应强度 B_r 和较大的矫顽力 H_c。这类材料称为硬磁材料或永磁材料，通常用来制造永久磁铁。

2. 磁滞损耗与涡流损耗

磁滞现象使铁磁材料在交变磁化的过程中产生**磁滞损耗**，它是铁磁物质内分子反复取向所产生的功率损耗。铁磁材料交变磁化一个循环在单位体积内的磁滞损耗与磁滞回线的面积成正比，因此软磁材料的磁滞损耗较小，常用于交变磁化的场合。

铁磁材料在交变磁化的过程中还有涡流损耗。当整块铁芯中的磁通发生交变磁化时，铁芯中会产生感应电动势，因而在垂直于磁感线的平面上产生感应电流，它围绕着磁感线呈漩涡状流动，故称**涡流（eddy current）**，如图 5.3（a）所示。涡流在铁芯的电阻上引起的功率损耗称为**涡流损耗（eddy-current loss）**。涡流损耗和铁芯厚度的平方成正比。如果像图 5.3（b）那样，沿着垂直于涡流面的方向把整块铁芯分成许多薄片并彼此绝缘，就可

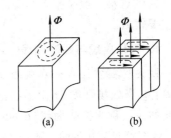

图 5.3 涡流

以减少涡流损耗。因此交流电动机和变压器的铁芯都用硅钢片叠成。此外，硅钢中因含有少量的硅，使铁芯中的电阻增大而涡流减小。

磁滞损耗（ΔP_h）和涡流损耗（ΔP_e）合称为**铁损耗（core loss）**，它使铁芯发热，使交流电动机、变压器等功率损耗增加，温升增加，效率降低。但在某些场合，则可以利用涡流效应来冶炼金属，利用涡流和磁场相互作用而产生电磁力的原理来制造感应式仪器等。

5.1.2 磁路分析

1. 直流磁路

根据电磁感应定律，在匝数为 N 的励磁线圈中通入电流，就会产生磁通 Φ。对于图

5.4 所示具有铁芯和空气隙的直流磁路,励磁线圈中通入电流后,磁路中所产生的磁通大部分集中在由铁磁材料所限定的空间范围内,称为**主磁通(main flux)**。此外还有很少一部分磁通通过铁芯以外的空间而闭合,称为**漏磁通(leakage flux)**。为分析方便,将漏磁通忽略,只考虑主磁通。由实验可得,铁芯中的磁通 Φ 与通过线圈的电流 I、线圈匝数 N 以及磁路的截面积 S 成正比,与磁路的长度 l 成反比,还与组成磁路的磁导率 μ 成正比,即

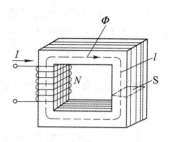

图 5.4 直流磁路

$$\Phi = \frac{INS\mu}{l} = \frac{IN}{\dfrac{l}{\mu S}} = \frac{F_{\mathrm{m}}}{R_{\mathrm{m}}} \tag{5.1}$$

式中,$F_{\mathrm{m}} = IN$ 称为磁动势,它是产生磁通的激励;$R_{\mathrm{m}} = \dfrac{l}{\mu S}$ 称为磁阻,是表示磁路对磁通具有阻碍作用的物理量。

式(5.1)与电路中的欧姆定律($I = E/R$)相似,因而称为**磁路欧姆定律(Ohm's law of magnetic circuit)**。两者相互对应,磁通 Φ 对应于电流 I,磁动势 F_{m} 对应于电动势 E,磁阻 R_{m} 对应于电阻 R,而磁阻公式 $R_{\mathrm{m}} = \dfrac{l}{\mu S}$ 又和电阻公式 $R = \dfrac{l}{\gamma S}$ 相对应,其中 μ 是磁导率,它与电导率 γ(电阻率 ρ 的倒数)相对应。但应注意,由于铁芯的磁导率 μ 不是常数,所以它的磁阻 R_{m} 也不是常数,要随 B 的变化而改变,故磁阻是非线性的;虽然空气隙长度通常很小,但因 $\mu_0 \ll \mu$,R_{m} 仍较大,故空气隙的磁阻压降 $R_{\mathrm{m}}\Phi$ 也比较大。

2. 交流磁路

在图 5.5 所示的铁芯线圈上外加正弦交流电压 u,绕组中将流过交流电流 i,从而产生**交变磁通**,其中包括集中在铁芯中的主磁通 Φ 和很少的一部分漏磁通 Φ'。主磁通 Φ 在线圈中产生感应电动势 e,漏磁通 Φ' 在线圈中产生感应电动势 e'(图中未画出,其参考方向与 e 相同),另外电流 i 在线圈电阻 R 上会产生压降 Ri。由基尔霍夫电压定律,可写出电压方程式:

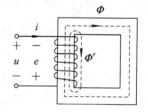

图 5.5 交流磁路

$$u = -e - e' + Ri \tag{5.2}$$

设主磁通为正弦交变磁通,即

$$\Phi = \Phi_{\mathrm{m}} \sin\omega t \tag{5.3}$$

根据电磁感应定律,主磁通在励磁线圈中产生感应电动势 e,如果规定 e 和 Φ 的参考方向符合右手螺旋定则,则

$$e = -N\frac{\mathrm{d}\Phi}{\mathrm{d}t} = -N\frac{\mathrm{d}\Phi_{\mathrm{m}}\sin\omega t}{\mathrm{d}t}$$
$$= N\Phi_{\mathrm{m}}\omega \sin\left(\omega t - \frac{\pi}{2}\right) = E_{\mathrm{m}} \sin\left(\omega t - \frac{\pi}{2}\right) \tag{5.4}$$

式中,N 是励磁线圈的匝数,E_{m} 是 e 的最大值。e 的有效值为

$$E = \frac{E_{\mathrm{m}}}{\sqrt{2}} = \frac{1}{\sqrt{2}}\omega N\Phi_{\mathrm{m}} = \frac{1}{\sqrt{2}}2\pi fN\Phi_{\mathrm{m}} = 4.44fN\Phi_{\mathrm{m}} \tag{5.5}$$

式中，f 和 Φ_m 分别为交变磁通的频率和最大值，Φ_m 的单位为韦［伯］（Wb）。

由于 Ri 和 e' 均很小，因此式（5.2）可近似表示为

$$u \approx -e \tag{5.6}$$

即近似认为外加电压 u 和主磁通产生的感应电动势 e 相平衡，且其有效值

$$U \approx E = 4.44 f N \Phi_m \tag{5.7}$$

式（5.7）表明，当电源频率 f 和线圈匝数 N 不变时，主磁通 Φ_m 基本上与外加电压 U 成正比关系，U 不变则 Φ_m 基本不变。当 U 一定时，若磁路磁阻发生变化，例如磁路中出现空气隙而使磁阻增大时，为了保持 Φ_m 基本不变，根据磁路欧姆定律 $\Phi = \dfrac{NI}{\sum R_m}$，磁动势 NI 和线圈中的电流必然增大。因此在交流磁路中，当 U、f、N 不变时，磁路中空气隙的大小发生变化会引起线圈中电流的变化。

5.2 变 压 器

变压器（transformer）是根据电磁感应原理制成的能量变换装置，具有变换电压、变换电流和变换阻抗的作用，在很多领域都有广泛的应用。

变压器的种类很多，不同的变压器，设计和制造工艺也有差异，但其工作原理是相同的。本章主要以单相双绕组变压器为例来介绍变压器的基本结构和工作原理。

5.2.1 变压器的基本结构

变压器主要由铁芯和绕组两部分组成。根据铁芯与绕组的结构，变压器可分为芯式和壳式两种，芯式的线圈包围铁芯，壳式的铁芯包围线圈，如图 5.6 所示。

1. 铁芯

变压器铁芯的作用是构成磁路。为减少涡流损耗和磁滞损耗，铁芯用 $0.35 \sim 0.5$ mm 厚的硅钢片交错叠装而成。硅钢片的表层涂有绝缘漆，形成绝缘层，以限制涡流。

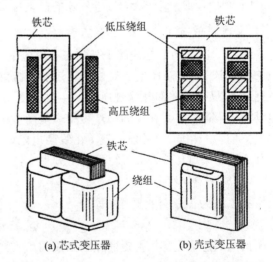

(a) 芯式变压器　　(b) 壳式变压器

图 5.6 变压器的结构

2. 绕组

绕组（winding）就是线圈。绕组分为一次（高压）绕组和二次（低压）绕组。一次（又称初级）绕组接电源，二次（又称次级）绕组接负载。

一次绕组和二次绕组均可以由一个或几个线圈组成，使用时可根据需要把它们连接成不同的组态。

5.2.2 变压器的工作原理

1. 变压器的电压变换作用

变压器的一次绕组加上额定电压，二次绕组开路，这种情况称为空载运行。图 5.7 所示为变压器空载运行的示意图。图 5.7 中，当一次绕组加上正弦交流电压 u_1 时就有电流 i_0 通过，并由此而产生磁通。i_0 称为励磁电流，也称空载电流。主磁通 Φ 与一次、二次绕组相交链并分别产生感应电动势 e_1、e_2。漏磁通 Φ' 在一次绕组中产生感应电动势 e_1'

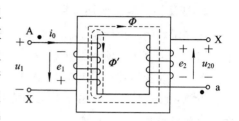

图 5.7 变压器空载运行示意图

（图 5.7 中未画出）。图中规定 Φ、Φ' 的参考方向和 i_0 的参考方向符合右手螺旋定则，e_1、e_2 的参考方向和 Φ 的参考方向也符合右手螺旋定则。设一次绕组的电阻为 R_1，二次绕组空载时的端电压为 u_{20}，根据基尔霍夫定律，可写出这两个绕组电路的电压方程式分别为

$$u_1 = -e_1 - e_1' + R_1 i_0 \tag{5.8}$$

$$u_{20} = e_2 \tag{5.9}$$

为了分析方便，不考虑由于磁饱和性与磁滞性而产生的电流、电动势波形畸变的影响，将式(5.8)、式(5.9)中的电压、电动势均认为是正弦量，于是可以表示为相量形式：

$$\dot{U}_1 = -\dot{E}_1 - \dot{E}_1' + R_1 \dot{I}_0 \tag{5.10}$$

$$\dot{U}_{20} \approx -\dot{E}_2 \tag{5.11}$$

由于 $\dot{E}_1'$ 和 $R_1 \dot{I}_0$ 通常比较小，因此式(5.10)可近似表达为

$$\dot{U}_1 \approx -\dot{E}_1 \tag{5.12}$$

设一次、二次绕组的匝数分别为 N_1、N_2，由式(5.7)可知，两个绕组的电压有效值为

$$U_1 \approx E_1 = 4.44 f N_1 \Phi_m \tag{5.13}$$

$$U_{20} \approx E_2 = 4.44 f N_2 \Phi_m \tag{5.14}$$

于是

$$\boxed{\frac{U_1}{U_{20}} \approx \frac{E_1}{E_2} = \frac{N_1}{N_2} = k} \tag{5.15}$$

式中，k 称为变压比，简称为变比。

式(5.15)说明，一次、二次绕组的变压比等于它们的匝数比，当 N_1、N_2 不同时，变压器可以把某一数值的交流电压变换成同频率的另一个数值的交流电压，这就是变压器的电压变换作用。

若 $N_1 > N_2$，则 $U_1 > U_{20}$，$k > 1$，变压器起降压作用，称为降压变压器；反之，若 $N_1 < N_2$，则 $U_1 < U_{20}$，$k < 1$，称为升压变压器。

变压器的两个绕组之间在电路上没有连接。一次绕组外加交流电压后，依靠两个绕组之间的磁耦合和电磁感应作用，使二次绕组产生交流电压，也就是说，一次、二次绕组在电路上是相互隔离的。

按照图 5.7 中绕组在铁芯柱上的绕向，若在某一瞬时一次绕组中的

变压器的同名端

感应电动势 e_1 为正值，则二次绕组中的感应电动势 e_2 也为正值。在此瞬时绕组端点 X 与 x 的电位分别高于端点 A 与 a，或者说端点 X 与 x、A 与 a 的电位瞬时极性相同。把具有相同瞬时极性的端点称为同极性端，也称为**同名（极）端**，通常用"·"作标记，如图 5.7 所示。

2. 变压器的电流变换作用

在变压器的一次绕组上施加额定电压，二次绕组接上负载后，电路中就会产生电流。下面讨论一次绕组电流和二次绕组电流之间的关系。

图 5.8 为变压器负载运行原理图。i_2 为二次电流，它是在二次绕组感应电动势 e_2 的作用下流过负载 Z_L 的电流。

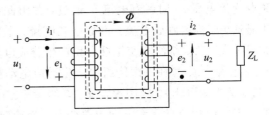

图 5.8　变压器负载运行

二次绕组接上负载后，铁芯中的主磁通将由磁动势 $\dot{I}_1 N_1$ 和 $\dot{I}_2 N_2$ 共同产生。根据图示参考方向，合成后的总磁动势为 $\dot{I}_1 N_1 + \dot{I}_2 N_2$。在负载运行时一次绕组的电阻电压降为 $R_1 I_1$，比漏磁通产生的感应电动势 E_1' 小得多，因此可近似认为

$$U_1 \approx E_1 = 4.44 f N_1 \Phi_m$$

上述关系说明从空载到负载，若外加电压 U_1 及其频率 f 保持不变，主磁通的最大值 Φ_m 也基本不变，所以空载时的磁动势 $\dot{I}_0 N_1$ 和负载时的合成磁动势 $\dot{I}_1 N_1 + \dot{I}_2 N_2$ 应相等，即

$$\dot{I}_1 N_1 + \dot{I}_2 N_2 = \dot{I}_0 N_1 \qquad (5.16)$$

故一次绕组电流为

$$\dot{I}_1 = \dot{I}_0 - \frac{N_2}{N_1} \dot{I}_2 \qquad (5.17)$$

因空载电流 $\dot{I}_0$ 很小，仅占额定电流的百分之几，故在额定负载时可近似认为

$$\dot{I}_1 \approx -\frac{N_2}{N_1} \dot{I}_2 \qquad (5.18)$$

式(5.18)中的负号表示电流 i_1 和 i_2 在相位上相反，即 $N_2 i_2$ 对 $N_1 i_1$ 有去磁作用。

由式(5.18)可得出一次绕组与二次绕组有效值之比为

$$\boxed{\dfrac{I_1}{I_2} \approx \dfrac{N_2}{N_1} = \dfrac{1}{k}} \qquad (5.19)$$

式(5.19)说明，在额定情况下，一、二次绕组的电流有效值近似地与其匝数成反比。也就是说变压器具有电流变换作用。

3. 变压器的阻抗变换作用

在图 5.9(a)中，当变压器负载阻抗 Z_L 变化时，$\dot{I}_2$ 发生变化，$\dot{I}_1$ 也随之而变。Z_L 对 $\dot{I}_1$ 的影响，可以用接于 $\dot{U}_1$ 的阻抗 Z_L' 来等效，如图 5.9(b)所示，等效的条件是 $\dot{U}_1$、$\dot{I}_1$ 保持不变。下面分析等效阻抗 Z_L' 和负载阻抗 Z_L 的关系。为了分析方便，不考虑一、二次绕组漏磁通感应电动势和空载电流的影响，并忽略各种损耗，这样的变压器称为理想变压器。

在图 5.9 中，根据所标电压参考方向和变压器的同极性端，$\dot{U}_2$ 和 $\dot{U}_1$ 相位相反。对于

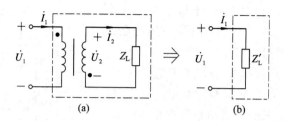

图 5.9 变压器的阻抗变换

理想变压器，$\dot{U}_1 = -k\dot{U}_2$，于是可得

$$Z'_L = \frac{\dot{U}_1}{\dot{I}_1} = \frac{-k\dot{U}_2}{-\frac{1}{k}\dot{I}_2} = \frac{k\dot{U}_2}{\frac{1}{k}\frac{\dot{U}_2}{Z_L}} = k^2 Z_L = \left(\frac{N_1}{N_2}\right)^2 Z_L \qquad (5.20)$$

式(5.20)说明，接在二次绕组的负载阻抗 Z_L 对一次侧的影响，可以用一个接于一次绕组的等效阻抗 Z'_L 来代替，等效阻抗 Z'_L 等于 Z_L 的 k^2 倍。由此可见，变压器具有阻抗变换作用。在电子技术中有时利用变压器的阻抗变换作用来达到阻抗匹配的目的。

【例】 某电阻为 8 Ω 的扬声器，接于输出变压器的副边，输出变压器的原边接电动势 $E_s = 10$ V，内阻 $R_s = 200$ Ω 的信号源。设输出变压器为理想变压器，其一次绕组、二次绕组的匝数为 500 和 100，如图 5.10(b)所示。试求：(1)扬声器的等效电阻 R' 和获得的功率；(2)扬声器直接接信号源所获得的功率。

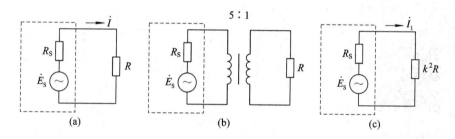

图 5.10 例 5.1 图

解：(1) 8 Ω 电阻接变压器的等效电阻 R' 为

$$R' = k^2 R = (N_1/N_2)^2 R = (500/100)^2 \times 8 = 200 \text{ Ω}$$

获得的功率为(如图 5.10(c)所示)

$$P = I_1^2 R' = \left(\frac{E_s}{R_s + R'}\right)^2 \times R' = \left(\frac{10}{200 + 200}\right)^2 \times 200 = 125 \text{ mW}$$

(2) 若 8 Ω 扬声器直接接信号源(如图 5.10(a)所示)，则所获得的功率为

$$P = I^2 R = \left(\frac{10}{200 + 8}\right)^2 \times 8 \approx 18 \text{ mW}$$

5.2.3 三相变压器

变换三相电压可采用三相变压器。三相变压器的结构如图 5.11 所示。它有三个相同截面的铁芯柱，每个芯柱上各套着一相的一次侧、二次侧绕组，芯柱和上、下磁轭构成三相闭合铁芯。变压器运行时，三相的一次侧绕组所加电压是对称的，因此三个相的芯柱中的

磁通 Φ_U、Φ_V、Φ_W 也是对称的。由于每个相的一次
侧、二次侧绕组绕在同一芯柱上，由同一磁通联系
起来，因而其工作情况和单相变压器相同。

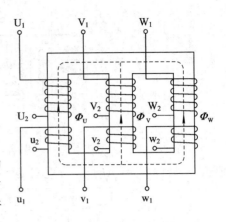

　　为了便于识别绕组的接线端，高压绕组的首、
末端分别用大写字母 U_1、V_1、W_1 和 U_2、V_2、W_2
表示，低压绕组的首、末端分别用小写字母 u_1、v_1、
w_1 和 u_2、v_2、w_2 表示。

　　三相变压器的高压绕组电压和低压绕组电压的
比值，不仅与高、低压绕组的每相匝数有关，而且与
绕组的接法有关。三相绕组有星形、三角形和曲折
形等多种接法。高压绕组的接法分别用字母 Y、D
和 Z 表示，中压绕组或低压绕组的接法分别用字母

图 5.11　三相变压器的结构

y、d 和 z 表示。若有中性点引出，则用 YN、ZN 和 yn、zn 表示。如 Dyn11 联结组别表示变
压器的高压绕组为三角形、低压绕组为星形，有中性点引出，标号为"11"。

　　变压器常采用 Dyn11 或 Yyn0 联结组别，接线方式如图 5.12 所示，输入端 U_1、V_1、
W_1 接高压输电线，输出端 u_1、v_1、w_1、N 接低压配电柜。

三相变压器

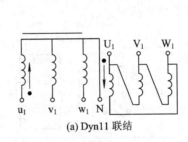
(a) Dyn11 联结

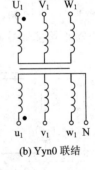
(b) Yyn0 联结

图 5.12　三相变压器绕组接线方式

　　电力变压器嵌装传感器和加装变压器终端单元（Transformer Terminal Unit，TTU），
可实现远距离检测其参数。

5.2.4　变压器特性

1. 变压器的外特性

　　变压器一次侧的电压 U_1 为额定值时，二次侧的电压
$U_2=f(I_2)$ 的关系曲线称为变压器的外特性曲线，如图
5.13 所示。图中 U_{20} 是空载时二次侧的电压，称为空载电
压，其大小等于主磁通在二次绕组中产生的感应电动势
E_2；φ_2 为 $\dot{U}_2$ 和 $\dot{I}_2$ 的相位差。分析表明，当负载为电阻或
感性时，二次侧的电压 U_2 将随电流 I_2 的增加而降低。这
是因为随着 I_2 的增大，二次绕组的电阻电压降和漏磁通

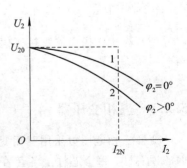
图 5.13　变压器的外特性曲线

感应电动势也增大了。

由于二次绕组电阻电压降和漏磁通感应电动势较小，因而 U_2 的变化一般不大。电力变压器的电压调整率（voltage regulation）为

$$\Delta U = \frac{U_{20} - U_2}{U_{20}} \times 100\% \tag{5.21}$$

式中，U_{20} 和 U_2 分别为空载和额定负载时的二次侧电压。一般变压器的漏阻抗很小，故电压调整率为 $3\% \sim 6\%$。

2. 变压器的效率

变压器运行时，输出功率为

$$P_2 = U_2 I_2 \cos\varphi_2 \tag{5.22}$$

输入的功率为

$$P_1 = U_1 I_1 \cos\varphi_1 = P_2 + P_{Fe} + P_{Cu} \tag{5.23}$$

式中，铁损耗 P_{Fe} 是交变磁通在铁芯中产生的，包括磁滞损耗（ΔP_h）和涡流损耗（ΔP_e）。当外加电压 U_1 和频率 f 一定时，主磁通 Φ_m 基本不变，铁损耗也基本不变，故铁损耗又称为固定损耗。铜损耗为

$$P_{Cu} = R_1 I_1^2 + R_2 I_2^2 \tag{5.24}$$

随负载电流而变化，故称为可变损耗。由于变压器运行时铜损耗很小，此时从电源输入的功率（称为空载损耗）基本上损耗在铁芯上，故可认为空载损耗等于铁损耗。

变压器的输出功率 P_2 和输入功率 P_1 之比称为**变压器的效率**，通常用百分数表示：

$$\eta = \frac{P_2}{P_1} \times 100\% = \frac{P_2}{P_2 + P_{Fe} + P_{Cu}} \times 100\% \quad (5.25)$$

由于 P_{Fe}、P_{Cu} 与输出功率相比，所占比例甚微，所以变压器的效率较高，可达 $96\% \sim 99\%$。由图 5.14 所示的变压器效率曲线 $\eta = f(P_2)$ 可见，效率随输出功率而变。通常最大效率出现在 $50\% \sim 60\%$ 额定负载。

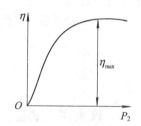

图 5.14 变压器效率曲线

5.2.5 变压器主要技术参数

为了正确使用变压器，应了解和掌握变压器的一些技术参数。制造厂通常将常用技术参数标在变压器的铭牌上。下面介绍变压器主要技术参数的意义。

1. 额定电压

额定电压是根据变压器的绝缘强度和容许温升而规定的电压值，以 V 或 kV 为单位。额定电压 U_{1N} 是指变压器一次侧（输入端）应加的电压，U_{2N} 是指输入端加上额定电压时二次侧的空载电压。在三相变压器中额定电压都是指线电压。在供电系统中，变压器二次侧的空载电压要略高于负载的额定电压。例如，对于额定电压为 380 V 的负载，变压器的二次侧空载电压为 400 V 左右。

2. 额定电流

变压器**额定电流**是指在额定电压和额定环境温度下，使一、二次绕组长期工作允许通

过的线电流，单位为 A 或 kA。变压器的额定电流有一次侧（原边）额定电流 I_{1N} 和二次侧（副边）额定电流 I_{2N}。在三相变压器中 I_{1N} 和 I_{2N} 都是指线电流。

3. 额定容量

额定容量 S_N 即额定视在功率，表示变压器输出电功率的能力，以 V·A 或 kV·A 为单位。对于单相变压器，有

$$S_N = U_{2N} \times I_{2N} \tag{5.26}$$

对于三相变压器，有

$$S_N = \sqrt{3} U_{2N} \times I_{2N} \tag{5.27}$$

以上两式中的 U_{2N}、I_{2N} 为线电压和线电流。

变压器的应用

4. 额定频率

额定频率 f_N 指电源的工作频率。我国工业用电的标准频率为 50 Hz。

5. 变压器的效率

变压器的效率 η_N 通常用小数或百分数表示。大型电力变压器的效率可以达到 98%，小型变压器的效率约为 60%～90%。

6. 温升

温升指变压器在额定值下运行时，变压器内部温度允许超出规定的环境温度的数值，与绝缘材料有关。

对于三相变压器，铭牌上还给出了高、低压侧绕组的连接方式。

5.3　特殊变压器

5.3.1　仪表用互感器

仪表用互感器可用于测量一次侧电流和电压，为二次计量及保护等设备提供电流及电压信号。仪表用互感器又分为电磁式互感器和光电式互感器两种。

1. 电磁式互感器

1）电压互感器

电压互感器（**Potential Transformer，PT**）的外形和原理如图 5.15 所示。高压绕组作一次绕组，与被测电路并联。低压绕组作二次绕组，接电压表等负载。

由于电压表等负载的阻抗非常大，电压互感器相当于工作在空载状态，因而

$$U_1 = \frac{N_1}{N_2}U_2 = k_u U_2 \tag{5.28}$$

式中，k_u 称为电压互感器的变压比，只要

 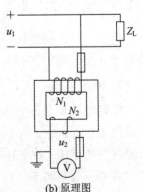

(a) 外形　　(b) 原理图

图 5.15　电压互感器

选择合适的 k_u，就可以将高电压变为低电压，使之便于测量。通常二次绕组的额定电压大

多为统一的标准值 100 V，配 100 V 量程的电压表。

为安全起见，使用电压互感器时，电压互感器的铁芯、金属外壳及二次绕组的一端都必须可靠接地，以防绕组间绝缘损坏时，二次绕组上有高压出现。此外，电压互感器二次绕组严禁短路，否则将产生比额定电流大几百倍甚至几千倍的短路电流，烧坏互感器。电压互感器的一次绕组、二次绕组一般都装有熔断器作短路保护。此外电压互感器不宜接过多仪表，以免影响测量的准确性。

2）电流互感器

电流互感器（Current Transformer，CT）的外形和原理如图 5.16 所示。低压绕组作一次绕组与被测电路串联，二次绕组接电流表等负载。

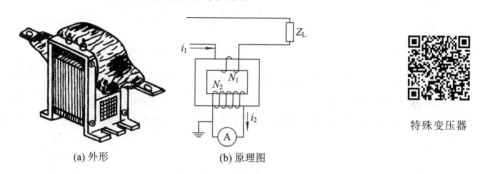

(a) 外形　　　　(b) 原理图　　　　特殊变压器

图 5.16　电流互感器

由于电流表等负载的阻抗非常小，电流互感器相当于工作在短路状态，因而一次绕组电压很低，产生的主磁通很小。空载电流很小，故 $\dot{I}_1 N_1 + \dot{I}_2 N_2 = 0$，因而

$$I_1 = \frac{N_2}{N_1} I_2 = k_i i_2 \tag{5.29}$$

式中，k_i 称为**电流互感器的变流比**。只要选择合适的 k_i，就可以将大电流变为小电流，使之便于测量。通常二次绕组的额定电流大多为统一标准值 5 A，配 5 A 量程的电流表。

电流互感器在使用时要注意：二次绕组不要开路，否则由于 $N_2 I_2 = 0$，剩下的 $I_1 N_1$ 会使 Φ_{m} 增加，有可能产生很大的电动势，损坏互感器的绝缘并危及工作人员的安全。为了工作安全，电流互感器的副绕组、铁芯和外壳应接地。此外，电流互感器不宜接过多仪表，以免影响测量的准确性。

钳形电流表是电流互感器和电流表组成的测量仪表，用它来测量电流时不必断开被测电路，使用十分方便。图 5.17 是一种钳形电流表的外形及原理图。测量时先按下压块使可动的钳形铁芯张开，把通有被测电流的导线套进铁芯内，然后放开压块使铁芯闭合，这样，被套进的载流导体就成为电流互感器的原

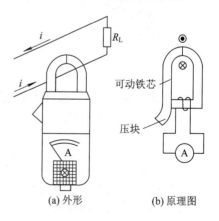

(a) 外形　　(b) 原理图

图 5.17　钳形电流表

绕组（即 $N_1 = 1$），而绕在铁芯上的副绕组与电流表构成闭合回路，从电流表上可直接读出被测电流的大小。

2. 光电式互感器

光电式互感器的理论基础是法拉第磁光效应,其基本概念是:当光波通过置于被测电流产生的磁场内的磁光材料时,其偏振面在磁场作用下将发生旋转,通过测量旋转的角度即可测定被测电流的大小。光电式互感器的结构原理框图如图 5.18 所示。检测电路输出信号经通过数字模块转换后,可与计算机网络联网。

图 5.18　光电式互感器的结构原理框图

5.3.2　自耦变压器

普通变压器的原边和副边只有磁路上的耦合,没有电路上的直接联系,而自耦变压器(auto-transformer)的副绕组取的是原绕组的一部分,其原理图如图 5.19(a)所示。设原绕组匝数为 N_1,副绕组匝数为 N_2,则原、副绕组的电压、电流关系在额定值运行时依旧满足如下关系:

$$\frac{U_1}{U_2} = \frac{I_2}{I_1} = \frac{N_1}{N_2} = k \tag{5.30}$$

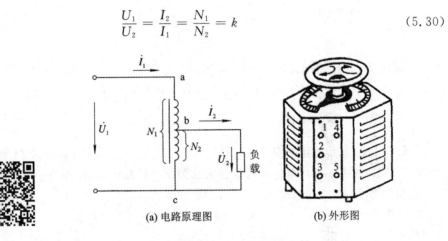

科技自信

(a) 电路原理图　　　　　　(b) 外形图

图 5.19　自耦变压器

自耦调压器副绕组可通过手柄改变滑动触点的位置(见图 5.19(b)),以改变二次绕组的匝数,从而调节输出电压 U_2。

5.4　小　　　结

1. 变压器的结构及作用

变压器是根据电磁感应原理制成的能量变换装置,主要由铁芯和绕组两部分组成,具有变换电压、变换电流和变换阻抗的作用。

一次、二次绕组的电压比等于它们的匝数比:

$$\boxed{\dfrac{U_1}{U_{20}} \approx \dfrac{E_1}{E_2} = \dfrac{N_1}{N_2} = k}$$

一次、二次绕组的电流有效值比为

$$\boxed{\dfrac{I_1}{I_2} \approx \dfrac{N_2}{N_1} = \dfrac{1}{k}}$$

接在二次绕组的负载阻抗 Z_L 对一次侧的影响，可以用一个接于一次绕组的等效阻抗 Z'_L 来代替，等效阻抗 Z'_L 等于 Z_L 的 k^2 倍：

$$\boxed{Z'_L = k^2 Z_L = \left(\dfrac{N_1}{N_2}\right)^2 Z_L}$$

2. 变压器的主要参数

额定电压主要有变压器一次侧额定电压 U_{1N} 和输入端加上额定电压时二次侧的空载电压 U_{2N}。额定电流有（原边）额定电流 I_{1N} 和二次侧（副边）额定电流 I_{2N}。

额定容量 S_N 即额定视在功率，表示变压器输出电功率的能力。

对于单相变压器，有

$$S = U_{2N} \times I_{2N}$$

对于三相变压器，有

$$S_N = \sqrt{3} U_{2N} \times I_{2N}$$

3. 特殊变压器

仪表用互感器是一种测量用的变压器，测量中应注意误差问题，使用时必须注意选择相应的精度等级。自耦变压器的副绕组取的是原绕组的一部分，它的特点是一次侧和二次侧之间不仅有磁的耦合，还有电的联系。

习　题　5

5.1　判断题

(1) 变压器的损耗越大，其效率就越低。　　　　　　　　　　　　　（　　）

(2) 变压器从空载到满载，铁芯中的工作主磁通和铁损耗基本不变。　（　　）

(3) 变压器无论带何性质的负载，当负载电流增大时，输出电压必降低。（　　）

(4) 电流互感器运行中副边不允许开路，否则会感应出高电压而造成事故。（　　）

(5) 互感器既可用于交流电路又可用于直流电路。　　　　　　　　　（　　）

(6) 变压器是依据电磁感应原理工作的。　　　　　　　　　　　　　（　　）

(7) 电机、电器的铁芯通常都是用软磁性材料制成的。　　　　　　　（　　）

5.2　填空题

(1) 变压器在运行中，绕组中电流的热效应所引起的损耗称为____损耗；交变磁场在铁芯中所引起的____损耗和____损耗合称为____损耗。____损耗又称为不变损耗；____损耗又称为可变损耗。

(2) 电压互感器在运行中，二次绕组不允许____；而电流互感器在运行中，二次绕组不允许____。从安全的角度出发，二者在运行中，其_____和_____应可靠地接地。

（3）变压器是能改变_____、_____和_____的电气设备。

（4）变压器空载运行时，其_____是很小的，所以空载损耗近似等于_____。

（5）电源电压不变，当二次绕组电流增大时，变压器铁芯中的工作主磁通 Φ 将_____。

（6）变压器是根据_____原理工作的，它是由_____和_____构成的。

5.3　选择题

（1）变压器若带感性负载，从轻载到满载，其输出电压将会（　　）。

A. 升高　　　　　　　　B. 降低　　　　　　　　C. 不变

（2）变压器从空载到满载，铁芯中的工作主磁通将（　　）。

A. 增大　　　　　　　　B. 减小　　　　　　　　C. 基本不变

（3）自耦变压器不能作为安全电源变压器的原因是（　　）。

A. 公共部分电流太小

B. 一次、二次绕组有电的联系

C. 一次、二次绕组有磁的联系

（4）决定电流互感器一次绕组电流大小的因素是（　　）。

A. 二次绕组电流　　　B. 二次绕组所接负载　　　C. 被测电路

（5）若电源电压高于额定电压，则变压器空载电流和铁耗比原来的数值（　　）。

A. 减少　　　　　　　　B. 增大　　　　　　　　C. 不变

（6）已知变压器一次绕组的匝数 $N_1=1000$，二次绕组的匝数 $N_2=2000$，若此时变压器的负载阻抗为 5 Ω，则从一次绕组看进去此阻抗应为（　　）。

A. 2.5 Ω　　　　　　　B. 1.25 Ω　　　　　　　C. 20 Ω

（7）单相变压器一次、二次绕组的额定电压分别为 $U_{1N}=220$ V，$U_{2N}=110$ V，当一次绕组的额定电流为 9 A 时，二次绕组的额定电流为（　　）。

A. 18 A　　　　　　　　B. 4.5 A　　　　　　　　C. 2.25 A

5.4　有一交流铁芯线圈接在 220 V、50 Hz 的正弦交流电源上，线圈的匝数为 733，铁芯截面积为 13 cm²。

（1）试求铁芯中的磁通最大值和磁感应强度最大值。

（2）若在此铁芯上再套一个匝数为 60 的线圈，则此线圈的开路电压是多少？

5.5　已知某单相变压器的一次绕组电压为 3000 V，二次绕组电压为 220 V，负载是一台 220 V、25 kW 的电阻炉，试求一、二次绕组的电流。

5.6　在题 5.6 图所示电路中，已知信号源的电压 U_S =12 V，内阻 $R_0=1$ kΩ，负载电阻 $R_L=8$ Ω，变压器的变比 $k=10$，求负载上的电压 U_2。

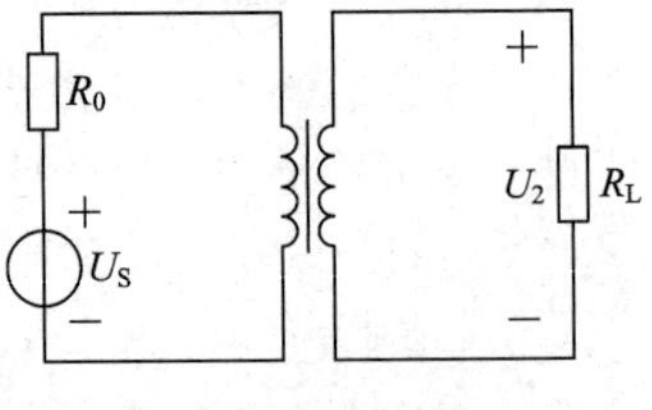

5.7　已知信号源的交流电动势 $E=2.4$ V，内阻 $R_0=$ 600 Ω，通过变压器使信号源与负载完全匹配，若这时负载电阻的电流 $I_L=4$ mA，则负载电阻应为多大？

题 5.6 图

5.8　某收音机输出变压器一次绕组的匝数为 230，二次绕组的匝数为 80，原配接 8 Ω 的扬声器，现改用 4 Ω 的扬声器，问二次绕组的匝数应改为多少。

5.9　某单相变压器一次侧的额定电压为 3300 V，容量为 10 kV·A，二次侧的额定电压为 220 V，试求二次侧可接 220 V、60 W 的白炽灯多少盏。

5.10　某单相变压器额定容量为 50 kV·A，额定电压为 10 000 V/230 V，当该变压器向 $R=0.83$ Ω、$X_L=0.168$ Ω 的负载供电时，正好满载，试求变压器一、二次绕组的额定电流和电压变化率。

5.11　题 5.11 图所示的电源变压器，一次绕组的匝数为 550，接 220 V 电源，它有两个二次绕组，一个电压为 36 V，负载功率为 36 W，另一个电压为 12 V，负载功率为24 W，不计空载电流。试求：

(1) 二次侧两个绕组的匝数。

(2) 一次绕组的电流。

(3) 变压器的容量至少应为多少？

5.12　已知题 5.12 图中的变压器一次绕组 1—2 接 220 V 电源，二次绕组 3—4、5—6 的匝数都为一次绕组匝数的一半，额定电流都为 1 A。

(1) 在图上标出一、二次绕组同名端的符号。

(2) 该变压器的二次侧能输出几种电压值？应如何接线？

(3) 有一负载，额定电压为 110 V，额定电流为 1.5 A，能否接在该变压器二次侧工作？如果能的话，应如何接线？

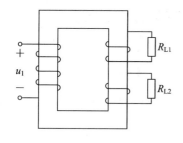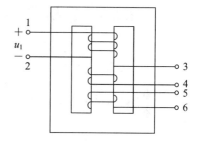

题 5.11 图　　　题 5.11 解答　　　题 5.12 图

5.13　某三相电力变压器一次绕组每相匝数 $N_1=268$，二次绕组每相匝数 $N_2=17$，一次侧线电压 $U_{L1}=6000$ V。求采用 Dyn11 与 Yyn0 两种接法时二次侧的线电压和相电压。

5.14　有额定值为 220 V、100 W 的电灯 300 盏，接成星形的三相对称负载，从线电压为 10 kV 的供电网上取用电能，需用一台三相变压器。设此变压器采用 Yyn0 接法，求所需变压器的最小额定容量以及额定电压和额定电流。

5.15　有一台容量为 50 kV·A 的单相自耦变压器，已知 $U_1=220$ V，$N_1=500$，如果要得到 $U_2=100$ V，二次绕组应在多少匝处抽出线头？

5.16　一自耦变压器，一次绕组的匝数 $N_1=1000$，接到 220 V 交流电源上，二次绕组的匝数 $N_2=500$，接到 $R=4$ Ω，$X_L=3$ Ω 的感性负载上，忽略漏阻抗的电压降。试求：(1) 二次电压 U_2；(2) 输出电流 I_2；(3) 输出的有功功率 P_2。

第6章 电 动 机

教学内容与要求：利用电磁场把机械能与电能互换的装置称为电机。将电能转换成机械能的电机称为电动机。本章重点介绍三相异步电动机的结构和工作原理以及异步电动机的使用，并简要介绍单相异步电动机和步进电动机。要求理解三相异步电动机的基本结构、工作原理和特性，掌握三相异步电动机的启动、调速方法和铭牌数据的意义，了解步进电动机的基本结构和工作原理。

6.1　三相异步电动机的结构和工作原理

6.1.1　三相异步电动机的基本结构

异步电动机(asynchronous motor)由固定的定子和旋转的转子两个基本部分组成，如图6.1所示。

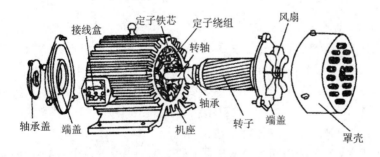

图 6.1　三相异步电动机的构造

电动机的结构

1. 定子

定子由定子铁芯、定子绕组和机座构成。机座用铸铁或铸钢制成，定子铁芯由硅钢片叠成，并固定在机座中。定子铁芯上有均匀分布的内槽用来放置定子绕组，如图6.2所示。三相异步电动机具有三相对称的定子绕组，并由绝缘导线绕制而成。

三相定子绕组引出 U_1、U_2、V_1、V_2、W_1、W_2 六个出线端，其中 U_1、V_1、W_1 为首端，U_2、V_2、W_2 为末端，并将六个出线端连接到接线盒的六个接线柱上，如图6.3(a)所示，使用时用铜片式导线正确连接到接线柱可以连接成星形或三角形两种方式。如果电源的线电压等于电动机每相绕组的额定电压,那么三相定子绕组应采用三角形连接方式,如图 6.3(b)所示。如果电源线电压等于电动机每相绕组额定电压的 $\sqrt{3}$ 倍,那么三相定子绕组应采用星形连接方式,如图 6.3(c)所示。

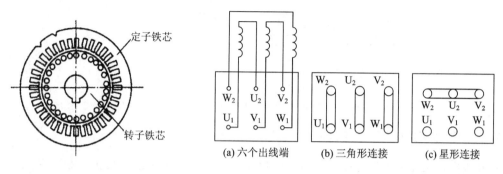

图 6.2　异步电动机铁芯

(a) 六个出线端　　　(b) 三角形连接　　　(c) 星形连接

图 6.3　三相异步电动机定子绕组及连接法

2. 转子

异步电动机的转子主要由转轴、转子铁芯和转子绕组构成。转子铁芯用涂有绝缘漆的硅钢片叠成圆柱形,并固定在转轴上。铁芯外圆周上有均匀分布的槽,如图 6.2 所示。这些槽用来放置转子绕组。

异步电动机转子绕组按结构不同可分为鼠笼转子和绕线转子两种。前者称为鼠笼型三相异步电动机,后者称为绕线型三相异步电动机。

鼠笼型三相异步电动机的转子绕组是由嵌放在转子铁芯槽内的导电条组成的。转子铁芯的两端各有一个导电端环,把所有的导电条连接起来。如果去掉转子铁芯,剩下的转子绕组很像一个鼠笼,如图 6.4(a)所示,所以称为鼠笼型转子。中小型(100 kW 以下)鼠笼型三相异步电动机的鼠笼型转子绕组普遍采用铸铝制成,并在端环上铸出多片风叶作为冷却用的风扇,如图 6.4(b)所示。

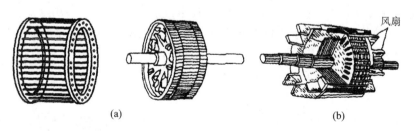

(a)　　　　　　　　　　　(b)

图 6.4　鼠笼型三相异步电动机转子

绕线型三相异步电动机的转子绕组为三相绕组,各相绕组的一端连在一起(星形连接),另一端接到三个彼此绝缘的滑环上。滑环固定在电动机转轴上和转子一起旋转,并与安装在端盖上的电刷滑动接触来和外部的可变电阻相连,如图 6.5 所示。这种电动机在使用时可通过调节外接的可变电阻 R_P 来改变转子电路的电阻,从而改善电动机的某些性能。

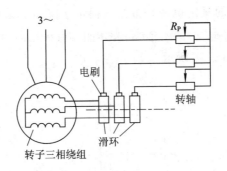

图 6.5　绕线型三相异步电动机示意图

6.1.2　三相异步电动机的旋转磁场

三相异步电动机能够转动起来，是因为三相异步电动机的定子绕组接至三相电源后，在电动机中产生**旋转磁场(rotating magnetic field)**。

1. 旋转磁场的产生

图 6.6 为三相异步电动机定子绕组的简单模型。三相绕组 U_1、U_2、V_1、V_2、W_1、W_2 在空间互成 $120°$，每相绕组一匝，连接成星形。电流参考方向如图 6.6 所示，图中 $\odot$ 表示导线中电流从里面流出来，$\otimes$ 表示电流向里流进去。

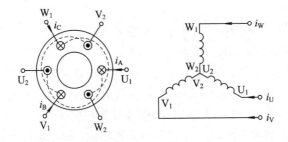

图 6.6　两极电动机三相定子绕组的简单模型和接线图

当三相定子绕组接至三相对称电源时，绕组中就有三相对称电流 i_U、i_V、i_W 通过。图 6.7 为三相对称电流的波形图。下面分析三相交流电流在定子内共同产生的磁场在一个周期内的变化情况。

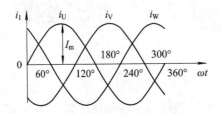

图 6.7　三相对称电流波形图

旋转磁场

当 $\omega t = 0°$ 时，$i_U = 0$，$i_V = -\dfrac{\sqrt{3}}{2}I_m < 0$，$i_W = \dfrac{\sqrt{3}}{2}I_m > 0$。此时 U 相绕组电流为零；V 相绕组电流为负值，i_V 的实际方向与参考方向相反；W 相绕组电流为正值，i_W 的实际方向与参

考方向相同。按右手螺旋定则可得到各个导体中电流所产生的合成磁场,如图 6.8(a)所示,是一个具有两个磁极的磁场。电机磁场的磁极数常用磁极对数 p 来表示,例如上述两个磁极称为一对磁极,用 $p=1$ 表示。

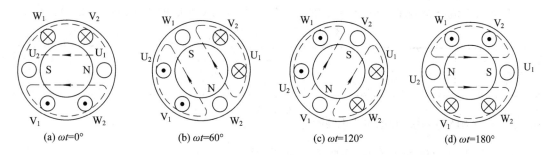

(a) $\omega t=0°$　　(b) $\omega t=60°$　　(c) $\omega t=120°$　　(d) $\omega t=180°$

图 6.8　两极旋转磁场

当 $\omega t=60°$ 时, $i_U=\frac{\sqrt{3}}{2}I_m>0$, $i_V=-\frac{\sqrt{3}}{2}I_m<0$, $i_W=0$,此时的合成磁场如图 6.8(b)所示,也是一个两极磁场。但这个两极磁场的空间位置和 $\omega t=0°$ 时相比,已按顺时针方向转了 $60°$。图 6.8(c)、(d)中,还画出了当 $\omega t=120°$ 和 $180°$ 时合成磁场的空间位置。可以看出,它们的位置已分别按顺时针方向转了 $120°$ 和 $180°$。

按上面的分析可以证明:当三相电流不断地随时间变化时,所建立的合成磁场也不断地在空间旋转。

由此可以得出**结论:三相正弦交流电流通过电动机的三相对称绕组,在电动机中所建立的合成磁场是一个旋转磁场。**

2. 旋转磁场的方向

从图 6.8 的分析中可以看出,旋转磁场的旋转方向是 $U_1\rightarrow V_1\rightarrow W_1$(顺时针方向),即与通入三相绕组的三相电流相序 $i_U\rightarrow i_V\rightarrow i_W$ 是一致的。

如果把三相绕组接至电源的三根引线中的任意两根对调,例如将 V_1 和 W_1 对调, i_U 仍然通入 U 相绕组, i_V 通入 W 相绕组, i_W 通入 V 相绕组,如图 6.9 所示。利用与图 6.8 同样的分析方法可以得到,此时旋转磁场的旋转方向将会是 $U_1\rightarrow W_1\rightarrow V_1$,旋转磁场按逆时针方向旋转。

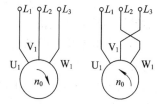

图 6.9　改变旋转磁场的转向

由此可以得出以下**结论:旋转磁场的旋转方向与定子绕组中三相电流的相序(phase sequence)一致。要改变电动机的旋转方向只需改变三相电流的相序**。实际上只要把电动机与电源的三根连接线中的任意两根对调,电动机的转向便与原来相反了。

3. 旋转磁场的转速

对图 6.8 做进一步的分析,还可以证明在磁极对数 $p=1$ 的情况下,三相定子电流变化一个周期,所产生的合成磁场在空间亦旋转一周。而当电源频率为 f 时,对应的磁场每分钟旋转 $60f$ 转,即转速为 $60f$。当电动机的合成磁场具有 p 对磁极时,三相定子绕组电流变化一个周期所产生的合成磁场在空间转过一对磁极的角度,即 $1/p$ 周,因此合成磁场的转速为

$$n_0 = \frac{60f}{p} \tag{6.1}$$

式中，n_0 称为**同步转速**(synchronous speed)，其单位为 r/min(转/分)。

电流的交流电源频率 $f = 50$ Hz、磁极对数 p 取不同值时的同步转速见表 6-1。

表 6-1　同步转速

p	1	2	3	4	5	6
$n_0/(\text{r/min})$	3000	1500	1000	750	600	500

6.1.3　三相异步电动机的工作原理

三相异步电动机的工作原理如图 6.10 所示。当三相定子绕组接至三相电源后，三相绕组内将流过三相电流并在电动机内建立旋转磁场。当 $p = 1$ 时，图中用一对旋转的磁铁来模拟该旋转磁场，它以恒定转速 n_0 顺时针方向旋转。

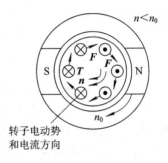

图 6.10　异步电动机工作原理示意图

在该旋转磁场的作用下，转子导体逆时针方向切割磁通而产生感应电动势。根据右手定则可知，在 N 极下的转子导体的感应电动势的方向是向外的，而在 S 极下的转子导体的感应电动势方向是向里的。因为转子绕组是短接的，所以在感应电动势的作用下产生感应电流，即转子电流。也就是说，异步电动机的转子电流是由电磁感应而产生的，因此这种电动机又称为**感应电动机**(induction motor)。

根据安培定律，载流导体与磁场会相互作用而产生电磁力 **F**，其方向按左手定则决定。各个载流导体在旋转磁场作用下受到电磁力，电磁力在转子转轴所形成的转矩称为电磁转矩 **T**，在它的作用下，电动机转子转动起来。由图 6.10 可见，转子导体所受电磁力形成的电磁转矩与旋转磁场的转向一致，故转子旋转的方向与旋转磁场的方向相同。

但是，电动机转子的转速 n 必定低于旋转磁场转速 n_0。如果转子转速达到 n_0，那么转子与旋转磁场之间就没有相对运动，转子导体将不切割磁通，于是转子导体中不会产生感应电动势和转子电流，也不可能产生电磁转矩，所以电动机转子不可能维持在转速 n_0 状态下运行。异步电动机只有在转子转速 n 低于同步转速 n_0 的情况下，才能产生电磁转矩来驱动负载，维持稳定运行。这种电动机称为**异步电动机。**

异步电动机的转子转速 n 与旋转磁场的同步转速 n_0 之差是保证异步电动机工作的必要因素。这两个转速之差称为转差。转差与同步转速之比称为**转差率** s，即

$$s = \frac{n_0 - n}{n_0} \tag{6.2}$$

由于异步电动机的转速 $n < n_0$，且 $n_0 > 0$，故转差率在 0 到 1 的范围内，即 $0 < s < 1$。对于常用的异步电动机，在额定负载时的额定转速 n_N 很接近同步转速，所以它的额定转差率 s_N 很小，约 $0.01 \sim 0.07$，s 有时也用百分数表示。

【例 6.1】　一台异步电动机的额定转速 $n_N = 712.5$ r/min，电源频率为 50 Hz，求其磁

极对数 p、额定转差率 s_N 和转子电流的频率 f_2。

解： 因为异步电动机的额定转速 n_N 略低于同步转速 n_0，而 $f = 50$ Hz 时，$n_0 = 60 f/p$，略高于 $n_N = 712.5$ r/min 的 n_0 只能是 750 r/min，故磁极对数 $p = 4$，该电动机的额定转差率为

$$s_N = \frac{n_0 - n_N}{n_0} = \frac{750 - 712.5}{750} = 0.05$$

转子电流的频率 f_2 可以用下面的式子求得

$$f_2 = \frac{p(n_0 - n)}{60} = \frac{n_0 - n}{n_0} \times \frac{p n_0}{60} = sf = 0.05 \times 50 = 2.5 \text{ Hz}$$

可见，转子电流的频率 f_2 与转差率 s 成正比，即与转子转速有关。

6.1.4　三相异步电动机的机械特性和工作特性

1. 异步电动机的机械特性

机械特性曲线是表示电动机转速 n 与转矩 T 之间关系的曲线。图 6.11 为三相异步电动机的机械特性曲线。

通常异步电动机稳定运行在特性曲线 ab 段上。从这段曲线可以看出，当负载转矩有较大变化时，异步电动机的转速变化并不大，因此异步电动机具有硬的机械特性。图 6.11 中 T_N 是异步电动机在额定状态工作时的电磁转矩，称为**额定转矩（rated torque）**。

电动机工作电流超过它所允许的额定值，这种工作状态称为过载。为了避免过热，不允许电动机长期过载运行。在温升允许时，可以短时间地过载。但这时的负载转矩不得超过最大转矩 T_m，否则就会发生"堵转"而烧毁电动机。**最大转矩（maximum torque）** T_m 反映了异

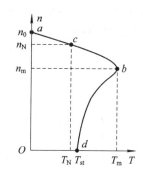

图 6.11　异步电动机机械特性曲线

步电动机短时的过载能力，通常将它与额定转矩 T_N 的比值称为电动机的转矩过载系数或过载能力，用 λ_m 来表示，即

$$\lambda_m = T_m / T_N \tag{6.3}$$

一般异步电动机的 λ_m 在 **2.0～2.2** 之间，特殊用途电动机的 λ_m 可达 3 或更大。

启动转矩（starting torque） T_{st} 表示异步电动机在启动瞬时具有的转矩。为了保证电动机的正常启动，电动机的启动转矩必须大于负载反转矩。通常用启动转矩 T_{st} 和额定转矩 T_N 的比值 $\lambda_s = T_{st} / T_N$ 来衡量电动机的启动能力。对一般的异步电动机，λ_s 值为 **1.7～2.2**。

2. 异步电动机的工作特性

异步电动机的工作特性是指当外加电源电压 U_1 和频率 f_1 一定时，电动机的转速 n、输出转矩 T_2、定子电流 I_1、定子电路功率因数 $\cos\varphi_1$ 和效率 η 与电动机输出的机械功率 P_2 的关系。异步电动机的工作特性如图 6.12 所示。

电动机输出机械功率 P_2 的大小是由它所拖动的机械负载决定的。在一定的机械负载下，电动机的电磁转矩和负载的反转矩相平衡，以某一转速稳定运行。当机械负载的大小发生变化时，电动机的输出功率相应变化，电磁转矩、转速、定子电流、功率因数和效率等

均随之变化。

　　从图 6.12 的异步电动机工作特性可以看出，异步电动机在轻载或接近空载时，其功率因数和效率都比较低。因此在选用电动机时，应选择恰当的额定功率，使电动机在满载或接近满载的情况下工作。

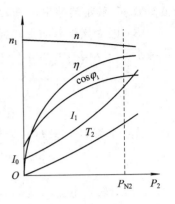

图 6.12　异步电动机的工作特性

　　【例 6.2】　某三相异步电动机额定功率 $P_N = 45$ kW，额定转速 $n_N = 2970$ r/min，$\lambda_m = 2.2$，$\lambda_s = 2.0$。若负载转矩 $T_L = 200$ N·m，试问能否带此负载：(1) 长期运行；(2) 短时运行；(3) 直接启动。

　　解：(1) 电动机的额定转矩为

$$T_N = \frac{60}{2\pi}\frac{P_N}{n_N} = \frac{60}{2 \times 3.14} \times \frac{45 \times 10^3}{2970} = 145 \text{ N·m}$$

由于 $T_N < T_L$，故不能带此负载长期运行。

　　(2) 电动机的最大转矩为

$$T_m = \lambda_m T_N = 2.2 \times 145 = 319 \text{ N·m}$$

由于 $T_m > T_L$，故可以带此负载短时运行。

　　(3) 电动机的启动转矩为

$$T_s = \lambda_s T_N = 2.0 \times 145 = 290 \text{ N·m}$$

由于 $T_s > T_L$，故可以带此负载直接启动。

6.2　三相异步电动机的铭牌数据

　　每台电动机的机座上都有一块铭牌，上面标注了电动机的一些技术数据。为了正确使用电动机，应了解和掌握铭牌的参数。下面结合表 6-2 介绍电动机主要技术参数的意义。

表 6-2　异步电动机的铭牌

三相异步电动机					
型　　号	Y320L-6	功　　率	16.5 kW	电　　压	380 V
电　　流	32.8 A	频　　率	50 Hz	转　　速	970 r/min
接　　法	△	功率因数	0.76	防护等级	IP44
产品编号	××××××	重　　量	160 kg	绝缘等级	B 级
	××有限公司	工作制	连续	×年×月	

　　1. 型号

　　型号一般用来表示电动机的种类和几何尺寸等。如 Y 表示异步电动机，320 为机座中心高度（单位为 mm），L 为机座类别（S 为短机座，M 为中机座，L 为长机座）。Y320L-6 中的 6 表示磁极数，即 $2p = 6$，磁极对数 p 为 3，可知同步转速为 1000 r/min。

　　2. 额定功率 P_N

　　额定功率是指电动机在额定工作状态下，即额定电压、额定负载和规定冷却条件下运

行时，电动机轴上输出的机械功率，单位为瓦（W）或千瓦（kW）。额定功率 P_N 与输入的电功率之比

$$\eta = \frac{P_N}{P_1} = \frac{P_N}{\sqrt{3} U_1 I_1 \cos\varphi}$$

称为电动机的效率。异步电动机的效率一般为 $75\% \sim 95\%$。

三相异步电动机中的损耗有绕组的铜损、铁芯的铁损及机械损耗等。

3. 额定电压 U_N

额定电压是指电动机正常运行时的电源线电压，单位为伏（V）或千伏（kV）。我国生产的 Y 系列异步电动机，额定功率在 3 kW 以上的，额定电压为 380 V，绕组为三角形连接；额定功率在 3 kW 及以下的，额定电压为 380 V/220 V，绕组为 Y-△ 连接（即电源线电压为 380 V 时，电动机绕组为星形连接；电源线电压为 220 V 时，电动机绕组为三角形连接）。

4. 额定电流 I_N

额定电流是指电动机在额定工作状态下运行时定子电路输入的线电流，单位为安（A）。三相定子绕组有两种接法，就有两个相对应的额定电流值。

5. 额定频率 f_N

额定频率是指电动机使用的交流电源的频率。

6. 额定转速 n_N

额定转速是指电动机在额定状态下运行时的转速，单位为转/分钟（r/min）。在忽略电动机的机械损耗时，额定转速 n_N、额定功率 P_N 和额定转矩 T_N 之间的关系为

$$T_N = \frac{60}{2\pi} \frac{P_N}{n_N} = 9550 \frac{P_N}{n_N} \tag{6.4}$$

式中，P_N 的单位为 kW；n_N 的单位为 r/min；T_N 的单位为 N·m。

7. 工作制

电动机有三种运行方式：连续运行、短时运行和断续运行。

8. 防护等级

电动机外壳的防护形式用字母 IP 和两个数字表示。I 是 International（国际）的第一个字母，P 为 Protection（防护）的第一个字母。IP 后面的第一个数字代表第一种防护形式（防尘）的等级，第二个数字代表第二种防护形式（防水）的等级，数字越大，表示防护能力越强。

9. 绝缘等级

绝缘等级与电动机绝缘材料所能承受的温度有关。A 级绝缘为 105℃，E 级绝缘为 120℃，B 级绝缘为 130℃，F 级绝缘为 155℃，H 级绝缘为 180℃。

【例 6.3】 Y320M-2 型三相异步电动机，$P_N = 22$ kW，$U_N = 380$ V，三角形连接，$I_N = 42.2$ A，$\lambda_N = 0.89$，$f_N = 50$ Hz，$n_N = 2940$ r/min。求额定状态下运行时的：（1）转差率；（2）定子绕组的相电流；（3）输入有功功率；（4）效率。

解：（1）由型号知该电动机的磁极数为 2，$p = 1$，从而可由式（6.1）求出 n_0，也可以从

n_N直接得知 $n_0 = 3000$ r/min，故

$$s_N = \frac{n_0 - n_N}{n_0} = \frac{3000 - 2940}{3000} = 0.02$$

（2）由于定子三相绕组为三角形连接，故定子相电流为

$$I_{1P} = \frac{I_0}{\sqrt{3}} = \frac{42.2}{\sqrt{3}} = 24.4 \text{ A}$$

（3）输入有功功率为

$$P_{1N} = \sqrt{3} U_N I_N \lambda_N = \sqrt{3} \times 380 \times 42.2 \times 0.89 = 24.7 \text{ kW}$$

（4）效率为

$$\eta = \frac{P_N}{P_{1N}} \times 100\% = \frac{22}{24.7} \times 100\% = 89\%$$

6.3　三相异步电动机的使用

本节分别介绍三相异步电动机的启动方法、调速方法和制动方法。

6.3.1　三相异步电动机的启动

异步电动机接通电源后，如果电动机的启动转矩大于负载反转矩，则转子从静止开始转动，转速逐渐升高至稳定运行，这个过程称为启动（starting）。下面主要介绍笼型三相异步电动机的启动。

1. 直接启动

直接启动也称全压启动，其主要优点是简单、方便、经济、启动过程快，是一种适用于中小型笼型异步电动机的常用方法。启动时将电动机的定子绕组直接接入电网。显然，在启动瞬间，定子电流较大，为额定值的 4～7 倍。这样大的启动电流会使供电线路上产生过大的电压降，不仅可能使电动机本身启动时的转矩减小，还会影响接在同一电网上其他负载的正常工作。当电源容量相对于电动机的功率足够大时，可采用这种方法。一般规定额定功率在 7.5 kW 以下的电动机允许直接启动。

2. 降压启动

降压启动是在启动时降低电源电压的启动方法。由于电动机的转矩与其电压平方成正比，所以降压启动时最大转矩和启动转矩均成平方下降。因此，这种方法仅适用于轻载和空载场合的启动。

1）星形－三角形（Y/△）换接启动

这种方法适用于正常运行时定子绕组为三角形连接的笼型三相异步电动机。图 6.13 所示为笼型三相异步电动机 Y/△换接启动的原理电路。在启动时，开关 Q_2 投向"Y 启动"位置，使电动机的定子绕组为星形连接，这时每相绕组上的启动电压只有它的额定电压的 $1/\sqrt{3}$。当

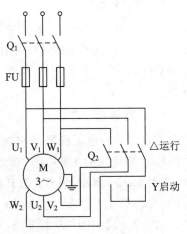

图 6.13　Y/△换接启动线路

电动机转速接近稳定时，再将 Q_2 迅速投向"△运行"位置，定子绕组转换成三角形连接，使电动机在额定电压下长期运行。

2）自耦减压启动

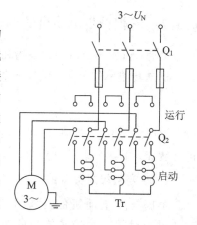

该方法一般用于正常运行时定子绕组为星形连接的笼型三相异步电动机。图 6.14 为三相自耦调压启动的线路图。启动时，将开关 Q_2 投向"启动"位置，电动机连接在三相调压器的二次低压侧，若三相调压器的降压比为 $k_A(k_A<1)$，电动机的启动电压为 $U'=k_A U$。当电动机达到一定转速时，将开关 Q_2 由"启动"侧切换至"运行"侧，使电动机全压运转，同时将自耦变压器与电源断开。采用自耦减压启动时，电动机的启动电流和启动转矩都是直接启动的 k_A^2 倍。容量较大的笼型三相异步电动机常采用自耦降压启动方式。

图 6.14　三相自耦调压启动的线路

3）软启动器启动

软启动器集电力电子技术和计算机控制技术于一体，是一种供三相异步电动机启动的功能完善、性能优越的设备。

软启动器与电动机的接线图如图 6.15(a)所示。利用软启动器就可以在电动机的启动过程中，通过自动调节电压，使用户得到期望的启动性能。

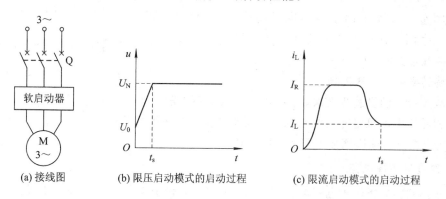

(a) 接线图　　　(b) 限压启动模式的启动过程　　　(c) 限流启动模式的启动过程

图 6.15　软启动器启动

软启动器通常有限压启动和限流启动两种启动模式。

限压启动模式的启动过程如图 6.15(b)所示。电动机启动时，软启动器的输出电压从初始电压逐渐升高到额定电压。初始电压和启动时间可根据负载情况进行设定，以获得满意的启动性能。

限流启动模式的启动过程如图 6.15(c)所示。电动机启动时，软启动器的输出电流从零迅速增加至限定值，然后在保证输出电流不超过限定值的情况下，电压逐渐升高至额定电压。当启动过程结束时，电流为电动机的稳定工作电流。电流的限定值可根据实际情况设定，一般为额定电流的 0.5～4 倍。负载一定时，电流的限定值选的小，则启动时间长，反之，启动时间短。

电动机停车时，既可直接断电停车(断开断路器 Q)，也可以利用软启动器将电压逐渐降至零而缓慢停车。

软启动器还兼有对电动机的欠压、过载和缺相等保护功能，有时还可以根据负载的变化自动调节电压，使电动机运行在最佳状态，达到节能目的。

6.3.2 三相异步电动机的调速

调速(speed regulation) 是指在负载不变的情况下，用人为的方法改变电动机的转速。

根据转差率的定义，异步电动机的转速为

$$n = (1-s)\frac{60f_1}{p} \tag{6.5}$$

式(6.5)表明，改变电动机的磁极对数 p、转差率 s 和电源的频率 f_1 均可以对电动机进行调速。下面分别予以介绍。

1. 改变磁极对数调速

根据异步电动机的结构和工作原理，它的磁极对数 p 由定子绕组的布置和连接方法决定。因此可以改变每相绕组的连接方法来改变磁极对数。图 6.16 所示为三相异步电动机定子绕组两种不同的连接方法而得到不同磁极对数的原理示意图。为表达清楚，只画出了三相绕组中的一相。图 6.16(a)中该相绕组的两组线圈串联连接，通电后产生两对磁极的旋转磁场。当这两组线圈并联连接时，如图 6.16(b)所示，则产生的旋转磁场为一对磁极。

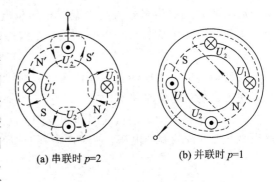

(a) 串联时 $p=2$ (b) 并联时 $p=1$

图 6.16 改变磁极对数原理示意图

一般异步电动机制造出来后，其磁极对数是不能随意改变的。可以改变磁极对数的鼠笼型三相异步电动机是专门制造的，有双速或多速电动机的单独产品系列。这种调速方法简单，但只能进行速度挡数不多的有级调速。

2. 改变转差率调速

同一负载转矩下转子电路电阻越大，转速越低，转子电路电阻不同有不同的转速。此时旋转磁场的同步转速 n_0 没有改变，故属于改变转差率 s 的调速方法。这种调速方法比较简单，但因调速电阻中要消耗电能，不甚经济，而且转子电路串联电阻后，机械特性变软，低速时负载稍有变化，转速变化较大，所以经常用于调速时间不长的机械，如起重机等。

3. 变压调速

根据定子电压降低时的人为特性，改变定子电压可以改变电动机的机械特性，从而在不改变负载的情况下得到不同的转速。电压越低，转速越小。这种调速方法调速范围不大，效率不高，只能用在功率不大的生产机械中。

4. 变频调速

由式(6.5)可知，改变 p 的调速是有限的，即选用多极电动机，电动机绕组较复杂；改变 s 的调速是不经济的(如转子串电阻调速)，且只适用于绕线型电动机；通过调节电源频率 f_1，可使同步转速 n_0 与 f_1 成正比变化，从而实现对电动机进行平滑、宽范围和高精度

的调速。采用这种调速方法需要配备一套变频
器。图 6.17 是一台通用变频器的外形和接线
图。工作时，先设置变频器的控制和运行方式，
例如频率控制设定为由变频器控制旋钮控制
等；然后接通电源，调节变频器的频率调节旋
钮，便可改变变频器的输出电压频率，实现变
频调速。变频器一般都有 RS-485 通信接口和
通信协议，与计算机相连，实现远程监控和管
理。变频调速是当前笼型异步电动机的主要调
速方法。下面简单介绍变频器的基本原理。

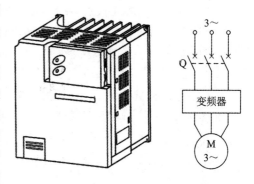

图 6.17　通用变频器的外形和接线图

　　变频器(frequency converter)由主电路、内部控制电路、外部接口及显示操作面板组
成，各种功能主要靠软件来完成。变频器主电路分为交-交和交-直-交两种形式。交-
交变频器可将工频交流直接变换成频率、电压均可控制的交流，又称直接式变频器；交-
直-交变频器则是先把工频交流通过整流器变换成直流，然后再把直流变换成频率、电压
均可控制的交流，又称间接式变频器。

　　常用的变频器为交-直-交变频器(以
下简称变频器)，它主要由整流器、中间电
路、逆变器和控制电路组成，基本结构如图
6.18 所示。

　　整流器是把三相交流电整流成直流电。
负载侧的逆变器常用开关器件组成三相桥式
逆变电路，有规律地控制开关器件的通与
断，可以得到频率为 0.2~400 Hz 的三相交
流输出。中间电路为中间储能环节，在逆变器和电动机之间缓冲无功功率的能量交换，中

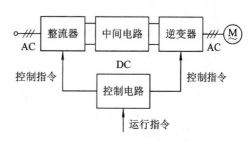

图 6.18　变频器的基本结构

间电路还有电源再生单元和制动电路。控制电路包括主控制电路、运算电路、信号检测电
路、控制信号的输入与输出电路、驱动电路和保护电路等。其主要任务是完成对逆变器的
开关控制、对整流器的电压控制，通过外部接口电路接受发送控制信息，以及完成各种保
护功能等。

　　变频器最高输出频率可达 400~650 Hz，最大容量可达 7460 kW。IGBT 变频器已形成
系列产品，其控制系统也已实现全数字化。

6.3.3　三相异步电动机的制动

　　电动机制动(braking) 是在生产中常要求电动机能迅速而准确地停止，另外在某些场
合，当转子转速超过旋转磁场转速时，电动机需要制动。

　　电动机制动一般分为反接制动、能耗制动(直流制动)及再生制动三种方式。

1. 反接制动

　　反接制动原理：在电动机断开电源后，为了使电动机迅速停车，使用控制方法再在电
动机的电源上加上与正常运行电源反相的电源，此时，电动机转子的旋转方向与电动机旋
转磁场的旋转方向相反，电动机产生的电磁力矩为制动力矩，可以加快电机的减速。

注意：当电机动转速接近零时，需要及时撤除反相后的电源，否则电动机会反转。可在反相电源的控制回路中加入一个时间继电器，以控制反相电源时间，或者在反相电源的控制回路中加入一个速度继电器，当传感器检测到电机速度为零时，及时切断电动机的反相电源。

反接制动设备虽简单，但能耗大。有些中小型车床和不经常启动和制动的机床的主轴可采用此方法制动，但有些机械或机床不允许反转，只能采用能耗制动或机械制动。

2. 能耗制动

能耗制动的原理：当电动机断电后，立即向定子绕组中通入直流电，从而产生一个固定不变的磁场。此时，转子按旋转方向切割磁力线，从而产生一个制动力矩，电动机把动能消耗掉使电动机快速停转，因此叫能耗制动。

能耗制动的特点是制动平稳准确、能耗小，但需要配备直流电源。一些起重机械，其运行特点是频繁地启动、停止和正反转，而且拖着所吊重物运行，不能用能耗制动，一般采用反接制动，且要求有机械制动，以防在运行过程中或失电时重物滑落。

3. 再生制动

再生制动只是电动机在特殊情况下的一种工作状态，而上述两者是为达到迅速停车的目的，人为地在电动机上施加制动的一种方法。

再生制动的原理：当电机的转子速度超过电机同步磁场的旋转速度时，转子绕组所产生的电磁转矩的旋转方向和转子的旋转方向相反，电动机处于制动状态。此时的电动机也处于发电状态，即电动机的动能转化成了电能，可以采取一定的措施把产生的电能回馈给电网，达到节能的目的。因此，再生制动也叫发电制动。

在大多数情况下，首先用再生制动方式将电动机的转速降至较低转速，然后再转换成直流制动，使电动机迅速停住。

总之，每种启动、调速方式及制动方式都有各自的特点，选用时应根据需要扬长避短，做到经济合理。

6.4　单相异步电动机

采用单相交流电源的异步电动机称为单相异步电动机。单相异步电动机的效率、功率因数和过载能力都较低，因此容量一般在 1 kW 以下。这种电动机广泛应用于电动工具、家用电器、医用机械和自动化控制系统中。常用的单相异步电动机有电容式和罩极式两种类型，这里介绍电容电动机的基本原理。

单相异步电动机的定子绕组为单相绕组，转子为鼠笼型绕组。当单相定子绕组中接入单相交流电时，在定子内会产生一个大小随时间按正弦规律变化而空间位置不动的脉动磁场。分析表明，此时的转子受到的转矩为零，电动机不能自行启动。

为使单相异步电动机能自行启动，必须使转子在启动时能产生一定的启动转矩。电容电动机是采用分相法来产生启动转矩的。

电容电动机的转子为鼠笼型绕组，定子上装有工作绕组 W 和启动绕组 S，这两个绕组在空间位置上相差90°。启动绕组串接电容器 C 后与工作绕组并联接入电源，如图 6.19 所

示。在同一单相电源作用下，选择适当的电容器容量，使工
作绕组的电流和启动绕组的电流相位差近乎 90°。分析表明，
当具有 90°相位差的两个电流通过空间位置相差 90°的两相
绕组时，产生的合成磁场为旋转磁场。鼠笼型转子在这个旋
转磁场的作用下即可产生电磁转矩而旋转。

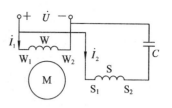

图 6.19　电容电动机原理

　　电动机的转动方向由旋转磁场的旋转方向决定。要改变
单相电容电动机的转向，只要将启动绕组或工作绕组接到电
源的两个端子对调即可。

　　如果在启动绕组电路中串入一个离心开关，当电动机启动旋转后，依靠离心力的作用
使开关断开，启动绕组断电，但电动机仍能继续运转。这种电动机称为电容启动电动机。
如果不串入离心开关，启动后启动绕组仍通电运行，则称为电容运转电动机。

　　【例 6.4】　试分析图 6.20 所示电扇调速电路的工作原理。

　　解：该电扇采用电容电动机拖动，电路中串入具有抽头的电抗器，当转换开关 S 处于
不同位置时，电抗器的电压降不同，使电动机端电压改变而实现有级调速。

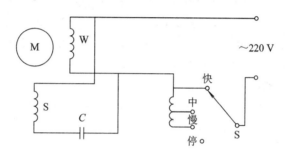

图 6.20　采用电抗器降压的电扇调速电路

6.5　步 进 电 动 机

　　步进电动机(step motor)可以将脉冲电信号变换为转角或转速，所以又称脉冲电动机。
步进电动机的转角与输入的电脉冲数成正比，其转速与电脉冲频率成正比，因此，它不受
电压、负载以及环境条件变化的影响，广泛应用于脉冲技术和数字控制系统中。

　　步进电动机根据其结构特点通常分成反应式和永磁式两种。反应式电动机的转子由高
磁导率的软磁材料制成，永磁式电动机的转子则是一个永久磁铁。反应式步进电动机转子
惯性小、反应快和转速高，性能优良。下面以三相反应式步进电动机为例说明其工作原理。

　　三相反应式步进电动机的工作原理如图 6.21 所示。电动机定子和转子均由硅钢片叠
成。定子有六个磁极，每个磁极上绕有励磁绕组(图 6.21 中未画出)，每两个相对的磁极组
成一相。转子上有四个磁极。

　　图 6.22 所示为输入步进电动机的电信号波形。在 T_1 期间 A 相励磁线圈通有电流，产
生磁场。由于磁通具有力图通过磁阻最小路径的特性，从而产生磁拉力，使转子的 1、3 两
个齿极与定子的 A 相磁极对齐，如图 6.21(a)所示。在 T_2 期间 B 相绕组产生磁场，由图
6.21(b)可看出，这时转子 2、4 两个齿极与 B 相磁极最近，于是转子便向顺时针方向转过

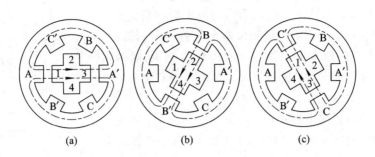

图 6.21 三相反应式步进电动机工作原理

30°角，使转子 2、4 两齿与定子 B 相磁极对齐。同样在 T_3 期间使 C 相励磁线圈有电，转子又将顺时针转动 30°角，如图 6.21(c)所示。如果 A、B、C 三相励磁绕组输入周期性的信号（如图 6.21 所示），步进电动机转子就按顺时针方向一步步地转动，每步转动 30°，这个角度称为步距角。显然，步进电动机转子转动的角度取决于输入脉冲的个数，而转速的快慢则由输入脉冲的频率决定。频率越高，转速就越快。转子转动的方向由通电的顺序决定。上述的输入是按照 A→B→C→A… 顺序通电的。若输入按照 A→C→B→A… 顺序通电，步进电动机就反方向一步步转动。从一相通电换接到另一相通电的过程称为一拍，显然每一拍电动机转子转动一个步距角。图 6.22 所示波形表示三相励磁绕组依次单独通电运行，换接三次完成一个循环，称为三相单三拍通电方式。

步进电动机有多种通电方式，比较常用的还有三相双三拍和三相六拍等工作方式。图 6.23 为三相六拍工作方式的信号波形，其通电顺序为 A→AB→B→BC→C→CA→A…。这种方式的步距角是三相单三拍时的 1/2。

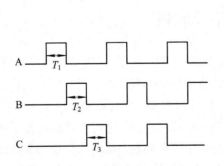

图 6.22 三相单三拍信号波形

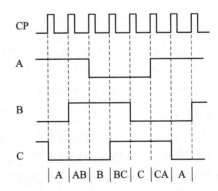

图 6.23 三相六拍通电方式

为了提高步进电动机的控制精度，通常采用较小的步矩角，例如 3°、1.5°、0.75°等。此时需将转子做成多极式的，并在定子磁极上制作许多相应的小齿。

步进电动机输入脉冲电压是由驱动电路控制的，它主要由脉冲分配器和功率放大电路组成，驱动电路可以按照指令的要求将脉冲信号按一定顺序输送给步进电动机，使步进电动机按一定的通电方式工作。

6.6 小 结

1. 三相异步电动机的结构和工作原理

三相电动机主要由转子和定子组成。

三相异步电动机的工作，首先是定子对称三相绕组通以对称三相电流时产生旋转磁通势及旋转磁场。这种旋转磁场以同步转速 n_0 切割转子绕组，则在转子绕组中感应出电动势及电流，然后转子电流与旋转磁场相互作用，产生电磁转矩，才使转子转动。异步电动机的转速 n 与旋转磁场同步转速 n_0 之间总存在着转差 $(n_0 - n)$，这是异步电动机名称的来源。

同步转速公式：
$$n_0 = \frac{60f}{p}$$

转差率 s 公式：
$$s = \frac{n_0 - n}{n_0}$$

2. 三相异步电动机的铭牌

电动机的铭牌上是一些技术参数，主要有额定功率 P_N、额定电压 U_N、额定电流 I_N、额定转速 n_N、工作制、防护等级等，为了正确使用电动机，需理解各项数据的意义。

3. 三相异步电动机的使用

三相异步电动机的启动方法主要有直接启动、降压启动。降压启动方式主要有星形-三角形（Y/△）换接启动法、自耦减压启动法和利用计算机技术的软启动器启动法。

三相异步电动机的调速方法有改变电动机的磁极对数 p、改变转差率 s 和利用变频器对电动机进行调速。

三相异步电动机的制动方法一般有反接制动、能耗制动及再生制动三种。

4. 单相异步电动机

单相异步电动机工作原理是建立在单相磁场可以分解为两个幅值相等、转速相同、转向相反的旋转磁场理论的基础上。电动机的固有特性，使其不能自行启动，但一经启动可以连续旋转。目前单相异步电动机的用途颇为广泛。

5. 步进电动机

步进电动机是一种将脉冲信号变换成相应的角位移（或线位移）的电磁装置。步进电动机的转角与输入的电脉冲数成正比，其转速与电脉冲频率成正比，广泛应用于脉冲技术和数字控制系统中。

习 题 6

6.1 判断题

（1）星形连接的三相异步电动机误接成三角形，电动机不会被烧坏。（　　）

（2）磁场的转速与外加电压大小有关，与电源频率无关。（　　）

（3）交流电的频率一定时，交流电动机的磁极对数越多，旋转磁场转速越低。（　　）

（4）电动机的转速越高，则电动机的转差率 s 就越大。（　　）

（5）转差的存在是异步电动机旋转的必要条件。（　　）

（6）异步电动机铭牌标志的额定电压与电流均是指相电压与相电流。（　　）

（7）电动机的 $\dfrac{T_M}{T_N}$ 值越大，说明该电动机具有的过载能力越大。（　　）

（8）电动机的 $\dfrac{T_{ST}}{T_N}$ 值越大，说明该电动机的启动性能越好。（　　）

6.2　填空题

（1）电动机是把交流电能转变为____能的动力机械。它的结构主要由____和____两部分组成。

（2）电动机的_____从电网取用电能，_____向负载输出机械能。

（3）三相笼式异步电动机的定子由_____、_____和_____等所组成。转子由____、_____和_____等组成。

（4）三相异步电动机的额定转速为 980 r/min，则此电动机的磁极对数为_____，同步转速为_____ r/min。

（5）三相异步电动机的额定转速为 1450 r/min，电源频率为 50 Hz，此电动机的同步转速为_____ r/min，磁极对数为_____，额定转差率为_____。

（6）异步电动机的启动方法有_____启动和_____启动。

（7）异步电动机的调速方法有_____调速、_____调速、_____调速。

（8）三相异步电动机常用的制动方法有_____制动、_____制动、_____制动。

6.3　选择题

（1）一台三相异步电动机的转速为 720 r/min，应选择电动机的磁极数为（　　）。

A. 八极　　　　　　B. 六极　　　　　　C. 四极

（2）三相异步电动机的转速为 $n=970$ r/min，则其额定转差率 $S_N=$（　　）。

A. 0.04　　　　　　B. 0.03　　　　　　C. 0.02

（3）三相对称绕组在空间位置上应彼此相差（　　）。

A. $60°$电角度　　B. $120°$电角度　　C. $180°$电角度　　D. $360°$电角度

（4）三相异步电动机的旋转方向与通入三相绕组的三相电流（　　）有关。

A. 大小　　　　　　B. 方向　　　　　　C. 相序　　　　　　D. 频率

（5）三相异步电动机旋转磁场的转速与（　　）有关。

A. 负载大小　　　B. 定子绕组上电压大小　　C. 电源频率

（6）能耗制动的方法就是在切断三相电源的同时（　　）。

A. 给转子绕组中通入交流电　　　　　　B. 给转子绕组中通入直流电

C. 给定子绕组中通入交流电　　　　　　D. 给定子绕组中通入直流电

（7）Y-△降压启动时每相定子绕组的电压为额定电压的（　　）倍。

A. $\dfrac{1}{\sqrt{3}}$　　　　　B. 0.866　　　　　C. $\sqrt{3}$　　　　　D. $\dfrac{1}{3}$

6.4　有一台四极三相异步电动机，电源频率为 50 Hz，带负载运行时的转差率为 0.03，求同步转速和实际转速。

6.5 两台三相异步电动机的电源频率为 50 Hz,额定转速分别为 1430 r/min 和 2900 r/min,试问：它们各是几极电动机？额定转差率分别是多少？电源频率为 50 Hz,求两台电动机转子电流的频率。

6.6 Y180L‐6 型异步电动机的额定功率为 15 kW,额定转速为 970 r/min,额定频率为 50 Hz,最大转矩为 295 N·m。试求电动机的过载系数 λ。

6.7 一鼠笼型三相异步电动机,当定子绕组作三角形连接并接于 380 V 电源上时,最大转矩 $T_m = 60$ N·m,临界转差率 $s_m = 0.18$,启动转矩 $T_{st} = 36$ N·m。如果把定子绕组改接成星形,再接到同一电源上,则最大转矩和启动转矩各变为多少？试大致画出这两种情况下的机械特性。

6.8 一台电动机的铭牌数据如下：

三相异步电动机					
型 号	Y112M−4	功 率	4.0 kW	电 压	380 V
电 流	8.8 A	频 率	50 Hz	转 速	1440 r/min
接 法	△	功率因数	0.8	防护等级	略

试求：(1)电动机的磁极对数；(2)电动机满载运行时的输入电功率；(3)额定转差率；(4)额定效率；(5)额定转矩。

6.9 一台三相异步电动机的额定功率为 4 kW,额定电压为 220 V/380 V,三角形/星形连接,额定转速为 1450 r/min,额定功率因数为 0.85,额定效率为 0.86。试求：(1)额定运行时的输入功率；(2)定子绕组连接成三角形和星形时的额定电流；(3)额定转矩。

6.10 一台额定电压为 380 V 的异步电动机在某一负载下运行,测得输入电功率为 4 kW,线电流为 10 A。求这时的功率因数。若这时输出功率为 3.2 kW,则电动机的效率为多少？

6.11 某三相异步电动机,$P_N = 30$ kW,$U_N = 380$ V,三角形连接,$I_N = 63$ A,$n_N = 740$ r/min,$\lambda_s = 1.8$,$\lambda_C = 6$(电动机启动电流与额定电流的比值),$T_L = 0.9 T_N$,由 $S_N = 200$ kV·A 的三相变压器供电。电动机启动时,要求从变压器取用的电流不得超过变压器的额定电流。试问：(1)能否直接启动？(2)能否采用 Y/△启动？(3)能否选用 $k_A = 0.8$ 的自耦变压器启动？

6.12 一鼠笼型三相异步电动机拖动某生产机械运行。当 $f_1 = 50$ Hz 时,$n_N = 2930$ r/min;当 $f_1 = 40$ Hz 和 $f_1 = 60$ Hz 时,转差率 s 都为 0.035。求这两种频率时的转子转速。

题 6.9 解答

题 6.11 解答

第7章　继电接触器控制系统

第 7 章知识点

教学内容与要求：电气控制技术是一种采用电气、电子等器件对各种控制对象按生产和工艺的要求进行有效控制的技术。本章以应用最普遍的三相异步电动机为控制对象，介绍常用的控制电器、保护电器和典型的控制线路。要求了解常用低压电器（按钮、断路器、交流接触器、热继电器），掌握三相鼠笼异步电动机的基本控制电路（直接启动、正反转、顺序控制），了解行程开关、时间继电器的工作原理及其控制电路的组成及工作过程。

7.1　常用低压电器

继电接触器控制系统中常用的低压电器有两类，一类是手动控制的通断电器，也称为主令电器，如开关、按钮等，这类电器是人工操作直接控制的；另一类是用于自动控制的通断电器，如接触器、继电器等，这类电器是依靠控制电压、电流或其他物理量来改变其工作状态的。

7.1.1　刀开关

刀开关(knife switch)是一种简单的手动控制电器，主要用于隔离电源、不频繁地通断电路。

刀开关按接触刀片数的多少可分为单极、双极和三极等；按刀的转换方向又分为单掷和双掷。图 7.1 为刀开关的结构示意图和符号。

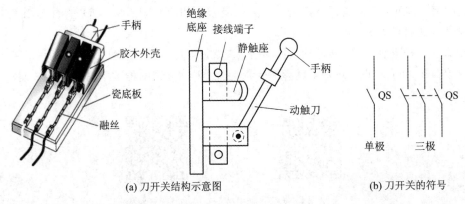

(a) 刀开关结构示意图　　　　　　　　　　(b) 刀开关的符号

图 7.1　刀开关

图 7.1(a)所示的胶盖刀开关安装时必须垂直安装在控制屏或开关板上，不能倒装，即接通状态时手柄朝上，否则有可能在分断状态时闸刀开关松动落下，造成误接通；电源进

线接在静触座一端，负载接在动触刀一侧，这样当断开电源时触刀不会带电。刀开关用于照明电路时，可选用额定电压为 220 V 或 250 V、额定电流等于或大于电路最大工作电流的两极开关；刀开关用于电动机的直接启动时，可选用额定电压为 380 V 或 500 V、额定电流等于或大于电动机额定电流 3 倍的三极开关。

7.1.2　按钮

按钮(push button)是用来接通或断开电流的较小控制电路，它可以控制电流较大的电动机或其他电气设备的运行。

按钮的结构如图 7.2 所示，它由按钮帽、动触点、静触点和复位弹簧等构成。在按钮未按下时，动触点与上面的静触点是接通的，这对触点称为**动断(常闭)触点(break contact)**；动触点与下面的静触点则是断开的，这对触点称为**动合(常开)触点(make contact)**。当按下按钮帽时，上面的动断触点断开，而下面的动合触点接通；当松开按钮帽时，动触点在复位弹簧的作用下复位，使动断触点和动合触点都恢复原来的状态。

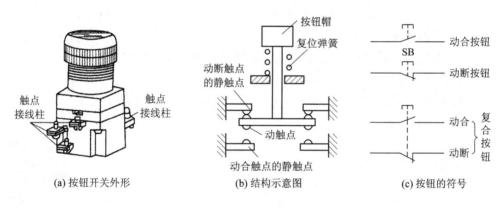

图 7.2　按钮

常见的一种双联(复合)按钮由两个按钮组成，一个用于电动机启动，一个用于电动机停止。按钮触点的接触面积都很小，额定电流一般不超过 25 A。如按钮 LA25，其额定电流分为 5 A、10 A 两个等级。

有的按钮装有信号灯，以显示电路的工作状态。按钮帽用透明塑料制成，兼作指示灯罩。为了标明各个按钮的作用，避免误操作，通常将按钮帽加工成不同的颜色，以示区别，其颜色有红、绿、黑、黄、白等。一般以绿色按钮表示启动，红色按钮表示停止。

7.1.3　熔断器

1. 熔断器的组成和保护原理

熔断器(fuse)是一种结构简单、使用方便、价格便宜的短路保护及过载保护电器。

熔断器由熔体和支撑熔体的绝缘管或绝缘座组成。熔断器的熔片或熔丝用电阻率较高的易熔合金制成，例如铅锡合金等；或用截面积很小的良导体制成，如铜、银等。线路在发生严重过载或短路时，熔断器中的熔丝或熔片应立即熔断，及时切断电源，以达到保护电源、线路和电气设备的目的。常用的熔断器有插入式、螺旋式、管式等，如图 7.3 所示。

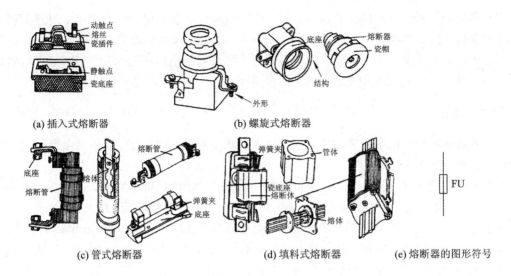

(a) 插入式熔断器　　　　　　　　(b) 螺旋式熔断器

(c) 管式熔断器　　　　　　(d) 填料式熔断器　　　　(e) 熔断器的图形符号

图 7.3　熔断器

2. 熔断器的选择

负载的保护特性和短路电流的大小是选择熔断器类型的主要依据。

根据电路的工作情况,选择熔断器的方法如下:

(1) 用于无启动过程的照明线路、电阻、电炉等负载时,熔体额定电流(I_{RN})略大于或等于负载额定电流(I_L),即

$$I_{RN} \geqslant I_L$$

(2) 用于保护单台长期工作的电动机时,则

$$I_{RN} \geqslant (1.5 \sim 2.5)I_L$$

(3) 用于保护频繁启动的电机时,则

$$I_{RN} \geqslant (3 \sim 3.5)I_L$$

常用低压电器

7.1.4　断路器

断路器(circuit breaker) 又称自动空气开关,是一种能在正常电路条件下接通、承载、分断电流,也能在规定的非正常电路条件(例如短路)下接通、承载一定时间和分断电流的机械开关电器。

断路器按其结构特点,可以分为万能式(框架式)和塑料外壳式两种。下面以塑料外壳式断路器为例,简要介绍其基本结构和工作原理。图 7.4 所示是断路器的工作原理和图形符号。断路器主要包括触点系统、灭弧系统和各种脱扣器。脱扣器分为欠电压脱扣器(包括其所接电源缺相、电压偏低和停电)、热脱扣器(过负荷保护)、分励脱扣器(远距离控制)和自由脱扣机构。

开关的操作靠手动完成。触点闭合后,自由脱扣机构将触点锁在合闸位置上。当电路发生故障时,通过各自的脱扣器使自由脱扣机构动作,实现自动跳闸保护,分励脱扣器可作为远距离控制分断电路。

断路器额定电压和额定电流应选择不小于线路或设备工作电流的数值,且它的通断能力应不小于电路的最大短路电流。例如,电路的工作电流为 230 A,若短路电流不太大,可

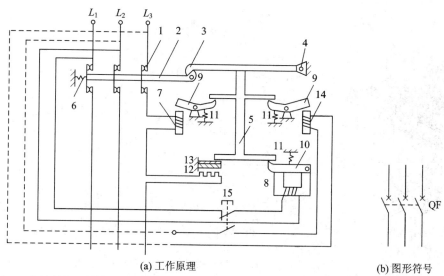

(a) 工作原理   (b) 图形符号

1—主触点; 2—锁键; 3—锁钩; 4—转轴; 5—连杆; 6、11—弹簧; 7—过流脱扣器;
8—欠压脱扣器; 9、10—衔铁; 12—热元件; 13—双金属片; 14—分励脱扣器; 15—按钮

图 7.4 断路器

选用塑料外壳式断路器; 若短路电流相当大, 可选用限流式自动空气开关; 若额定电流比较大或有选择性保护要求时, 应选择框架式断路器; 对控制和保护含半导体的直流电路, 应选择直流快速断路器。

智能断路器是一种以单片机为核心的控制板, 它具有以下功能: 对互感器采集到的信息进行数据分析和处理, 从而检测断路器的运行状态, 调整各种参数; 具有自诊断功能、热模拟功能、故障记忆功能及三相不平衡保护功能; 采用现场总线(fieldbus)与上位机联网, 能查询断路器的运行状况, 进行实时监控。

7.1.5 交流接触器

接触器是一种能按外来信号远距离地自动接通或断开正常工作的主电路或大容量控制电路的自动控制电器, 具有欠(零)电压保护作用。

交流接触器(AC contactor) 如图 7.5 所示。电磁铁的铁芯分上、下两部分, 上铁芯是可以上下移动的动铁芯, 下铁芯是固定不动的静铁芯。电磁铁的线圈(吸引线圈)装在静铁芯上。每个触点组包括静触点和动触点两部分, 动触点与动铁芯直接连在一起。线圈通电时, 在电磁吸力的作用下, 动铁芯带动动触点一起下移, 使同一触点组中的动触点和静触点有的闭合、有的断开。当线圈断电后, 电磁吸力消失, 动铁芯在弹簧的作用下复位, 触点组也恢复到原先的状态。

按状态的不同, 接触器的触点分为动合触点和动断触点两种。接触器在线圈未通电时的状态称为**释放状态(dropout state)**; 线圈通电、铁芯吸合时的状态称为**吸合状态(pick up state)**。接触器处于释放状态时断开, 而处于吸合状态时闭合的触点称为**动合触点**; 反之称为动断触点。

按用途的不同, 接触器的触点又分为主触点和辅助触点两种。主触点接触面积大, 能通过较大的电流; 辅助触点接触面积小, 只能通过较小的电流。

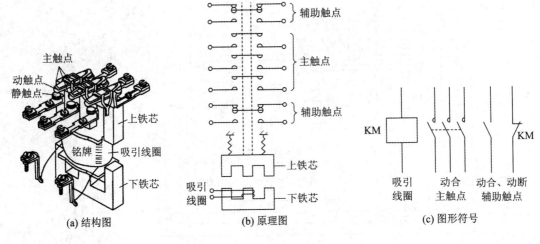

图 7.5　交流接触器

主触点一般为三副动合触点，串接在电源和电动机之间，用来切换供电给电动机的电路，以起到直接控制电动机启停的作用，这部分电路称为**主电路**(main circuit)。

辅助触点既有动合触点，也有动断触点，通常接在由按钮和接触器线圈组成的控制电路中，以实现某些功能，这部分电路又称**辅助电路**(auxiliary circuit)。

一般交流接触器的辅助触点的数量为动断触点和动合触点各两副。若辅助触点不够用，可以把一组或几组触点组件插入接触器上的固定槽内，组件的触点受交流接触器电磁机构的驱动，使辅助触点数量增加；也可采用中间继电器。

由接触器的工作过程可知，它的电磁系统动作质量依赖于控制电源电压、阻尼机构和反力弹簧等，并不可避免地存在不同程度的动、静铁芯的"撞击"和"弹跳"等现象，甚至造成"触头熔焊"和"线圈烧损"等。接触器采用微处理器控制电磁铁线圈电流，调节接触器闭合过程，实现动铁芯的软着陆，减弱动静铁芯的冲击，减小触头的弹跳，消除焊接现象。把传感器和微处理器相结合，能实现多种电动机保护功能，如过载保护、断相保护、三相不平衡和接地保护。接触器嵌入现场总线(fieldbus)，与上位机联网，可用来查询断路器的运行状况。

7.1.6　热继电器

热继电器(thermal relay)主要适用于电动机的过载保护、断相保护、电流不平衡的保护及其他电气设备发热状态的控制。

带温度补偿热继电器(如 JR20 系列)如图 7.6 所示。热继电器采用复合加热主双金属片 11 与加热元件 12 串联后接于三相电动机定子电路，当流过过载电流时，主双金属片受热向左弯曲，推动导板 13 向左推动补偿双金属片 15，补偿双金属片与推杆 5 固定为一体，它可绕轴 16 顺时针方向转动，推杆推动片簧 1 向右，当向右推动到一定位置时，弓簧 3 的作用力方向改变，使片簧 2 向左运动，动断触头 4 断开。由片簧 1、2 与弓簧 3 构成一组跳跃机构，实现快速动作。凸轮 9 是用来调节整定电流的。所谓整定电流，就是热元件中通过的电流超过此值的 20% 时，热继电器应当在 20 min 内动作。热元件有多种额定整定电流等级，如常用的 JR20 - 63 型，整定电流有 55 A、63 A 和 71 A 三个等级。

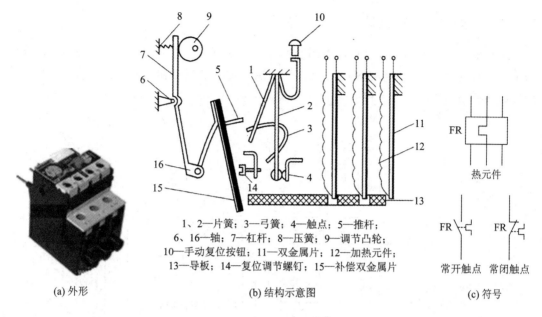

1、2—片簧；3—弓簧；4—触点；5—推杆；
6、16—轴；7—杠杆；8—压簧；9—调节凸轮；
10—手动复位按钮；11—双金属片；12—加热元件；
13—导板；14—复位调节螺钉；15—补偿双金属片

(a) 外形 (b) 结构示意图 (c) 符号

图 7.6 热继电器

为了减少发热元件的规格，要求热继电器的整定电流能在发热元件额定电流的66%～100%范围内调节。旋转凸轮9，改变杠杆7的位置，就改变了补偿双金属片15与导板13之间的距离，也就改变了热继电器动作时双金属片11弯曲的距离，即改变了热继电器的整定电流值。补偿双金属片15可在规定范围内补偿环境温度对热继电器的影响，如果周围环境温度升高，主双金属片11向左弯曲程度加大，此时，补偿双金属片15也向左弯曲，使导板13与补偿双金属片之间距离不变。这样，热继电器的动作特性将不受环境温度变化的影响。有时可采用欠补偿，即同一环境温度下使补偿双金属片向左弯曲的距离小于主双金属片向左弯曲的距离，以便在环境温度较高时，热继电器动作较快，更好地保护电动机。热继电器动作后，应在2 min内能可靠地手动复位，若要手动复位，则将复位调节螺钉14向左拧出，再按下手动复位按钮10，迫使片簧1退回原位，片簧2随之往右跳动，使动断触点4闭合。若要自动复位，则应在继电器动作后5 min内能可靠地自动复位。此时，将复位调节螺钉14向右旋转一定长度即可实现。

选用热继电器时，应使其整定电流与电动机的额定电流基本一致。

由于热继电器的双金属片接入主电路时功耗很大，不符合环保与节能的要求，因此我国开始逐步采用以电子技术为基础的综合保护器。这类综合保护器具有对电气设备（如电动机）的过载保护、过电流保护、缺相与断相保护、负载超温保护、三相电流不平衡保护等多种功能；具有反时限、定时限保护特性；动作后可自保持、手动复位。

7.2 三相鼠笼异步电动机的基本控制电路

继电接触器控制系统是由继电器、接触器以及按钮等控制电器构成的控制电路。它是一种有触点的断续控制，可实现电动机的启动、制动、反向和调速控制。

7.2.1　长动自锁控制线路

三相鼠笼异步电动机长动自锁控制线路如图 7.7 所示，它主要由隔离开关 QS、熔断器 FU、交流接触器 KM、热继电器 FR、停止按钮 SB_1、启动按钮 SB_2 及电动机等构成。下面介绍该控制电路的工作过程。

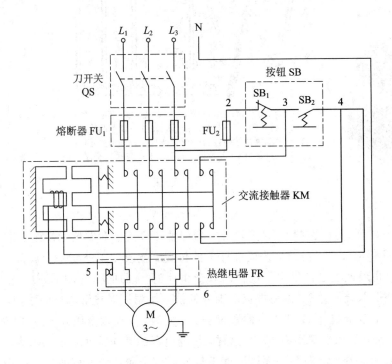

图 7.7　长动自锁控制线路

1. 工作原理

闭合刀开关 QS，按下启动按钮 SB_2，此时交流接触器 KM 的线圈得电，动铁芯被吸合，带动 KM 的三对主触点闭合，电动机接通电源转动；同时交流接触器 KM 动合辅助触点也闭合，当松开启动按钮 SB_2 时，交流接触器 KM 的线圈通过 KM 的辅助触点继续保持带电状态，电动机继续运行。这种当启动按钮 SB_2 松开后控制电路仍能自动保持通电的电路称为具有**自锁(self-locking)的控制电路**，与启动按钮 SB_2 并联的 KM 动合辅助触点称为自锁触点。

按下停止按钮 SB_1，交流接触器 KM 的线圈断电，则 KM 的主触点断开，电动机停转，同时 KM 的动合辅助触点断开，失去自锁作用。熔断器 FU_1 为主回路的短路保护，熔断器 FU_2 为**控制回路的短路保护**。热继电器 FR 为**过载及断相保护**。另外，交流接触器的主触点还能实现**失压保护**(或称零压保护)，即电源意外断电时，交流接触器线圈断电，主触点断开，使电动机脱离电源；当电源恢复时，必须按启动按钮，否则电动机不能自行启动。这种在断电时能自动切断电动机电源的保护作用称为**失压保护**。

　　刀开关 QS 只能在不带载(用电设备不工作)的情况下切断和接通电源,以便在检修电机、电器或电路长期不工作时用来断开电源。在鼠笼式三相异步电动机的主电路中,所选熔体的额定电流应大于电动机的额定电流。熔断器通常只能用作短路保护,不能用作过载保护。由于断路器的过流保护特性与电动机所需要的过载保护特性不一定匹配,所以一般也不能用作电动机的过载保护。**过载保护电器常用热继电器。**

　　图 7.7 的长动自锁控制线路可分为**主电路和控制电路**。主电路是电路中通过强电流的部分,通常由电动机、熔断器、交流接触器的主触点和热继电器的发热元件组成。控制电路中通过的电流较小,通常由熔断器、按钮、交流接触器的线圈及其辅助触点、热继电器的辅助触点构成。控制电路的控制电压通常取交流 220 V。

2. 原理图

　　图 7.7 为控制接线图,较为直观,但线路复杂时绘制和分析很不方便,为此常用原理图来代替,如图 7.8 所示。原理图分为主电路和控制电路两部分,主电路一般画在原理图的左边,控制电路一般画在右边,为了画图和读图方便,控制电路中的各个电器应该用国家规定的图形符号,部分电机和电器的图形符号见表 7-1。图中电器的可动部分均以没通电或没受外力作用时的状态画出。同一接触器的触点、线圈按照它们在电路中的作用和实际连线分别画在主电路和控制电路中,同一器件的各部分可以分开画在不同地方,但要用同一文字符号标明,与电路无直接联系的部件如铁芯、支架等均不画出。文字符号不够用时,还可以加上相应的辅助文字符号,例如启动加 st、停止加 stp 等。

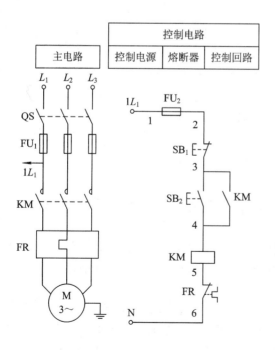

电动机长动自锁控制实验

图 7.8　长动自锁控制线路原理图

表 7－1 电气控制常用图形符号

名称	符号	名称	符号	名称	符号
三相笼型异步电动机	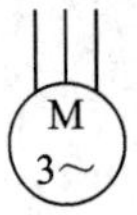	熔断器	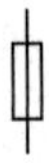	行程开关 动合触点	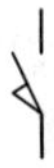
刀开关	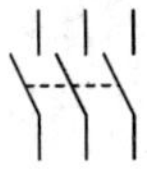	热继电器 发热元件	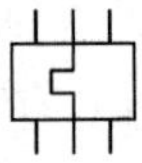	行程开关 动断触点	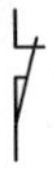
断路器	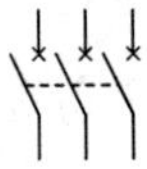	热继电器 动断触点	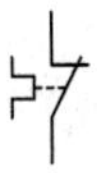	时间继电器 线圈	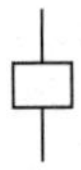
按钮 动合	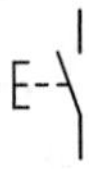	交流接触器 线圈	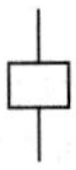	时间继电器 瞬时动作动合触点	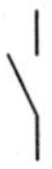
按钮 动断	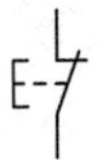	交流接触器 动合主触点	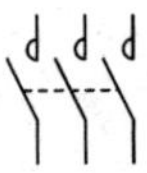	时间继电器 瞬时动作动断触点	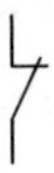
按钮 复合	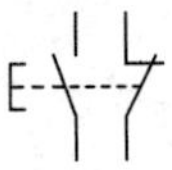	交流接触器 动合辅助触点	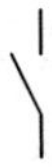	时间继电器 延时闭合动合触点	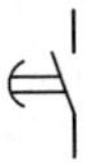
		交流接触器 动断辅助触点	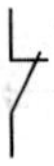	时间继电器 延时闭合动断触点	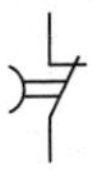
				时间继电器 延时断开动合触点	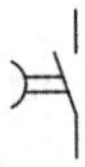
				时间继电器 延时断开动断触点	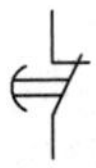

7.2.2 点动控制线路

所谓点动控制，就是按下按钮后电动机通电运转，松开按钮后电动机断电停转。将图 7.8 中与 SB_2 并联的 KM 动合辅助触点去掉，就可以实现点动控制。

动作过程如下：闭合开关 QS，按下点动按钮 SB_2，交流接触器 KM 的线圈通电，KM 动合主触点闭合，电动机接通电源转动；当松开按钮 SB_2 时，交流接触器 KM 的线圈断电，KM 动合主触点断开，电动机停转。

如果需要电动机既能点动又能连续运行(也称为长动)，则可以对自锁触点进行控制，如图 7.9 所示。它的特点为：电动机 M 既可单向连续运转，又可单向点动运转。当按下单向连续运转启动按钮 SB_1 时，电动机 M 启动并连续运转；当按下点动按钮 SB_2 时，电动机 M 点动运转(即松开 SB_2 时，电动机 M 停止运转)。

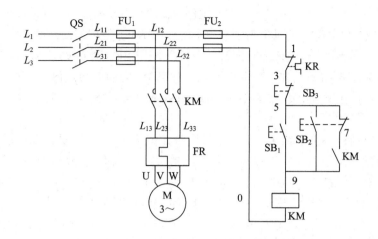

图 7.9　连续运行并能点动的控制线路

7.2.3　正、反转控制线路

有些生产机械常要求电动机可以正、反两个方向旋转，由电动机原理可知，只要把通入电动机的电源线中任意两根对调，即改变定子电流相序，电动机便可反转。图 7.10 为电动机正、反转控制的原理图。在主电路中，交流接触器 KM_F 的主触点闭合时电动机正转，交流接触器 KM_R 的主触点闭合时，由于调换了两根电源线，因此电动机反转。控制电路中交流接触器 KM_F 和 KM_R 的线圈不能同时带电，KM_F 和 KM_R 的主触点同时闭合会导致电源短路。为保证 KM_F 和 KM_R 的线圈不同时得电，在 KM_F 线圈的控制回路中串联了 KM_R 的动断触点，在 KM_R 线圈的控制回路中串接有 KM_F 的动断触点。

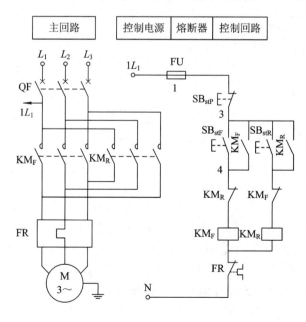

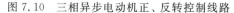

图 7.10　三相异步电动机正、反转控制线路

电动机正、反转控制实验

按下按钮 SB_{stF}，KM_F 线圈得电，KM_F 主触点闭合，电动机正转。同时 KM_F 的动合辅助触点闭合，实现自锁，KM_F 的动断触点打开，将线圈 KM_R 的控制回路断开。这时再按按钮 SB_{stR}，交流接触器 KM_R 也不动作。同理，先按下按钮 SB_{stR} 时，KM_R 动作，电动机反转，再按下按钮 SB_{stF}，KM_F 不动作。KM_F 动断触点和 KM_R 的动断触点保证了两个交流接触器中只有一个动作，这种作用称为**互锁(mutual locking)**。要改变电动机的转向，必须先按停止按钮 SB_{stP}。

三相异步电动机双重联锁正、反转控制线路如图 7.11 所示。所谓双重联锁，就是正、反转启动按钮的常闭触点互相串接在对方的控制回路中，而正、反转的接触器的常闭触点也互相串接在对方的控制回路中。此电路要改变电动机的转向，不必先按停止按钮 SB_{stP}。当按下电动机 M 的正转启动按钮 SB_{stF} 时，电动机 M 正向启动（逆时针方向）并连续运转；当按下电动机 M 的反转启动按钮 SB_{stR} 时，电动机 M 反向启动（顺时针方向）并连续运转。其中按钮 SB_{stF}、SB_{stR} 和接触器 KM_F、KM_R 的常闭触点分别串接在对方接触器线圈回路中，当接触器 KM_F 通电闭合时，接触器 KM_R 不能通电闭合；反之，当接触器 KM_R 通电闭合时，接触器 KM_F 不能通电闭合。

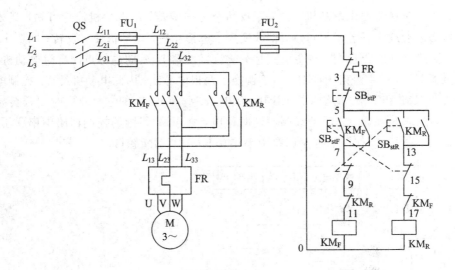

图 7.11 三相异步电动机双重联锁正、反转控制线路

7.2.4 顺序控制线路

在实际生产中，常需要几台电动机按一定的顺序运行，以便相互配合。例如，要求电动机 M_1 启动后 M_2 才能启动，且 M_1 和 M_2 可同时停车，其控制线路如图 7.12 所示。

为满足控制要求，在图 7.12 中，控制电动机 M_2 的接触器线圈 KM_2 和控制 M_1 的交流接触器 KM_1 的动合触点串联。从图中可以看出，当按下 SB_1 时，交流接触器 KM_1 线圈带电，M_1 转动，这时再按下按钮 SB_2，KM_2 线圈才能带电，M_2 转动，从而保证 M_1 启动后 M_2 才能启动。按下 SB_3，M_1 和 M_2 同时停车。

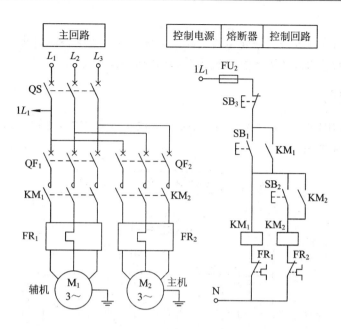

图 7.12　三相异步电动机顺序控制线路

7.3　行　程　控　制

行程控制是根据生产机械的位置信息去控制电动机运行。例如在一些机床上，常要求它的工作台应能在一定范围内自动往返；行车到达终点位置时，要求自动停车等。行程控制主要是利用行程开关来实现的。

7.3.1　行程开关

行程开关(travel switch) 又称限位开关。它是用来反映工作机械的行程，发布命令以控制其运动方向或行程大小的主令电器，当它安装在工作机械行程终点，以限制其行程时，就称为限位开关或终点开关。其结构及动作原理如图 7.13 所示。

当运动机械的挡铁撞到行程开关的滚轮上时，传动杠杆连同转轴一起转动，使凸轮推动撞块，当撞块被压到一定位置时，推动微动开关快速动作，使其动断触

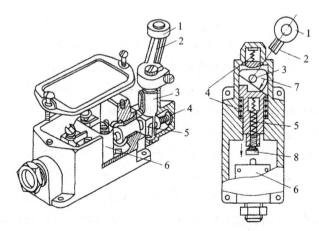

1—滚轮；2—杠杆；3—转轴；4—复位弹簧；
5—撞块；6—微动开关；7—凸轮；8—调节螺钉
(a) 结构　　　　　　(b) 动作原理

图 7.13　行程开关

点分断，动合触点闭合；当滚轮上的挡铁移开后，复位弹簧就使行程开关各部分恢复原始位置，这种自动恢复的行程开关是依靠本身的复位弹簧来复原的，在生产机械中应用较为

广泛。

常用的行程开关 LX33 其额定电流为 10 A。近年来，为了提高行程开关的使用寿命和操作频率，已开始采用晶体管无触点行程开关（又称接近开关）。

7.3.2 控制电路

图 7.14 是利用行程开关自动控制电动机正、反转电路，用以实现电动机带动工作机械自动往返运动的原理图。

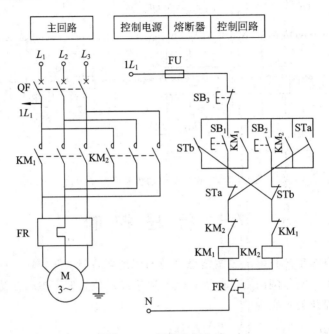

图 7.14　行程控制电路

主电路是由接触器 KM_1 和 KM_2 控制的电动机正、反转电路。行程开关 STa 是前行限位开关，STb 是回程限位开关，分别串联在控制电路中。其工作过程如下：

按正转按钮 SB_1，使接触器线圈 KM_1 通电，电动机正转，机械前行，同时自锁触点 KM_1 闭合，互锁触点 KM_1 断开。当机械运行到 STa 位置时，机械撞块压下行程开关 STa 的压头，使 STa 的动断触点断开，动合触点闭合，致使接触器线圈 KM_1 断电，电动机停止正转，机械停止前行。同时和线圈 KM_2 串联的 KM_1 动断互锁触点闭合，因此接触器线圈 KM_2 带电，自锁触点 KM_2 闭合，电动机开始反转，机械开始返回。当撞块离开行程开关 STa 后，STa 的触点自动复位。当机械上的撞块压下行程开关 STb 的压头时，STb 的触点动作，从而切断 KM_2 线圈，电机停止反转。KM_1 线圈带电，电动机又开始正转，即可实现自动往返运动。

7.4　时　间　控　制

时间控制或称时限控制，是按照所需的时间间隔来接通、断开或换接被控制的电路，以协调和控制生产机械的各种动作。例如鼠笼型三相异步电动机的星形-三角形（Y-△）减压启动，启动时定子三相绕组连接成星形，经过一段时间，转速上升到接近正常转速时换接成三角形，这一类的时间控制可以利用时间继电器来实现。

7.4.1　时间继电器

时间继电器(time relay)的种类很多，结构原理也不一样，常用的交流时间继电器有空气式、电动式和电子式等几种。这里只介绍电气控制电路中应用较多的空气式时间继电器。

通电延时的空气式时间继电器是利用空气阻尼的原理来实现延时的。它主要由电磁铁、触点、气室和传动机构等组成，结构如图 7.15(a)所示。当线圈通电后，将动铁芯和固定在动铁芯上的托板吸下，使微动开关 1 中的各触点瞬时动作。与此同时，活塞杆及固定在活塞杆上的撞块失去托板的支持，在释放弹簧的作用下，也要向下移动，但由于与活塞杆相连的橡皮膜跟着向下移动时，受到空气的阻尼作用，所以活塞杆和撞块只能缓慢地下移。经过一定时间后，撞块才触及杠杆，使微动开关 2 中的动合触点闭合，动断触点断开。从线圈通电开始到微动开关 2 中触点完成动作为止的这段时间就是继电器的延时时间。延时时间的长短可通过延时调节螺钉调节气室进气孔的大小来改变。线圈断电后，依靠恢复弹簧的作用复原，气室中的空气经排气孔(单向阀门)迅速排出，微动开关 2 和 1 中的各对触点都瞬时复位。

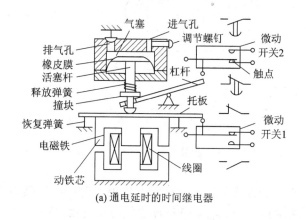
(a) 通电延时的时间继电器

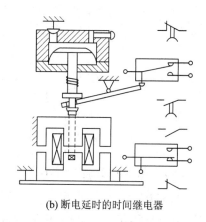
(b) 断电延时的时间继电器

图 7.15　时间继电器

图 7.15(a)所示的时间继电器有两副延时触点：一副是延时断开的动断触点；另一副是延时闭合的动合触点。此外，还有两副瞬时动作的触点：一副动合触点和一副动断触点。

时间继电器也可以做成断电延时的，如图 7.15(b)所示，只要把铁芯倒装即可。它也有两副延时触点：一副是延时闭合的动断触点；另一副是延时断开的动合触点。此外，还有两副瞬时动作的触点：一副动合触点和一副动断触点。

空气式时间继电器延时范围大、结构简单，但准确度较低。

除空气式时间继电器外，电气控制线路中也常用电动式或电子式时间继电器。

电子式时间继电器是利用半导体器件来控制电容的充放电时间以实现延时功能的。电子式时间继电器分晶体管式和数字式两种，适用于交流 50 Hz、380 V 及以下或直流 110 V 及以下的控制电路。数字式时间继电器分为电源分频式、RC 振荡式和石英分频式三种，采用大规模集成电路、LED 显示、数字拨码开关预置，设定方便，工作稳定可靠，设有不同的时间段供选择，可按预置的时间接通或断开电路。

7.4.2　控制电路

为了实现由星形到三角形的延时转换，采用了时间继电器 KT 延时断开的动断触点。鼠笼型三相异步电动机星形-三角形启动的控制电路如图 7.16 所示。

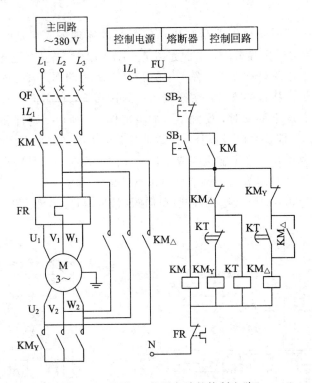

图 7.16　星形-三角形启动的控制电路

电路的动作过程如下：

闭合断路器 QA，当按下按钮 SB$_1$ 时，交流接触器 KM、KM$_Y$ 线圈和时间继电器 KT 线圈均带电。KM 的主触点闭合，KM$_Y$ 主触点闭合，电动机星形连接降压启动。KM$_Y$ 动断辅助触点断开，交流接触器 KM$_\triangle$ 不动作，实现互锁。经过一段延时，时间继电器 KT 各触点动作，延时动断触点断开，KM$_Y$ 线圈断电；KM$_Y$ 动断触点闭合，同时 KT 的延时闭合触点闭合，KM$_\triangle$ 线圈带电，KM$_\triangle$ 的主触点动作，电动机三角形连接全压运行；KM$_\triangle$ 的动断触点断开，KT 线圈和 KM$_Y$ 线圈断电，实现互锁。

7.5　两地控制电路

有些生产设备要求两处或多处控制，例如，要求在控制室中正常操作，在现场进行维修或试车。图 7.17 就是两地控制的电路图，其中，按钮 SB$_1$、SB$_3$ 均安装在现场电机旁，按钮 SB$_2$、SB$_4$ 安装在控制室中。

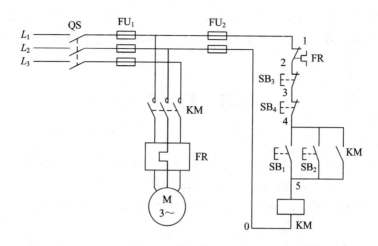

图 7.17　两地控制电路

7.6　小　　结

1. 低压电器

低压电器的种类很多，本章主要介绍了开关电器、按钮、接触器和继电器等常用低压电器的用途、图形符号等，为正确选用和维护电器打下了基础。每种电器都有一定的使用范围，要根据使用条件正确选用。选用电器时的主要依据是其技术参数，详细内容可参阅电器产品说明和有关电工手册。

保护电器（如熔断器、断路器、热继电器等）及某些控制电器（如时间继电器）的使用，除了要依据保护要求或控制要求正确选用电器的类型外，还要依据被保护或被控制电路的具体条件，进行必要的调整及动作值整定。

2. 三相电动机的基本控制

电动机运行中的点动、连续运转、正反转控制及顺序控制等基本线路是利用各种按钮、开关、控制电器及控制触点按一定逻辑关系的不同组合来实现的。当几个条件中只要有一个条件满足接触器就可以通电，则采用并联接法；如果必须所有条件都具备，接触器才得电，应采用串联接法；要求第一个接触器得电后，第二个接触器才得电，可以将前者常开触点串接在第二个接触器线圈的控制电路中，或者第二个接触器控制线圈的电源从前者的自锁触点后引入；要求第一个接触器得电后，第二个接触器不允许得电，可以将前者的动断触头串接在第二个接触器的控制回路中。连续运转与点动的区别仅在于自锁触点是否起作用。

3. 行程控制和时间控制

行程控制是利用行程开关自动控制电动机正、反转电路，用以实现电动机带动工作机械自动往返运动。

在电动机的启动控制中，应该注意避免过大的启动电流对电网及传动机械的冲击作用，小容量的电动机（通常在 10 kW 以内）允许采用直接启动控制方式，大容量的电动机或启动负载大的场合应采用降压启动(串电阻、星形-三角形换接、自耦变压器等方式)的控制方式,启动过程中的状态转换通常采用时间继电器来实现自动控制。

习 题 7

7.1 判断题

(1) 接触器是通过其线圈的得电与否来控制触点动作的电磁自动开关。 ( )

(2) 按钮是一种手动电器,主要用来发出控制指令。 ( )

(3) 由于电动机过载电流小于短路电流,所以热继电器既能用于过载保护,又能用于短路保护。 ( )

(4) 只要电动机电流超过热继电器的整定电流,热继电器触点就动作。 ( )

(5) 采用多地控制时,启动按钮应串联在一起,停止按钮应并联在一起。 ( )

(6) 在原理图中,各电器元件必须画出实际的外形图。 ( )

(7) 接触器的辅助常开触头在电路中起自锁作用,辅助常闭触头起互锁作用。 ( )

7.2 填空题

(1) 熔断器在电路中起_____保护作用;热继电器在电路中起_____保护作用。

(2) 多地控制线路的特点是:启动按钮应_____在一起,停止按钮应_____在一起。

(3) 电气原理图一般分为_____和_____两部分画出。

(4) 在机床电气线路中异步电动机常用的保护环节有_____、_____及_____。

(5) 低压电器按操作方式分为_____和_____。

(6) 机械式行程开关常见的有_____和_____两种。

7.3 选择题

(1) 热继电器在电动机接触控制启动电路中起( )作用。

A. 短路保护   B. 欠压保护   C. 过载保护

(2) 接触器在电动机接触控制启动电路中起( )作用。

A. 短路保护   B. 自锁和欠压保护   C. 过载保护

(3) 自动空气开关的热脱扣器用作( )。

A. 过载保护   B. 断路保护   C. 短路保护   D. 失压保护

(4) 在三相鼠笼异步电动机的正、反转控制电路中,为了避免主电路的电源两相短路采取的措施是( )。

A. 自锁   B. 互锁   C. 接触器   D. 热继电器

(5) 时间继电器的作用是( )。

A. 短路保护   B. 过电流保护

C. 延时通断主回路   D. 延时通断控制回路

7.4 一台水泵由 380 V、20 A 的异步电动机拖动,电动机的启动电流为额定电流的 6.5 倍,熔断器熔丝的额定电流应选多大?

7.5 分析题 7.5 图所示的各电路能否控制异步电动机的启停,为什么?

7.6 题 7.6 图所示的电动机启停控制电路有何错误?应如何改正?

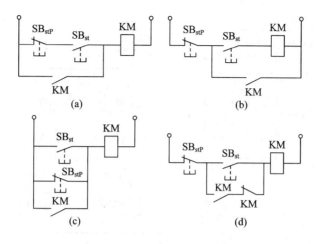

题 7.5 图

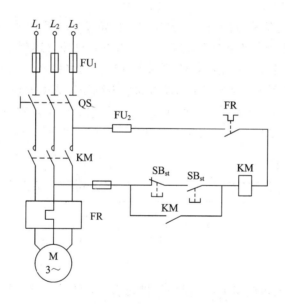

题 7.6 图

7.7　题 7.7 图是电动机正、反转启停控制电路，控制要求是能正转、反转及自动停车，并具有短路、过载和失压保护。请找出图中有何错误，并画出正确的控制电路。

7.8　试分别画出有指示灯显示的单向连续启动和正、反转启动的控制线路图。

7.9　某机床的主电动机(三相鼠笼式)为 7.5 kW、380 V、15.4 A、1440 r/min，不需正、反转。工作照明灯是 36 V、40 W，要求有短路、零压及过载保护。试绘出控制线路并选用电器元件。

7.10　根据图 7.8 接线做实验时，将开关 QS 闭合后按下启动按钮 SB₂，发现有下列现象，试分析和处理故障:(1)接触器 KM 不动作；(2)接触器 KM 动作，但电动机不转动；(3)电动机转动，但一松手电动机就不转；(4)接触器动作，但吸合不上；(5)接触器触点有明显颤动，噪声较大；(6)接触器线圈冒烟甚至烧坏；(7)电动机不转动或者转得极慢，并有"嗡嗡"声。

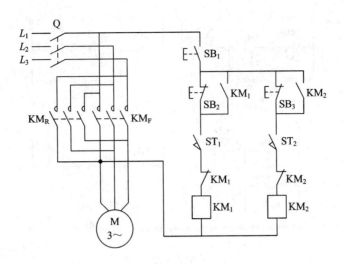

题 7.7 图

7.11 两条皮带运输机分别由两台鼠笼式三相异步电动机拖动,由一套启停按钮控制它们的启停。为了避免物体堆积在运输机上,要求电动机按下述顺序启动和停车:启动时,M_1 启动后 M_2 才随之启动;停止时,M_2 停止后 M_1 才随之停止。试画出控制线路。

7.12 在题 7.12 图中,要求按下启动按钮后能顺序完成下列动作:(1)运动部件 A 从 1 到 2;(2)B 从 3 到 4;(3)A 从 2 回到 1;(4)B 从 4 回到 3。试画出控制线路。(提示:用四个行程开关,装在原位和终点,每个有一动合触点和一动断触点。)

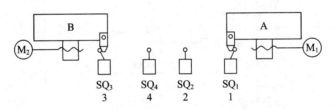

题 7.12 图

7.13 在锅炉房电机控制中,要求引风机先启动,延迟一段时间鼓风机自动启动;鼓风机和引风机一起停止。试画出控制线路。

7.14 画出能在两地分别控制同一台鼠笼式三相异步电动机启停的继电接触器控制线路。

题 7.13 解答 　　　　题 7.14 解答

第8章　可编程控制器

第 8 章知识点

教学内容与要求：可编程控制器也称为可编程逻辑控制器(简称 PLC)，本章介绍 PLC 的特点、分类、结构及工作原理，重点介绍常用的编程语言。要求理解可编程控制器的结构与工作原理，掌握可编程控制器的编程语言即梯形图和语句表的编程方法，能编写简单程序。本章重在应用，所举应用实例与继电接触器控制相对应。

8.1　可编程控制器概述

8.1.1　可编程控制器的定义与特点

可编程控制器也称可编程逻辑控制器(Programmable Logic Controller, PLC)，它是在 20 世纪 70 年代专为工业环境下应用而设计的、与计算机技术和自动化技术高度融合的工业控制装置，能够代替有触点的控制系统。

1987 年 2 月，国际电工委员会(IEC)通过了对可编程控制器的定义："可编程控制器是一种数字运算操作的电子系统，专为在工业环境应用而设计。它采用一类可编程的存储器，用于其内部存储程序，执行逻辑运算、顺序控制、定时、计数与算术操作等面向用户的指令，并通过数字或模拟式输入/输出控制各种类型的机械或生产过程。可编程控制器及其有关外部设备，都按易于与工业控制系统连成一个整体，易于扩充其功能的原则设计。"

可编程控制器是一台计算机，具有数据处理、数据运算、通信联网等功能。由于它把计算机的功能完备、灵活性和通用性强等特点与继电器、接触器控制的操作简单、价格便宜等优点结合在一起，因此应用日益广泛，发展十分迅速。与其他的控制系统相比，PLC 具有如下特点：

(1) **可靠性高、抗干扰能力强**。工业生产一般是在恶劣环境中进行的高强度作业，因此 PLC 的输入/输出接口电路都有严格的隔离措施。PLC 平均允许故障时间一般可达到 4～5 万小时，具有较高的可靠性和抗干扰能力。

(2) **编程简单、易学易用**。PLC 作为通用工业控制计算机，编程语言简洁易学，其梯形图语言的图形符号能够形象地表达各种逻辑结构，与继电器控制原理图相似，具有直观、清晰、修改方便等优点。使用人员易掌握 PLC 编程方法，进而提高工作效率。

(3) **接口丰富、安装简单**。PLC 采用的是模块化结构，并配备丰富的输入/输出接口模块，能够将现场的各种信号转换成 PLC 中可识别的信号。PLC 可以在各种工业环境下直接运行，使用时只需将现场的各种设备与 PLC 相应的输入/输出端相连接即可，安装简单。

（4）**故障检测及维护方便。**PLC的各种模块上均有运行和故障指示装置，便于用户了解运行情况和查找故障，自诊断能力强，可以在线检测，一旦某模块发生故障，可以更换模块，使系统迅速恢复运行。

（5）**体积小、功能强。**PLC的硬件集成为小型化的模块，体积小、重量轻、功耗低，是理想的工业控制器。而且PLC模块是配套的，已实现了系列化与规格化，硬件系统配置方便。

PLC运用了计算机、电子技术的最新技术，在硬件与软件上不断发展，不仅有逻辑运算、计时、计数和顺序控制等功能，还具有数字和模拟量的输入/输出、功率驱动、人机对话、自检、记录显示及通信联网等功能。PLC技术不断发展，功能不断增强，应用更加广泛。

8.1.2 可编程控制器的分类

对PLC产品可按其结构形式的不同、功能的差异和I/O点数的多少等三方面进行分类。

1. 按结构形式分类

根据PLC的结构形式，可将PLC分为整体式和模块式两类。

（1）整体式PLC是将电源、CPU、I/O接口等部件都集中装在一个机箱内，具有结构紧凑、体积小、价格低的特点。小型PLC一般采用这种整体式结构。整体式PLC由不同I/O点数的基本单元（又称主机）和扩展单元组成。基本单元内有CPU、I/O接口、与I/O扩展单元相连的扩展口，以及与编程器或EPROM写入器相连的接口等。扩展单元内只有I/O和电源等，没有CPU。基本单元和扩展单元之间一般用扁平电缆连接。

（2）模块式PLC是将PLC各组成部分分成若干个单独的模块，如CPU模块、I/O模块、电源模块以及各种功能模块。模块式PLC由框架和各种模块组成。这种模块式PLC的特点是配置灵活，可根据需要选配不同规模的系统，而且装配方便，便于扩展和维修。大、中型PLC一般采用模块式结构。

2. 按功能分类

根据PLC所具有的功能不同，可将PLC分为低档、中档、高档三类。

（1）低档PLC具有逻辑运算、定时、计数、移位以及自诊断、监控等基本功能，还可有少量模拟量输入/输出、算术运算、数据传送和比较、通信等功能，主要用于逻辑控制、顺序控制等单机控制系统。

（2）中档PLC除具有低档PLC的功能外，还具有较强的模拟量输入/输出、算术运算、数据传送和比较、数制转换、远程I/O、子程序、通信联网等功能。有些还增设了中断控制、PID控制等功能，适用于复杂控制系统。

（3）高档PLC除具有中档机的功能外，还有符号算术运算、矩阵运算、位逻辑运算、平方根运算及其他特殊功能函数的运算、制表及表格传送等功能。高档PLC具有更强的通信联网功能，可用于大规模过程控制或构成分布式网络控制系统，以实现工厂自动化。

3. 按I/O点数分类

根据PLC的I/O点数的多少，可将PLC分为小型、中型和大型三类。

（1）小型 PLC 的 I/O 点数在 256 以下；其中小于 64 点的为微型 PLC。

（2）中型 PLC 的 I/O 点数在 256～2048 之间。

（3）大型 PLC 的 I/O 点数在 2048 以上。

8.1.3　可编程控制器的应用与发展趋势

PLC 的应用非常广泛，利用 PLC 进行开关量逻辑控制来取代传统的继电器电路，可用于多机群控及自动化流水线，如注塑机、印刷机、订书机械、组合机床、磨床、包装生产线、电镀流水线；可用于圆周运动或直线运动的控制，如各种机械、机床、机器人、电梯等控制场合；可用于过程控制，在冶金、化工、热处理、锅炉控制等场合有着非常广泛的应用。现代 PLC 具有较强的数学运算（含矩阵运算、函数运算、逻辑运算）、数据传送、数据转换、排序、查表、位操作等功能，可用于造纸、冶金、食品工业中的一些大型控制系统。PLC 远程控制也是很方便的，PLC 与 PLC 可组成控制网，可实现通信、数据交换、相互操作，参与通信的 PLC 可多达几十、几百个；也可用于工厂远程管理。目前，PLC 已被广泛应用于钢铁、石油、化工、电力、建材、机械制造、汽车、轻纺、交通运输、环保及文化娱乐等各个行业。

PLC 技术的发展趋势是高集成、高性能、高速度、大容量。PLC 的模块化、智能化、网络化、软件化、标准化、普及化使其应用更方便、功能更强大、适用领域更广。

8.2　可编程控制器的基本结构和工作原理

8.2.1　可编程控制器的结构

PLC 采用了典型的计算机结构。如图 8.1 所示，**PLC 是由输入电路、输出电路、中央处理器、电源、外围设备组成的基本控制系统。**

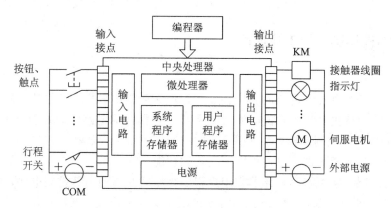

图 8.1　PLC 组成框图

输入、输出电路是 PLC 与外接信号、被控设备连接的电路，对外它通过外接端子排与现场设备相连，例如将按钮、继电器触点、行程开关、传感器等接至输入接点，通过输入电路把它们的输入信号转换成中央处理器能接收和处理的数字信号。输出电路则与此相反，它能接收经过中央处理器处理的数字信号，并把这些信号转换成被控设备或显示设备能接收的电压或电流信号，以驱动接触器线圈、伺服电机等执行装置。

中央处理器是管理、控制 PLC 运行的核心部件，它包括微处理器、系统程序存储器和用户程序存储器。

（1）微处理器的主要作用是：接收与存储用户由编程器键入的程序和数据，诊断用户程序中的语法错误；监控输入、输出电路的工作状态，诊断电源及 PLC 内部的工作故障，协调各部分的工作，必要时做出应急处理；当 PLC 投入运行时，读取并执行用户程序，完成用户程序所规定的逻辑运算、算术运算及数据处理等操作；更新输出状态，与外部设备交换信息等。

（2）系统程序存储器主要存放系统管理和监控程序以及对用户程序进行编译处理的程序。各种不同性能 PLC 的系统程序会有所不同，该程序在出厂前已被固化，用户不能改变，只能读出，不能写入和修改，故称为只读存储器（ROM）。

（3）用户程序存储器用来存放用户根据生产过程和工艺要求而编制的程序，可进行编制或修改，故称为读写存储器（RAM）。

一般小型 PLC 的电源输出分为两部分：一部分供 PLC 内部电路工作；一部分向外提供给现场传感器等作为工作电源。PLC 电源应能有效地控制、消除电网电源带来的各种干扰；允许较宽的电压范围；电源本身的功耗低、发热量小；内部电源与外部电源完全隔离；有较强的自保护功能。

编程器是 PLC 的重要外围设备。编程器用于将用户程序输入 PLC 的存储器，编辑、检查、修改程序，监视 PLC 的工作状态。常见的 PLC 编程可通过手持式编程器和计算机编程方式来实现。手持式编程器只能输入和编辑指令，但它有体积小、便于携带、可用于现场调试、价格便宜的优点。计算机的普及使得越来越多的用户使用基于个人计算机的编程软件。目前有的可编程序控制器厂商或经销商向用户提供编程软件，在个人计算机上添加适当的硬件接口和软件包，即可用个人计算机对 PLC 编程。利用计算机作为编程器，可以直接编制并显示编程语句，程序可以存盘、打印、调试，对于查找故障非常有利。

8.2.2　可编程控制器的工作原理

1. 工作方式

用继电器、接触器控制电路时，继电器、接触器按照事先设计好的某一固定方式接好电路，不能灵活地变更其控制功能。而 PLC 采用大规模集成电路的微处理器和存储器来代替继电接触器控制的控制逻辑，系统要完成的控制任务是由存放在存储器中的程序来实现的，通过编写或修改程序即可方便地改变其控制功能。

包括微处理器、系统程序存储器和用户程序存储器在内的内部控制电路，是 PLC 运算和处理输入信号的执行部件，并由它们将处理结果送往输出端。系统程序事先编好并固化在 ROM 中。PLC 运行时，在系统程序的控制下，逐条地解释用户程序并加以执行。程序中的数据并不是直接来自输入接口，输入、输出接口和中央处理器之间分别接有输入状态寄存器（输入映像表）和输出状态寄存器（输出映像表），以利于数据的正确传送。这些数据在**输入取样（输入扫描）和输出锁存（输出扫描）时进行周期性的刷新。**

PLC 采用循环扫描的工作方式，图 8.2 描述了 PLC 的工作过程。PLC 启动后，其工作过程可分解为**输入采样、程序执行、输出刷新三个阶段**。

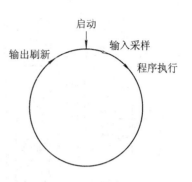

图 8.2　PLC 工作过程示意图

PLC 的微处理器在工作时，首先对各个输入端进行扫描，将输入端的状态送到输入映像寄存器中，并保持在寄存器中，这就是输入采样阶段。然后微处理器将从上到下、从左到右逐条执行指令，按程序对数据进行逻辑和算术运算，在程序执行阶段不断刷新输出映像寄存器。当所有指令执行完毕时，把存放在输出映像寄存器的数据通过输出电路转换成被控设备所能接受的电压或电流信号，并驱动被控设备。除了完成输入采样、输出刷新以及程序执行，PLC 的自诊断程序还将检查主机运行情况、主机与输入/输出通道的通信状况、各种外部设备的通信管理等，这就是内务整理阶段。

PLC 的三个工作过程称为一个扫描周期，然后又周而复始地重复上述过程。从 PLC 的工作过程可知，即使输入发生变化，输入映像寄存器也不会变化，要到下一个周期的输入扫描阶段，即需经过一个扫描周期才有可能发生变化。同理，输出映像寄存器的内容要等到程序执行结束，才被集中送至输出端子。完成输入、输出状态的改变，需要一个扫描周期。

PLC 的扫描周期是一个重要的技术指标，一般在几十毫秒之内，它与程序的长短有关。PLC 的循环扫描工作方式对于一般工业控制来说，其速度能满足实时性要求。为加快 PLC 的响应速度，很多 PLC 设置了硬件中断响应，有的高档 PLC 还采用了双处理器结构，分别负责输入/输出扫描和程序扫描。

2. 举例说明

现以 PLC 实现三相异步电动机的正、反转控制为例来说明其工作过程。PLC 虽然是一种工业控制计算机，但为了初学者理解方便，只需将它看成是一个如图 8.3 所示的等效电路。与继电接触器控制相比，主电路不变，而辅助电路的功能则通过 PLC 程序来实现。PLC 等效电路可分为输入接口单元、输出接口单元和逻辑运算单元三个基本组成部分。

1）输入接口单元

输入接口单元由输入接线端子和输入继电器(I)线圈组成。输入接线端子是 PLC 与外部控制信息连接的端口，负责收集和输入控制电路的操作命令。其中，COM 是内部公共接线端子，各输入端子电源由 PLC 内部 24 V 直流电源或专用电源模块提供。其余各输入接线端子都与一个输入继电器的线圈相连，并且在图 8.3 中标以同一文字符号。每一个输入继电器对应输入映像寄存器(I)的一个位地址，相当于提供无限多的动合和动断触点供逻辑运算单元调用。通常将输入继电器的数量称为输入点数。输入继电器采用八进制或十六进制进行编址，如 I0.0～I0.7、I1.0～I1.7 等，不同型号的 PLC 各类继电器的编址方式不相同。

三个按钮 SB$_{stF}$、SB$_{stR}$、SB$_{stP}$ 和热继电器 FR 作为操作命令和控制信息接入输入端子，按钮采用动合触点(也可以采用含有动断触点的按钮)，热继电器 FR 采用动断触点(也可以采用动合触点)，实际工程中一般采用动合触点，可减少损耗和延长使用寿命。

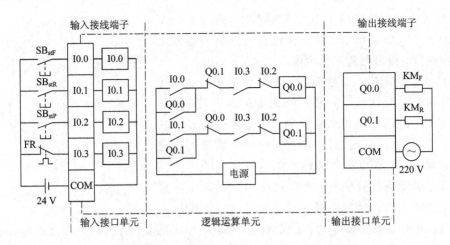

图 8.3　电动机的正、反转控制 PLC 等效电路

2）输出接口单元

输出接口单元由输出接线端子和各输出继电器组成，负责连接与驱动 PLC 的被控对象和外部负载。输出接线端子是 PLC 与外部被控对象的连接端口。其中公共接线端子 COM 与外部的 220 V 交流电源相连，为外部被控制对象提供电源，其余输出接线端子都对应编号相同的输出继电器。每一个输出继电器对应输出映像寄存器(Q)的一个位地址，输出继电器的线圈和触点则在逻辑运算单元中。通常将输出继电器的数量称为输出点数。输出继电器也采用八进制或十六进制进行编号。

两个接触器 KM_F 和 KM_R 的线圈作为被控对象接到 PLC 的 2 个输出接线端子上。

3）逻辑运算单元

逻辑运算单元由输入映像寄存器(I)、输出映像寄存器(Q)、辅助继电器(M)、定时器(T)和计数器(C)等组成，也采用八进制或十六进制进行编号。逻辑运算单元是 PLC 的核心，PLC 中的各种控制功能都是由这个单元通过送入的程序来实现的。

根据对三相异步电动机实现正、反转控制的要求，通过送入的程序使逻辑运算单元中的继电器线圈和触点连接成图 8.3 所示的电路。电路的操作和动作过程如下：在某个扫描周期，CPU 对输入端扫描，若采样得到的信息是只按下 SB_{stF}，则 I0.0 输入线圈接通，输入映像寄存器(I)对应 I0.0 的位为 1，PLC 按从左到右、从上到下的步骤顺序执行程序，I0.0 动合触点闭合，使 Q0.0 线圈接通，刷新输出影像寄存器(图中未画)中对应 Q0.0 位地址状态，即有以下动作过程：

按下 SB_{stF}→I0.0 线圈通电→I0.0 动合触点闭合→Q0.0 线圈通电→输出映像寄存器中 Q0.0＝1→Q0.0 动断触点断开→实现互锁→Q0.1 线圈不通电→输出映像寄存器中 Q0.1 ＝0。第一个扫描周期结束时，输出映像寄存器中数据集中输出，通过驱动电路连接输出端子，KM_F 通电，KM_R 不通电，电动机正转。

第二个扫描周期，Q0.0 动合触点闭合→实现自锁 Q0.0＝1→Q0.0 动断触点断开→实现互锁→Q0.1＝0，输出映像寄存器中数据不变。第二个扫描周期结束时，KM_F 保持通电，KM_R 保持不通电，电动机保持正转。

在某个扫描周期 CPU 对输入端扫描时，采样得到的信息是按下 SB_{stP}，则 I0.2 线圈接通，即有以下动作过程：

按下 SB_{stP}→I0.2 线圈通电→I0.2 动断触点断开→Q0.0 线圈断电→输出映像寄存器中 $Q0.0=0$→Q0.0 动断触点闭合→撤销互锁→Q0.1 线圈不通电→输出映像寄存器中 $Q0.1=0$。第一个扫描周期结束时，输出映像寄存器中数据集中输出，通过驱动电路连接输出端子，KM_F 断电，KM_R 不通电，电动机停转。

第二个扫描周期，Q0.0 动合触点断开→撤销自锁，第二个扫描周期结束时，输出映像寄存器中数据不变。KM_F 保持断电，KM_R 保持不通电，电动机保持停止。

按下 SB_{stR} 时电动机反转，动作过程读者可自行分析。

图 8.3 所示电路在正常工作时，热继电器 FR 的动断触点是闭合的，所以 PLC 的输入继电器 I0.3 的线圈通电，I0.3 动合触点也是闭合的（若热继电器 FR 采用动合触点，则 I0.3 采用动断触点）。当电动机过载而使热继电器的动断触点断开时，PLC 的输入继电器 I0.3 的线圈断电，I0.3 两个动合触点断开，使两个输出继电器线圈断电，两个接触器的线圈不通电，电动机停止运转，从而实现了过载保护。

PLC 就是采用这样不断循环的顺序扫描方式，对输入信号进行一次性"采样"。采用这种工作方式，在一个 PLC 程序循环周期内，即使实际输入信号状态发生变化，也不会影响到 PLC 程序的正确执行，从而提高了程序执行的可靠性。

8.3 可编程控制器的常用编程语言

可编程控制器（PLC）的程序有**系统程序和用户程序**两种。系统程序类似微机操作系统，一般由厂家固化在存储器中；用户程序是用户根据控制要求编制的。常用的 PLC 编程语言有梯形图、语句表两种。

8.3.1 梯形图

梯形图（Ladder Diagram）语言是一种从继电接触器控制电路图演变而来的图形语言。它是借助类似于继电器的动合触点、动断触点、线圈以及串并联等术语和图形符号，根据控制要求连接而成的，表示 PLC 输入和输出之间逻辑关系的图形。它直观易懂，是目前应用最多的一种编程语言。

图 8.4 为电动机直接启停控制电路的 PLC 梯形图。整个图形呈阶梯形，每层由多种编程元素串联而成。梯形图中，用—| |—表示动合触点，用—|/|—表示动断触点，用—( )—表示继电器线圈。梯形图中编程元件的种类用图形符号及标注的字母和数字加以区别。

图 8.4(a) 中的启动按钮 SB_1 和停止按钮 SB_2 对应着图 8.4(b) 中的 I0.0 和 I0.1，它们分别表示 PLC 输入继电器的动合和动断触点。热继电器的动断触点 FR 与 I0.2 相对应。图 8.4(a) 中的接触器 KM 对应着 Q0.0，它表示输出继电器的线圈和动合触点。

梯形图中的继电器不是继电控制电路中的物理继电器，而是 PLC 存储器的一个存储单元，称为"软继电器"。当写入该单元的逻辑状态为 1 时，表示该继电器线圈接通，其动合触点闭合，动断触点断开。

梯形图两侧的垂直竖线称为母线。在分析梯形图的逻辑关系时，为了借用继电器电路图的分析方法，可以假想左右两侧母线（左母线和右母线）之间有一个左正右负的直流电源电压，母线之间有"能流"从左向右流动，右母线可以不画出。

(a) 继电器控制电路　　(b) 梯形图

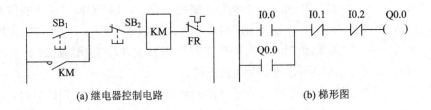

图 8.4　电动机直接启停控制电路的 PLC 梯形图

在图 8.4(b)中，动合触点 I0.0 与 Q0.0 并联，两者是逻辑或的关系，只要有一个接通，则并联结果为 1(连通)。动断触点 I0.1 与左面并联部分相串联，两者是逻辑与的关系，当串联部分动断触点 I0.1、I0.2 与前面并联部分都为 1 时，此结果到输出 Q0.0 为 1，使之得电，有信号输出，通过输出接口的继电器驱动外设使电动机转动；其输出线圈对应的 Q0.0 动合触点闭合，保证输出 Q0.0 驱动有信号输出，电动机长动。

为了使编程正确、优化，必须掌握梯形图设计的**基本规则和一些技巧。**

(1) 编制梯形图时要从左至右、自上而下按行绘制。每行起于左母线，即左侧安排输入触点、辅助继电器(M)、定时器(T)等触点，让并联触点多的支路靠近左侧母线，尽量做到“左重右轻、上重下轻”，终止于输出线圈，即输出线圈必须画在最右侧，如图 8.5(a)所示。

(2) 梯形图中的触点可以任意串联或并联，串联接点和并联接点的个数没有限制，但继电器线圈只能并联而不能串联，如图 8.5(a)所示。

(a) 正确　　(b) 不正确　　(c) 正确

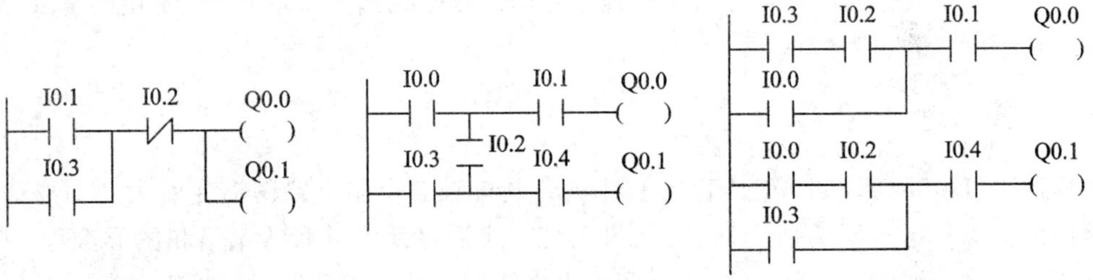

图 8.5　梯形图的示例

(3) 在梯形图中触点只能画在水平方向的支路上，而不能画在纵向支路上。图 8.5(b)所示的桥式梯形图无法用指令语句编程，应改画成能编程的形式，如图 8.5(c)所示。

(4) 同一继电器线圈只能输出一次，避免程序中重复输出，否则将引起误操作。

(5) 程序结束时安排 END 指令。

8.3.2　语句表

语句表(Statement List)是由指令来实现编程的，若干条指令组成的程序就是指令语句表。**一条指令语句一般由助记符和作用元件及编号组成。**

不同厂家的 PLC，语句表使用的助记符各不相同，西门子公司和三菱公司产品的基本指令的助记符见表 8-1。

表 8-1　PLC 的基本指令

指令种类	助记符号		梯形图符号	指令的功能
	西门子	三菱		
常用基本指令	LD	LD	—┤├—	动合触点与左侧母线相连或处于支路的起始位置
	LDN	LDI	—┤/├—	动断触点与左侧母线相连或处于支路的起始位置
	A	AND	—┤├—	动合触点与前面部分的串联
	AN	ANI	—┤/├—	动断触点与前面部分的串联
	O	OR	┌┤├┐	动合触点与前面部分的并联
	ON	ORI	┌┤/├┐	动断触点与前面部分的并联
特殊指令	=	OUT	—( )—	线圈输出指令
	END	END	—[END]	结束指令(手持编程器输入专用)

1. 基本指令说明

语句表通常是根据梯形图来编写的。例如对图 8.6(a)所示的梯形图来说，参照表 8-1便可写出图 8.6(b)所示的语句表(采用西门子 PLC 的助记符)。

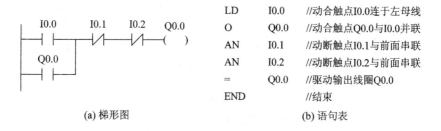

```
LD    I0.0    //动合触点I0.0连于左母线
O     Q0.0    //动合触点Q0.0与I0.0并联
AN    I0.1    //动断触点I0.1与前面串联
AN    I0.2    //动断触点I0.2与前面串联
=     Q0.0    //驱动输出线圈Q0.0
END           //结束
```

(a) 梯形图　　　　　　　　(b) 语句表

图 8.6　电动机的长动自锁控制电路的 PLC 梯形图及语句表

(1) 取指令与输出指令(LD /LDN/＝)。

LD(取指令)：表示一个动合触点与左母线连接。在梯形图中以动合触点开始一个逻辑行用此命令。LDN(取反指令)表示一个动断触点与左母线连接，在梯形图中以一个动断触点开始一个逻辑行用此命令。LD、LDN 指令作用的目标元件为输入继电器(I)、输出继电器(Q)、辅助继电器(M)、定时器(T)、计数器(C)及变量存储器(V)。

＝(输出指令)：对线圈进行驱动操作，＝可以重复使用(输出线圈并联)。＝指令作用的目标元件为 Q、M、T、C 和 V，不能用于 I。

(2) 触点串联指令(A /AN)。

A(与指令)：用于单个动合触点的串联，完成"与"运算。

AN(与反指令)：用于单个动断触点的串联，完成"与非"运算。

A、AN 都是单个触点串联的指令，串联次数没有限制，可重复使用。

(3) **触点并联指令(O /ON)。**

O(或指令)：用于单个动合触点的并联，实现逻辑“或”运算。

ON(或非指令)：用于单个动断触点的并联，实现逻辑“或非”运算。

O、ON 都是单个触点并联的指令，并联次数没有限制，可重复使用。

2. 块操作指令(OLD/ALD)

(1) **OLD(块或指令)**：实现两个或两个以上的触点串联电路之间并联。OLD 指令如图 8.7 所示。每个串联触点组的起点用 LD 或 LDN 开始，而在每次并联一个串联触点组后加指令 OLD。OLD 是一条独立指令，后面不带元件号。

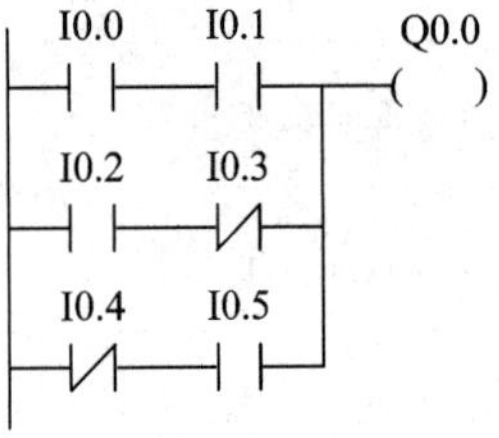

LD	I0.0	LDN	I0.4
A	I0.1	A	I0.5
LD	I0.2	OLD	
AN	I0.3	=	Q0.0
OLD		END	

图 8.7　OLD 的用法

(2) **ALD(块与指令)**：实现两个或两个以上的触点并联电路之间串联。ALD 指令如图 8.8 所示。每个并联触点组的起点用 LD 或 LDN 开始，而在每次串联一个并联触点组后加指令 ALD。ALD 也是一条独立指令，后面不带元件号。

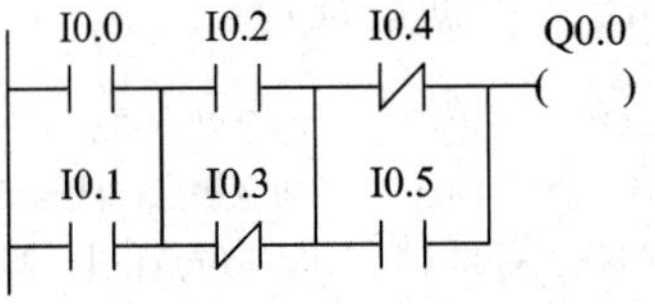

LD	I0.0	LDN	I0.4
O	I0.1	O	I0.5
LD	I0.2	ALD	
ON	I0.3	=	Q0.0
ALD		END	

图 8.8　ALD 的用法

混联情况下 OLD 和 ALD 的使用方法如图 8.9 所示。

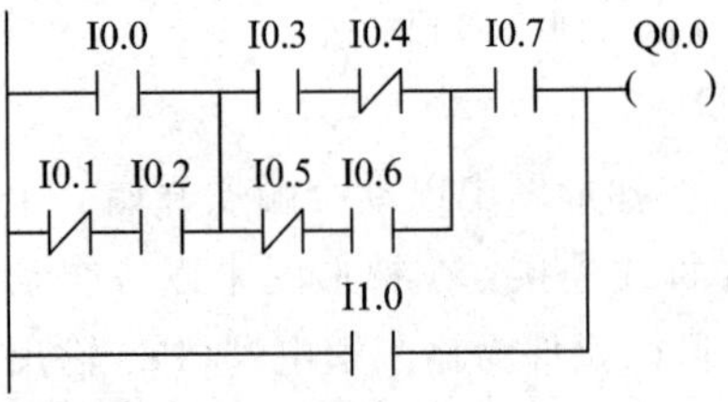

LD	I0.0	LD	I0.3	OLD		=	Q0.0
LDN	I0.1	AN	I0.4	ALD		END	
A	I0.2	LDN	I0.5	A	I0.7		
OLD		A	I0.6	O	I1.0		

图 8.9　混联时 OLD 和 ALD 的用法

3. 定时器指令(TON)

PLC 中的定时器可作时间继电器使用。西门子公司生产的 PLC 定时器，按工作方式的不同，又分为接通延时定时器(TON)、有记忆接通延时定时器(TONR)和断开延时定时器(TOF)三种。其中 TON 最常用。不同机型定时器的数量不同，例如 S7－200CPU212 型的定时器有 64 个，采用 T0~T63 的编号方式，其计时单位分为 1 ms、10 ms 和 100 ms 三种。TON 定时器的编号和最大延时时间见表 8-2。

表 8-2　TON 定时器的编号和最大延时时间

计时单位/ms	编　　号	最大延时时间/s
1	T32	32.767
10	T33 ~ T36	327.67
100	T37 ~ T63	3276.7

在梯形图中，定时器的使用如图 8.10 所示。TON 表示定时器的种类，T33 是定时器的编号，IN 是控制信号输入端，PT 是延时时间设定端，在相应的语句表中，在 TON 后接 T33，再加上延时时间设定值 300。图中 I0.0 闭合时，定时器开始计时，3 s 后，定时器的 T33 动合触点闭合，T33 动断触点断开。I0.0 断开时，定时器复位。

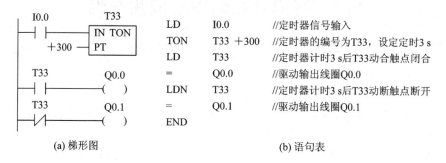

(a) 梯形图　　　　　　　　　　　　　　(b) 语句表

图 8.10　定时器的使用

4. 计数器指令(CTU/CTD/CTUD)

计数器用于计数控制，分为以下三类：递增计数器(CTU)、递减计数器(CTD)、增减计数器(CTUD)。下面简单介绍递增计数器。在梯形图中，递增计数器以功能框的形式编程，有两个输入端，一个是计数脉冲输入端 CU，一个是复位端 R。计数值可在程序中设定，指令名称为 CTU。图 8.11 为递增计数器的使用。递减计数器的脉冲输入端 CD 用于递减计数。增减计数器有两个计数脉冲输入端：CU 输入端用于递增计数，CD 输入端用于递减计数。

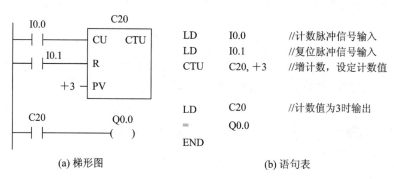

(a) 梯形图　　　　　　　　　　　　　　(b) 语句表

图 8.11　递增计数器的使用

5. 空操作指令(NOP)

NOP(空操作)指令不执行操作,可在编程中发挥特殊作用。例如,在编程中需修改或增加指令时,可用 NOP 指令预留空位;还可用 NOP 指令替代已写入指令,达到修改电路的目的。在程序中加入 NOP 指令,在改动或追加程序时可以减少步序号的改变。

6. 程序结束指令(END)

PLC 反复进行输入处理、程序运算、输出处理,在程序的最后写入 END 指令,表示程序结束,直接进行输出处理。在程序调试过程中,可以按段插入 END 指令,可以按顺序扩大对各程序段动作的检查。采用 END 指令将程序划分为若干段,在确认前面电路块的动作正确无误之后,依次删去 END 指令。

受篇幅所限,PLC 的其他功能和指令就不介绍了,读者可以查阅 PLC 的用户手册。

8.4　可编程控制器的应用举例

在掌握 PLC 的工作原理和编程技术基础上,可以利用 PLC 对实际问题完成控制设计。

PLC 控制系统的设计一般有以下几个步骤:

(1) 分析控制要求,了解系统对输入与输出的要求,确定输入、输出元器件。确定 PLC 的输入和输出点的个数,选择合适的 PLC,完成硬件结构设计。

(2) 进行 I/O 分配,编制 I/O 接口功能表,对各 I/O 点功能做出说明。

(3) 根据控制要求绘制 PLC 控制电路原理图,复杂系统需画出 PLC 控制程序流程图。

(4) 根据控制要求编写 PLC 控制程序。

(5) 将程序写入 PLC,编辑、调试、修改控制程序。

(6) 联机调试,监视运行,进一步完善程序,达到控制功能的要求。

【例 8.1】　利用 PLC 实现对电动机的正、反转控制。

解:首先要根据控制要求确定需要的输入和输出(I/O)点数。

第 7 章中已经利用继电器实现了电动机正、反转控制,电路如图 7.10 所示。实现的功能是:按正转启动按钮 SB_{stF} 电动机正转并自锁,按反转启动按钮 SB_{stR} 电动机反转并自锁,按停止按钮 SB_{stP} 电动机停转,正转、反转都能互锁。由此可知,按钮是 PLC 的输入设备之一。

热继电器的常闭触点在控制电路中用于控制接触器线圈的通断,也是控制信号之一。可见操作命令和控制信息是由三个按钮的动合触点和热继电器的动断触点输入,它们是PLC 的输入变量,需接在四个输入接线端子上,可分配为 I0.0、I0.1、I0.2、I0.3 四个地址。两个接触器的线圈是被控对象,需接在两个输出接线端子上,可分配为 Q0.0、Q0.1两个地址。故总共需要四个输入点、两个输出点。表 8.3 是 PLC 的 I/O 点分配表。PLC 外部接线图如图 8.12 所示。

表 8-3　PLC 的 I/O 点分配表

输　　入		输　　出	
电　器	输入点	电　器	输出点
正转启动按钮 SB_{stF}	I0.0	正转交流接触器线圈 KM_F	Q0.0
反转启动按钮 SB_{stR}	I0.1	反转交流接触器线圈 KM_R	Q0.1
停止按钮 SB_{stP}	I0.2		
热继电器的触点 FR	I0.3		

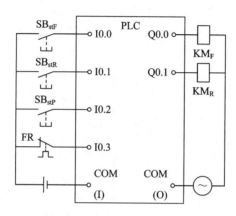

图 8.12　PLC 外部接线图

按照控制要求画出梯形图,如图 8.13(a)所示,图 8.13(b)为语句表。

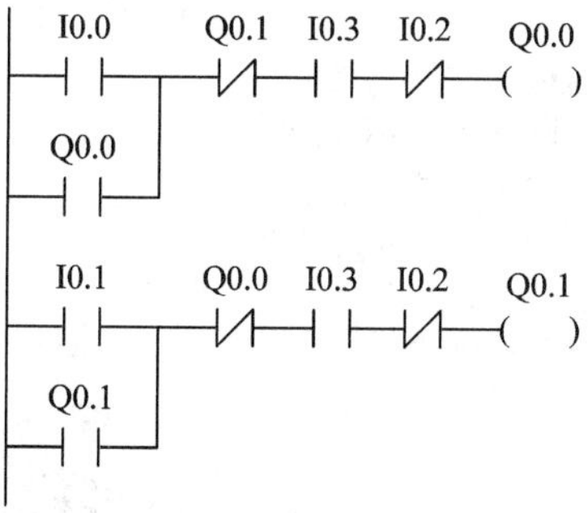

LD	I0.0	LD	I0.1	END
O	Q0.0	O	Q0.1	
AN	Q0.1	AN	Q0.0	
A	I0.3	A	I0.3	
AN	I0.2	AN	I0.2	
=	Q0.0	=	Q0.1	

(a) 梯形图　　　　　　　　　　　　　　(b) 语句表

图 8.13　PLC 控制电动机正反转的梯形图和语句表

【例 8.2】　利用 PLC 实现笼型三相异步电动机的星形-三角形启动控制电路。

解:首先要根据控制要求确定需要的输入和输出(I/O)点数。

第 7 章中 7.4 节已利用继电器设计了异步电动机的星形-三角形启动控制电路,如图 7.16 所示。控制功能为:按下按钮 SB_1 时,KM、KM_Y 线圈和时间继电器 KT 线圈均带电,KM 的主触点闭合,电动机星形启动;延时后,$KM_\triangle$ 线圈带电,$KM_\triangle$ 的主触点动作,电动机三角形连接运行;KT 线圈和 KM_Y 线圈断电。分析其功能,改用 PLC 控制时,需要三个输入点、三个输出点。表 8.4 是 PLC 的 I/O 点分配表。

表 8－4 PLC 的 I/O 点分配表

输　入		输　出	
电器	输入点	电器	输出点
启动按钮 SB$_{st}$	I0.0	星形接法交流接触器线圈 KM$_Y$	Q0.0
停车按钮 SB$_{stp}$	I0.1	电源接触器线圈 KM	Q0.1
热继电器的触点 FR	I0.2	三角形接法交流接触器线圈 KM$_△$	Q0.2

异步电动机的星形-三角形启动控制外部接线如图 8.14(a)所示，根据星形-三角形启动的控制要求，画出梯形图，如图 8.14(b)所示。为了提高系统的可靠性，在硬件设计上增加了接触器互锁触点。在程序设计上，考虑到接触器的惯性延时，在星形-三角形接触器的断开与接通之间延时 0.5 s。

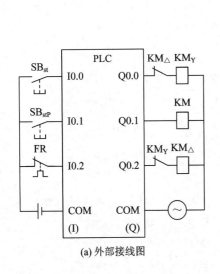

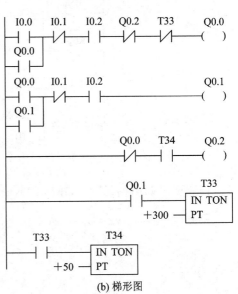

(a) 外部接线图　　　　(b) 梯形图

图 8.14 异步电动机的星形-三角形启动控制

请读者根据图 8.14(b)所示的程序写出其语句表。

8.5 小　结

PLC 应用

1. 可编程控制器的基本结构和工作原理

可编程控制器(PLC)具有整体式和模块式两种结构。PLC 是由输入、输出电路、中央处理器、电源及外围设备组成的基本控制系统。PLC 采用循环扫描的工作方式，其工作过程可分解为输入采样、程序执行、输出刷新等阶段。

2. 可编程控制器的常用编程语言

常用的 PLC 编程语言有梯形图、语句表两种。编制梯形图应遵从从左至右、自上而下、左重右轻、上重下轻等原则。语句表是由多条指令组成的程序。指令语句由助记符和作用元件及编号组成，西门子 PLC 基本指令有 LD/LDN、=、A/AN、O/ON 等，可用来编制程序。

3. 可编程控制器的系统设计

PLC 的应用关键是进行系统设计，可分为硬件和软件设计两个阶段。在设计时，首先要分配 PLC 的 I/O 点，再绘制 I/O 表，并设计其 I/O 端口的接线图。

软件设计时需分析系统的控制要求，一般先设计出控制系统流程图，若是简单的控制系统，则可省略此步骤；然后根据控制原理图设计梯形图，并写出对应的指令程序；再利用计算机或手持式编程器将编好的程序送入 PLC 中，初步进行调试或在线仿真。

硬件设计主要包括主电路及外围电路的设计、强电设备的安装布线、控制台的设计和现场安装等。

习　题　8

8.1　判断题

(1) PLC 配置有较强的监控功能，当发生异常情况时能自动中止运行。　　　(　　)

(2) 可编程控制系统的控制功能必须通过修改控制器件和接线来实现。　　　(　　)

(3) PLC 的扫描周期因程序的长度不同而不同。　　　(　　)

(4) 输入/输出模板必须与 CPU 模板放置在一起。　　　(　　)

(5) 梯形图、语句表两种编程语言的表达形式不同，表示的内容也不同。　　　(　　)

(6) 在可编程序控制器中，节点在程序中可不受限制地使用。　　　(　　)

8.2　填空题

(1) PLC 控制器的等效电路由 ＿＿＿＿＿＿＿＿＿＿、＿＿＿＿＿＿＿＿＿＿、输出电路、＿＿＿＿＿＿＿＿＿＿及电源组成。

(2) ＿＿＿＿＿＿＿＿＿＿是可编程序控制器系统的运算控制核心。

(3) 可编程序控制器的程序由＿＿＿＿＿＿＿＿＿＿和＿＿＿＿＿＿＿＿＿＿两部分组成。

(4) PLC 的工作过程一般可分为＿＿＿＿＿＿＿＿＿＿、程序执行阶段、＿＿＿＿＿＿＿＿＿＿。

(5) 西门子 S7 系列 PLC 中有三种计数器，分别是＿＿＿＿＿＿＿＿＿＿、递减计数器和＿＿＿＿＿＿＿＿＿＿。

(6) 按结构形式分类，PLC 可分为＿＿＿＿＿＿＿＿＿＿和＿＿＿＿＿＿＿＿＿＿两种。

8.3　选择题

(1) 可编程控制器的主要应用范围是(　　)。

A. 家电　　　　　B. 工业控制　　　　　C. 通信

(2) 在一套 PLC 控制系统中，必须有一个主(　　)，才能对数据进行运算处理。

A. CPU 模块　　　B. 扩展模块　　　　　C. 通信处理器

(3) 并联触点组与几个触点相串联时，应将并联触点组放在(　　)。

A. 上边　　　　　B. 下边　　　　　　　C. 左边

(4) END 指令的功能为(　　)。

A. 程序结束　　　B. 空操作　　　　　　C. 前沿微分

(5) PLC 的 CPU 与现场 I/O 装置的设备通信的桥梁是(　　)。

A. I 模块　　　　B. O 模块　　　　C. I/O 模块

(6) =指令不能够驱动的是(　　)。

A. 辅助继电器　　B. 输入继电器　　C. 输出继电器

8.4　找出题 8.4 图中的错误并改正。

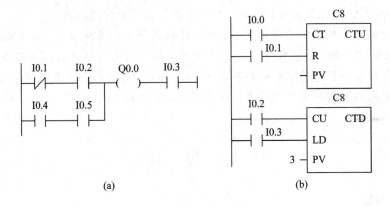

(a)　　　　　　　　　　　　　　(b)

题 8.4 图

8.5　试写出题 8.5 图所对应的语句表。

8.6　试画出题 8.6 图所示语句表对应的梯形图。

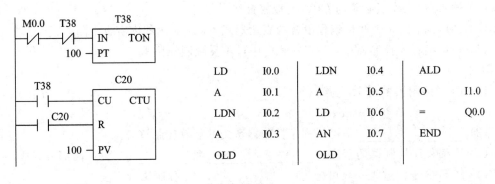

题 8.5 图

LD	I0.0	LDN	I0.4	ALD	
A	I0.1	A	I0.5	O	I1.0
LDN	I0.2	LD	I0.6	=	Q0.0
A	I0.3	AN	I0.7	END	
OLD		OLD			

题 8.6 图

8.7　试写出图 8.14(b)所示异步电动机的星形-三角形启动控制梯形图的语句表。

8.8　用接在输入端的光电开关 SB_1 检测传送带上通过的产品,有产品通过时 SB_1 为常开状态,如果在 10 s 内没有产品通过,由输出电路发出报警信号,用外接的开关 SB_2 解除报警信号。按照上述工作要求设计 PLC 报警控制程序,要求:(1) 分配 I/O 通道;(2) 画出梯形图;(3) 写出对应的指令语句表程序。

8.9　有一台电动机,要求在三个不同的地方控制该电动机的启动和停止。试设计其梯形图并写出相应的指令语句表程序。

8.10　试设计三人抢答的 PLC 梯形图程序。要求:出题人提出问题,3 个答题人按动按钮,仅仅是最早按的人面前的信号灯亮,然后出题人按动复位按钮,引出下一个问题。

题 8.10 解答

第 3 模块

模拟电子技术

第 9 章 半导体二极管及直流稳压电源电路

第 9 章知识点

教学内容与要求：电子技术是研究电子器件、电子电路及其应用的科学。电子器件是构成电子电路的基础，所以，学习电子技术，必须先了解电子器件。本章讲述 PN 结的形成以及 PN 结的导电特性，重点介绍半导体二极管及其伏安特性、理想二极管及其伏安特性，简单介绍二极管光电器件。要求掌握直流稳压电源的组成及其各部分的工作原理。

9.1 PN 结和半导体二极管

二极管是一种基本的电子器件，它的工作原理是基于 PN 结的单向导电性。

9.1.1 PN 结

半导体的导电能力介于导体和绝缘体之间。可用来制造半导体的材料主要是硅、锗、和砷化镓等。纯净的半导体又叫作本征半导体，内部含有等量的两种载流子——自由电子（带负电）和空穴（带正电）。本征半导体内的两种载流子的数量与温度的关系十分密切，会随着温度的升高而增加，本征半导体的导电能力也会有所提高。如果在本征半导体内掺入微量的某种元素，即称之为杂质半导体。掺入微量三价元素硼或铝的半导体称为空穴型半导体，简称 P 型半导体。P 型半导体中，数量较多的空穴称为多数载流子，少量的自由电子称为少数载流子。掺入微量五价元素磷或砷的半导体称为电子型半导体，简称 N 型半导体。N 型半导体中电子的数量多，为多数载流子，空穴为少数载流子。

P 型半导体和 N 型半导体虽然都有多数载流子和少数载流子，但整个晶体仍是中性的，不带电。它们是各种半导体器件的基本组成部分。

如果在一块本征半导体的两端采用不同的掺杂工艺，使其两边分别形成 P 型半导体和 N 型半导体，那么就会在它们的交界面处形成 PN 结，如图 9.1 所示。

在 P 型半导体和 N 型半导体交界面的两

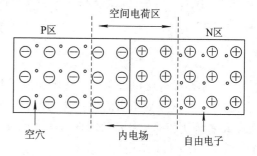

图 9.1 PN 结

边，自由电子和空穴两种载流子出现了浓度差。P 区的空穴浓度大，自由电子浓度小；N 区的自由电子浓度大，空穴浓度小。因此，P 区空穴就会向 N 区扩散，并与 N 区电子复合，N 区电子就会向 P 区扩散，并与 P 区空穴复合。于是就在交界面两端留下了不能移动的正负离子，这个很薄的空间电荷区（也叫作耗尽层和阻挡层）就是 PN 结。空间电荷区形成了一个内电场,内电场的建立阻碍了多数载流子的继续扩散,却促进了少数载流子(P 区电子和 N 区空穴)越过 PN 结进入对方区域,这种少数载流子在电场作用下的运动叫作漂移运动。当空间电荷区内的扩散运动和漂移运动达到平衡时,空间电荷区的宽度就稳定下来了。

　　PN 结具有单向导电性,如图 9.2 所示。在图 9.2(a)中,PN 结外加正向电压,即 P 区电位高于 N 区电位,也称为 PN 结正向偏置。此时 PN 结的外电场和内电场方向相反,使空间电荷区变窄,多数载流子的扩散运动不断进行,形成较大的正向电流,PN 结处于导通状态,导电方向从 P 区到 N 区。PN 结导通时呈现的电阻称为正向电阻,其数值很小,一般为几欧到几百欧。在图 9.2(b)中,PN 结外加反向电压,即 P 区电位低于 N 区电位,也称为 PN 结反向偏置。此时 PN 结的外电场和内电场方向相同,使空间电荷区变宽,多数载流子的扩散运动很难进行,只有少数载流子的漂移形成数值很小的反向电流,可以认为PN 结基本上不导电,处于截止状态。此时的电阻称为反向电阻,其数值很大,一般为几千欧到十几兆欧。由于环境温度变化时少数载流子的数量会随之变化,故 PN 结的反向电流受环境温度的影响较大。

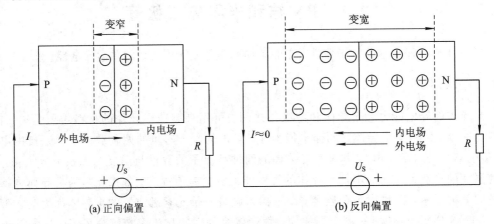

(a) 正向偏置　　　　　　　　　　　　(b) 反向偏置

图 9.2　PN 结的单向导电性

　　由上述分析可知,**PN 结具有单向导电性**。即在 PN 结受正向电压时,PN 结电阻很低,正向电流较大,呈导通状态;在 PN 结受反向电压时,PN 结电阻很高,反向电流很小,呈截止状态。

9.1.2　半导体二极管

　　PN 结两端外接电极引线,再用管壳封装起来就组成了二极管。P 区一侧引出的电极称为阳极,N 区一侧引出的电极称为阴极。二极管的图形符号如图 9.3 所示,二极管的导电方向为由阳极指向阴极。

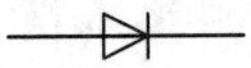

阳极 ——▷|—— 阴极

图 9.3　二极管图形符号

　　二极管按结构分可分为点接触型、面接触型和硅平面型等类型,按材料可分为硅二极管和锗二极管等。

1. 二极管的伏安特性

　　二极管的伏安特性如图 9.4 所示。由图可见,当外加正向电压且电压很低(0A 段)时,由于外电场还不能克服 PN 结内电场对多数载流子的阻碍,故正向电流很小,几乎为零。

0A 段为正向死区。通常，硅管的死区电压约为 0.5 V，锗管约为 0.1 V。当正向电压超过死区电压（AB 段）时，内电场被大大削弱，电流的增长很快，这段区域称为导通区。二极管导通时压降几乎不变，硅管约为 0.7 V，锗管约为 0.3 V。

在二极管两端加反向电压时，由于少数载流子的漂移运动，形成了很小的反向电流。反向电流有两个特点，一是它随温度的上升增长很快，二是在反向电压不超过某一范围（0C 段）时，反向电流的大小基本恒定，而与反向

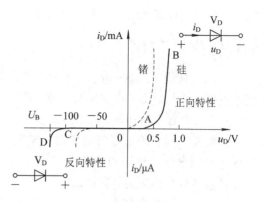

图 9.4　二极管的伏安特性

电压的大小无关，故称为反向饱和电流，0C 段称为反向截止区。当反向电压过高，超过某一值（反向击穿电压）时（CD 段），反向电流将突然增大，此时 PN 结损坏，二极管失去单向导电性，CD 段称为反向击穿区，因此二极管在使用时应避免反向击穿。

2. 二极管的主要参数

（1）最大正向电流 I_{FM}：二极管长期正常工作时允许通过的最大正向平均电流。二极管使用时实际流过的正向平均电流不应超过此值，否则二极管会因过热而损坏。

（2）最高反向工作电压 U_{RM}：二极管实际工作时承受的反向电压不应超过此值，以防发生反向击穿。

（3）反向电流 I_R：二极管的质量指标之一，I_R 越大，说明二极管的单向导电性越差，且受温度影响越大。

此外，二极管的参数还有正向压降、工作频率、结电容等。

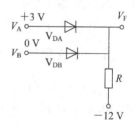

【例 9.1】　在图 9.5 中，二极管均为锗二极管，已知输入端电位 $V_A = 3$ V，$V_B = 0$ V，电阻 R 接负电源 −12 V，求输出端电位 V_F。

解　因为 $V_A > V_B$，所以 V_{DA} 优先导通。因为 V_{DA} 导通压降约为 0.3 V，所以 $V_F = 2.7$ V。V_{DA} 导通后，V_{DB} 被施加 −2.7 V 的反向电压，因而截止。这里，V_{DA} 起到钳位作用，把输出端钳位在 2.7 V。

图 9.5　例 9.1 电路图

9.1.3　光电二极管

光电二极管又叫光敏二极管（photodiode），其 PN 结在反偏状态下工作。光敏二极管是一种光接收器件，它的管壳上有一个玻璃窗口以便接收光照。当光线照射到 PN 结上时，提高了半导体的导电性，在反偏电压的作用下产生反向电流。反向电流随光照强度的增加而上升，其主要特点是反向电流与照度成正比，图 9.6 是光电二极管的符号及典型应用电路。

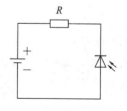

图 9.6　光电二极管电路

光电二极管可用于光的测量。当制成大面积的光电二极管时，能将光能直接转换成电

能，可当作一种能源器件，称为光电池。

9.1.4 发光二极管

部分常用二极管

发光二极管(light-emitting diode)简称 LED，是一种将电能转换为光能的特殊二极管，由一个 PN 结组成，常用的半导体材料是砷化镓和磷化镓。发光二极管电路如图 9.7 所示。

当发光二极管外加正向电压时，发光二极管正向导通，从 N 区扩散到 P 区的电子和从 P 区扩散到 N 区的空穴，在 PN 结附近数微米区域内复合，释放出能量，从而发出一定波长的光，磷砷化镓二极管发出红色光，磷化镓二极管发出绿色光，碳化硅二极管发出黄色光。

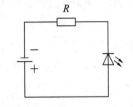

图 9.7 发光二极管电路

发光二极管的工作电压一般在 2 V 以下，工作电流为几个毫安。可通过调节电流(或电压)来调节发光的亮度。它是直接把电能转换成光能的器件，没有热交换过程。当发光二极管外加反向电压时，发光二极管反向截止。

9.2 直流稳压电源

在工农业生产和科学研究中，主要应用的是交流电。但在某些场合，例如电解、电镀、蓄电池的充电、直流电动机工作等都需要直流电源供电，特别是电子线路、电子设备和自动控制装置都需要稳定的直流电源。

9.2.1 直流稳压电源的组成

目前广泛采用的直流稳压电源(DC voltage-stabilized source)是由交流电源经整流、滤波、稳压而得到的，其原理框图如图 9.8 所示。

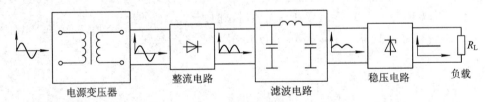

电源变压器　　　　整流电路　　　　滤波电路　　　　稳压电路　　　负载

图 9.8 直流稳压电源的组成

(1) 电源变压器。由于各种电子设备要求直流稳压电源提供不同幅值的直流电压，而市电提供的交流电压一般为 220 V(或 380 V)，因此需要利用变压器先将市电的电压变换成所需要的交流电压，再将变换后的交流电压整流、滤波和稳压，最后获得所需要的直流电压。

(2) 整流电路。整流电路是利用具有单向导电性的整流器件(如整流二极管、晶闸管)，将大小、方向变化的正弦交流电变换成单向脉动的直流电。这种单向脉动直流电压含有很大的纹波成分，一般不能使用。

(3) 滤波电路。滤波电路的主要任务是将整流后的单向脉动直流电压中的纹波成分尽可能滤除掉，使其变成平滑的直流电。滤波电路通常由电容、电感等储能元件组成。

（4）稳压电路。稳压电路的作用是采取某些措施，使直流稳压电源输出的直流电压在市电电压或负载电流发生变化时保持稳定。

9.2.2　整流电路

将交流电能转换成直流电能的过程称为整流（rectify）。完成这一转换的电路称为整流电路。现以图 9.9 所示的单相桥式整流电路为例来说明整流电路的工作原理。它是目前应用最广泛的整流电路。图 9.9(a) 中 Tr 是次级具有中心抽头的电源变压器，$V_{D1} \sim V_{D4}$ 为四个整流二极管构成桥式电路，R_L 为直流用电负载电阻。

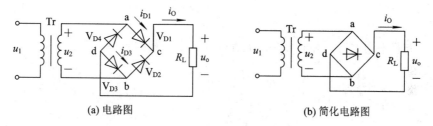

(a) 电路图　　　　　　　　(b) 简化电路图

图 9.9　单相桥式整流电路

工作原理如下：u_2 为正半周时，V_{D1}、V_{D3} 受正向电压，所以 V_{D1}、V_{D3} 导通；而 V_{D2}、V_{D4} 受反向电压，所以 V_{D2}、V_{D4} 截止，此时电路中构成了 u_2、V_{D1}、R_L、V_{D3} 通电回路，在 R_L 上形成上正下负的半波整流电压；u_2 为负半周时，对 V_{D2}、V_{D4} 加正向电压，V_{D2}、V_{D4} 导通，对 V_{D1}、V_{D3} 加反向电压，V_{D1}、V_{D3} 截止，电路中构成 u_2、V_{D2}、R_L、V_{D4} 通电回路，同样在 R_L 上形成上正下负的另外半波的整流电压。如此重复下去，结果在 R_L 上便得到全波整流电压。桥式整流电路电压、电流波形如图 9.10 所示。

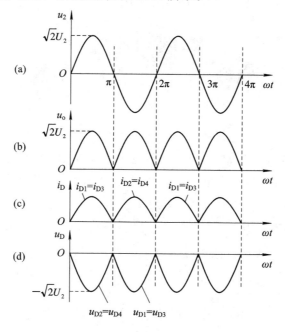

图 9.10　桥式整流电路电压、电流波形图

　　从图 9.10 中不难看出，桥式电路中每只二极管承受的反向电压等于变压器次级电压的最大值。桥式整流是对二极管半波整流的一种改进。桥式整流器利用四个二极管，两两对接。输入正弦波的正半部分时两只管导通，得到正的输出；输入正弦波的负半部分时另两只管导通，由于这两只管是反接的，所以输出还是得到正弦波的正半部分。桥式整流器对输入正弦波的利用效率比半波整流高一倍。设 $u_2 = \sqrt{2} U_2 \sin\omega t$，则该电路的数量关系如下：

　　（1）负载的直流电压：负载直流电压的平均值，也就是整流电路输出的直流电压，则

$$U_\circ = \frac{1}{\pi} \int_0^\pi \sqrt{2} U_2 \sin\omega t \, \mathrm{d}\omega t = \frac{2\sqrt{2}}{\pi} U_2 = 0.9 U_2 \tag{9.1}$$

　　（2）负载的直流电流。

$$I_\circ = \frac{U_\circ}{R_L} \tag{9.2}$$

　　（3）二极管平均电流。由于每个二极管只在半个周期内导通，所以

$$I_D = \frac{1}{2} I_\circ \tag{9.3}$$

　　（4）二极管最大反向电压。

$$U_{RM} = \sqrt{2} U_2 \tag{9.4}$$

　　式（9.1）和式（9.2）是计算负载直流电压和电流的依据。式（9.3）和式（9.4）是选择二极管的依据。所选用的二极管参数必须满足：

$$I_F \geqslant I_D \tag{9.5}$$

$$U_R \geqslant U_{RM} \tag{9.6}$$

　　目前封装成一个整体的多种规格的整流桥块已批量生产，给使用者带来了不少方便。整流桥块的外形如图 9.11 所示。使用时，只要将交流电压接到标有"～"的引脚上，从标有"＋"和"－"的引脚引出的就是整流后的直流电压。

图 9.11　整流桥块

　　【例 9.2】　桥式整流电路如图 9.9（a）所示。负载电阻 $R_L = 240\ \Omega$，负载所需的直流电压 $U_\circ = 12\ \mathrm{V}$，电源变压器的一次电压 $U_1 = 220\ \mathrm{V}$。试求该电路在正常工作时的负载直流电流 $I_\circ$、二极管平均电流 I_D 和变压器的电压比 k。

　　解　负载直流电流 $I_\circ$ 为

$$I_\circ = \frac{U_\circ}{R_L} = \frac{12}{240} = 0.05\ \mathrm{A}$$

　　二极管平均电流 I_D 为

$$I_D = \frac{1}{2} I_\circ = \frac{1}{2} \times 0.05 = 0.025\ \mathrm{A}$$

　　变压器的二次电压为

$$U_2 = \frac{U_o}{0.9} = \frac{12}{0.9} = 13.33 \text{ V}$$

变压器的电压比为

$$k = \frac{U_1}{U_2} = \frac{220}{13.33} = 16.5$$

9.2.3　滤波电路

滤波电路(filter circuit)有电容、电感和复式滤波电路等多种形式，下面分别进行介绍。

1. 电容滤波电路

图 9.12(a)是一个桥式整流、电容滤波的电路，它就是在整流电路之后，与负载并联一个滤波电容。图 9.12(a)中桥式整流电路部分采用的是简化画法。电容滤波的原理是电源电压上升时给 C 充电，将电能储存在 C 中，当电源电压下降时利用 C 放电，将储存的电能送给负载，从而使负载电压波形如图 9.12(b)所示，填补了相邻两峰值电压之间的空白，不但使输出电压的波形变得平滑，而且还使 u_o 的平均值 U_o 增加。U_o 的大小与电容的充放电时间常数 $\tau = R_L C$ 有关。τ 小放电快，U_o 小，如图 9.12(b)中虚线 1 所示；τ 大放电慢，U_o 大，如图 9.12(b)中虚线 2 所示。空载时，$R_L \to \infty$，$\tau \to \infty$，如图 9.12(b)中虚线 3 所示，$U_o = \sqrt{2} U_2$ 最大。为了得到经济而较好的滤波效果，一般取

$$\tau \geqslant (3 \sim 5)\frac{T}{2} = \frac{1.5 \sim 2.5}{f} \tag{9.7}$$

式中，T 和 f 是交流电源电压的周期和频率。

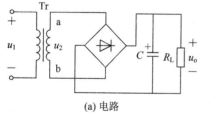
(a) 电路

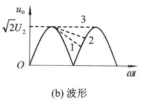
(b) 波形

图 9.12　有电容滤波的整流电路

整流电路仿真实验

在桥式整流、电容滤波电路中，空载时的负载直流电压为

$$U_o = \sqrt{2} U_2 \tag{9.8}$$

有载时，在满足式(9.7)的条件下，有

$$U_o = 1.2 U_2 \tag{9.9}$$

其余公式与式(9.2)～式(9.4)的整流电路公式相同。

选择整流元件时，考虑到整流电路在工作期间，一方面向负载供电，同时还要对电容充电，而且通电时间缩短，通过二极管的电流是一个冲击电流，冲击电流峰值较大，其影响应予以考虑，因此一般取 $I_F \geqslant 2I_D$，$U_R \geqslant U_{RM}$。滤波电容值可按式(9.7)选取，即取

$$C \geqslant (3 \sim 5)\frac{T}{2R_L} = \frac{1.5 \sim 2.5}{R_L f}$$

电容器的额定工作电压(简称耐压)应不小于其实际电压的最大值,故取

$$U_{CN} \geqslant \sqrt{2} U_2 \tag{9.10}$$

滤波电容的电容值较大,需要采用电解电容器,这种电容器有规定的正、负极,使用时必须使正极(图中标有"+"的电位高于负极的电位,否则会被击穿。

【例 9.3】 桥式整流、电容滤波电路如图 9.12(a)所示,已知电源频率 $f = 50$ Hz,负载电阻 $R_L = 100\ \Omega$,输出直流电压 $U_o = 30$ V。(1)选择整流二极管;(2)选择滤波电容器;(3)试求负载电阻断路时的输出电压 U_o;(4)试求电容断路时的输出电压 U_o。

解:(1)选择整流二极管。

$$I_o = \frac{U_o}{R_L} = \frac{30}{100} = 0.3\ A$$

$$I_D = \frac{1}{2} I_o = \frac{1}{2} \times 0.3 = 0.15\ A$$

$$U_2 = \frac{U_o}{1.2} = \frac{30}{1.2} = 25\ V$$

$$U_{RM} = \sqrt{2} U_2 = \sqrt{2} \times 25 = 35.4\ V$$

$$I_F \geqslant 2I_D = 2 \times 0.15 = 0.3\ A$$

$$U_R \geqslant U_{RM} = 35.4\ V$$

可选用 2CZ53B 的二极管 4 个($I_F = 300$ mA,$U_R = 50$ V)。

(2)选择滤波电容器。

$$C \geqslant (3 \sim 5) \frac{T}{2R_L} = \frac{1.5 \sim 2.5}{100 \times 50} = (300 \sim 500) \mu F$$

$$U_{CN} \geqslant \sqrt{2} U_2 = \sqrt{2} \times 25 = 35.4\ V$$

可选用 $C = 470\ \mu F$,$U_{CN} = 50$ V 的电解电容器。

(3)负载电阻断路时的输出电压 U_o 为

$$U_o = \sqrt{2} U_2 = \sqrt{2} \times 25 = 35.4\ V$$

(4)电容断路时的输出电压 U_o 为

$$U_o = 0.9 U_2 = 0.9 \times 25 = 22.5\ V$$

2. 电感滤波电路

图 9.13 是一个桥式整流、电感滤波的电路,它是在整流电路之后与负载串联一个电感器。当脉动电流通过电感线圈时,线圈中产生自感电动势,阻碍了电流的变化,从而使得负载电流和电压的脉动程度减小,脉动电流的频率越高,滤波电感越大,滤波效果越好。电感滤波适用于负载电流较大并且变化大的场合。

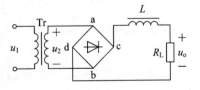

图 9.13 电感滤波的整流电路

3. 复式滤波电路

为了得到更好的滤波效果,还可以将电容滤波与电感滤波混合使用而构成复式滤波电路。图 9.14(a)所示的 π 型滤波电路就是其中的一种。由于电感器的体积大、成本高,在负载电流较小(即负载 R_L 较大)时,可以用电阻代替电感,电路如图 9.14(b)所示。因为 C_2 的容抗较小,所以脉动电压的交流分量较多地降落在电阻 R 两端,而 R_L 值又比 R 大,故

直流分量主要降落在 R_L 两端，使输出电压脉动减小。

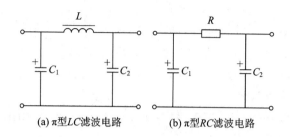

(a) π型 LC 滤波电路　　　　(b) π型 RC 滤波电路

图 9.14　π 型滤波电路

9.2.4　稳压电路

在介绍稳压电路之前，首先介绍一种稳压用的二极管。

1. 稳压二极管

稳压二极管(voltage stabilized diode)是一种特殊类型的二极管，具有稳定电压的作用。图 9.15 是稳压二极管的图形符号和伏安特性。稳压二极管和普通二极管的主要区别在于稳压二极管工作在 PN 结的反向击穿状态。通过制造过程中的工艺措施和使用时限制反向电流的大小，能保证稳压二极管在反向击穿状态下不会因为过热而损坏。在反向击穿状态下，反向电流在一定范围内变化时，稳压二极管两端的电压变化很小，利用这一特性可以起到稳定电压的作用。

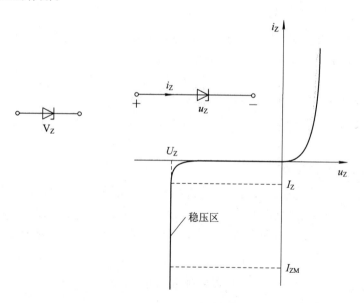

图 9.15　稳压管的图形符号和伏安特性

稳压二极管的主要参数如下：

（1）稳定电压 U_Z：稳压二极管在稳定工作电流下的反向击穿电压值。由于工艺和其他原因，同型号稳压管的稳压值也有一定的分散性。例如，2CW14 型稳压二极管在 $I_Z=10$ mA 时，U_Z 的允许值在 $6\sim7.5$ V 之间。

（2）动态电阻 r_Z：稳压管两端电压变化量与电流变化量的比值，其值越小，稳压性能就越好。

（3）最大稳定电流 I_{ZM}：允许通过的最大反向电流。

（4）最大耗散功率 P_{ZM}：最大允许耗散的功率，$P_{ZM} = U_Z I_{ZM}$。

（5）电压温度系数 α_{UZ}：温度每升高 1℃ 时稳定电压值的相对变化量。U_Z 为 6 V 左右时稳压二极管的温度稳定性较好。

【例 9.4】　在图 9.16（a）所示的电路中，稳压二极管的稳定电压 $U_Z = 5$ V，正向压降可忽略不计。（1）试求当输入电压 U_I 分别为直流 10 V、3 V 和 −5 V 时的输出电压 U_o；（2）画出当输入电压为交流 $u_i = 10 \sin\omega t$ V 时输出电压 u_o 的波形。

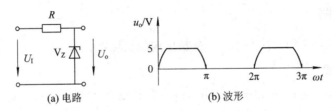

(a) 电路　　　　　　　　(b) 波形

图 9.16　例 9.4 电路和波形图

解：（1）$U_I = 10$ V 时，由于 $U_I = 10$ V$> U_Z = 5$ V，V_Z 工作在反向击穿区，起稳压作用，故 $U_o = U_Z = 5$ V。

$U_I = 3$ V 时，由于 $U_I = 3$ V$< U_Z = 5$ V，V_Z 工作在反向截止区，相当于一个断开的开关，故 $U_o = U_I = 3$ V。

$U_I = -5$ V 时，由于 V_Z 受正向电压工作在正向导通状态，故 $U_o = 0$ V。

（2）$u_i = 10\sin\omega t$ V 时，在 u_i 的正半周中，当 $u_i < U_Z = 5$ V 时，V_Z 工作在反向截止区，故 $u_o = u_i$；当 $u_i > U_Z = 5$ V 时，V_Z 工作在反向击穿区，起稳压作用，故 $u_o = U_Z = 5$ V。

在 u_i 的负半周中，V_Z 受正向电压工作在正向导通状态，故 $u_o = 0$ V。

u_o 的波形如图 9.16（b）所示。由于该电路将输出电压的大小限制在 5 V 的范围内，故 V_Z 起限幅作用。

2. 稳压二极管稳压电路

如图 9.17 所示，将稳压二极管与适当阻值的限流电阻 R 相配合即组成了稳压二极管稳压电路。图 9.17 中 U_I 为整流滤波电路的输出电压，也就是稳压电路的输入电压。U_o 为稳压电路的输出电压，也就是负载 R_L 两端的电压，它等于稳压二极管的稳定电压 U_Z。

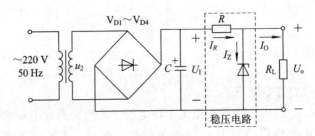

图 9.17　稳压电路

由图 9.17 可知：

$$U_。= U_1 - RI_R = U_1 - R(I_Z + I_。) \tag{9.11}$$

当电源电压波动或者负载电流变化而引起 $U_。$ 变化时，该电路的稳压过程如下：只要 $U_。$ 略有增加，I_Z 就会显著增加，I_R 随之增加，RI_R 增加，使得 $U_。$ 自动降低，保持近似不变；如果 $U_。$ 降低，则稳压过程与上述相反。

这种稳压电路结构简单，但受稳压二极管最大稳定电流的限制，输出电流不能太大，而且输出电压不可调，稳定性也不很理想。

3. 集成稳压电路

随着半导体集成技术的发展，从 20 世纪 70 年代开始，集成稳压电路迅速发展起来，并得到了日益广泛的应用。集成稳压电路分为线性集成稳压电路和开关集成稳压电路两种，前者适用于功率较小的电子设备，后者适用于功率较大的电子设备。

下面介绍一种目前国内使用最广、销量最大的三端集成稳压器，它具有体积小、使用方便、内部含有过流和过热保护电路、使用安全可靠等优点。三端集成稳压

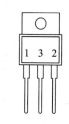

图 9.18　三端固定式稳压器外形图

器又分为三端固定式集成稳压器(见图 9.18)和三端可调式集成稳压器两种，前者输出电压是固定的，后者输出电压是可调的。

1) 三端固定式集成稳压器

常用的集成稳压器有 78×× 系列(输出正电压)和 79×× 系列(输出负电压)，如图 9.19 所示。其中"××"表示输出固定电压值的大小，一般有 5 V、6 V、8 V、9 V、12 V、15 V、18 V、24 V 等。例如 7812 就表示固定输出 12 V 电压。

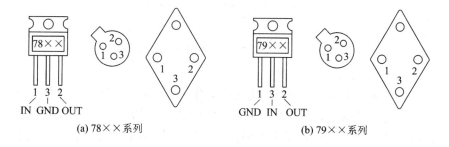

(a) 78×× 系列　　　　　　　　　　(b) 79×× 系列

图 9.19　集成稳压器

这种稳压器只有输入端、输出端和公共端 3 个引出端，所以也称为三端稳压块。输入端接整流滤波电路，输出端接负载，公共端接输入、输出的公共连接点。

使用时需要分别在输入端和输出端与公共端之间并联一个电容 C_i 和 $C_。$。C_i 用以抵消输入端较长接线的电感效应，防止自激振荡，一般在 $0.1 \sim 1 \ \mu F$ 之间，典型值为 $0.33 \ \mu F$；$C_。$ 的作用是为了负载电流瞬时增减时不致引起输出电压有较大的波动，典型值为 $1 \ \mu F$，如图 9.20 所示。

79×× 系列输出固定的负电压，其参数与 78×× 系列基本相同，如图 9.21 所示。

如果需要同时输出正、负两组电压，可选用正、负两块集成稳压器，按图 9.22 所示

接线。

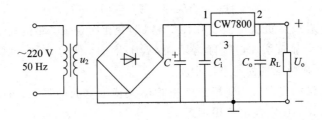

图 9.20　CW7800 接线图

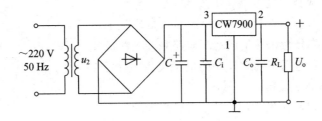

图 9.21　CW7900 接线图

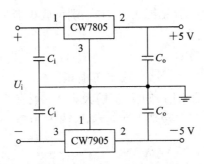

图 9.22　同时输出正、负两组电压的接线图

2）三端可调式集成稳压器

三端可调式集成稳压器是在三端固定式集成稳压器基础上发展起来的生产量大、应用面很广的产品，也有正电压输出（如 CW117、CW217 和 CW317 系列）和负电压输出（如 CW137、CW237 和 CW337 系列）两种类型。它既保留了三端稳压器的简单结构形式，又克服了固定式稳压器输出电压不可调的缺点，从内部电路设计及集成化工艺方面采用了先进的技术，性能指标比三端固定式稳压器高一个数量级，输出电压在 1.25～37 V 范围内连续可调，稳压精度高、价格便宜，称为第二代三端式稳压器。CW217 系列的典型应用电路如图 9.23 所示。

图 9.24 中调节 R_2 即可调节输出电压 U_o 的大小。调节范围为 $\pm(1.25～37)$V。输出电流分 0.1 A、0.5 A 和 1.5 A 三个等级。由于上述产品的输出端和调节端之间的电压为 1.25 V，故输出电压的计算公式为

$$U_o = \pm 1.25\left(1 + \frac{R_2}{R_1}\right) \tag{9.12}$$

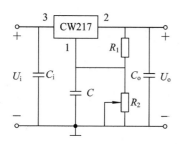

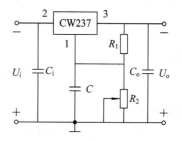

图 9.23　CW217 系列接线图　　　　　　图 9.24　CW237 系列接线图

9.3　小　　结

1. PN 结具有单向导电性

PN 结受正向电压时，呈导通状态；PN 结受反向电压时，呈截止状态。

2. 二极管的伏安特性

(1) 当外加正向电压且电压很低时，正向电流很小，几乎为零，为正向死区。

(2) 当正向电压超过死区电压时，电流的增长很快，称为导通区。二极管导通时压降几乎不变，硅管约为 0.7 V，锗管约为 0.3 V。

(3) 当二极管两端反向电压小于击穿电压时，反向电流很小，故为反向截止区。

(4) 当反向电压过高，超过某一值(反向击穿电压)时，反向电流将突然增大，此时 PN 结损坏，二极管失去单向导电性，为反向击穿区。

3. 直流稳压电源

(1) 直流稳压电源的组成：电源变压器、整流电路、滤波电路、稳压电路。

(2) 单相桥式整流电路。

负载的直流电压：$U_o = 0.9 U_2$

负载的直流电流：$I_o = \dfrac{U_o}{R_L}$

二极管平均电流：$I_D = \dfrac{1}{2} I_o$

二极管最大反向电压：$U_{RM} = \sqrt{2} U_2$

(3) 滤波电路：在桥式整流、电容滤波电路中，为了得到经济而较好的滤波效果，一般取

$$\tau \geqslant (3 \sim 5)\frac{T}{2} = \frac{1.5 \sim 2.5}{f}$$

空载时的负载直流电压为

$$U_o = \sqrt{2} U_2$$

有载时

$$U_o = 1.2 U_2$$

滤波电容值按式 $C \geqslant (3 \sim 5) \dfrac{T}{2R_L} = \dfrac{1.5 \sim 2.5}{R_L f}$、$U_{CN} \geqslant \sqrt{2} U_2$ 选取。

(4) 稳压二极管工作在 PN 结的反向击穿状态。

习 题 9

9.1 判断题

(1) 半导体二极管都是硅材料制成的。 （　　）

(2) 半导体二极管具有单向导电性。 （　　）

(3) 半导体二极管只要加正向电压就能导通。 （　　）

(4) 稳压二极管工作在正向导通状态。 （　　）

(5) 利用二极管的正向压降也能起到稳压作用。 （　　）

(6) 二极管从 P 区引出的极是正极。 （　　）

(7) 二极管加反向电压一定是截止状态。 （　　）

(8) 二极管代替换用时,硅材料管不能与锗材料管互换。 （　　）

(9) 普通二极管可以替换任何特殊二极管。 （　　）

(10) 为了安全使用二极管,在选用时应通过查阅相关手册了解二极管的主要参数。

（　　）

9.2 填空题

(1) 导电性能介于 _____ 与 _____ 之间的叫半导体。

(2) 将 _____ 封装起来并加上 _____ 就构成了半导体二极管。

(3) I_{FM} 指二极管正常工作情况下长期允许通过的 _____,若超过该值二极管将会 _____。

(4) U_{RM} 指二极管正常工作时所能承受的 _____,若超过该值二极管将 _____。

(5) I_R 越小,说明单向导电性 _____。

(6) 二极管加正向电压导通、反向电压截止,叫作二极管的 _____。

(7) 将二极管的正向电阻与反向电阻比较,相差越 _____,导电性越 _____。

(8) 锗二极管的开启电压为 _____,硅二极管的开启电压为 _____。

(9) 锗二极管的正向压降为 _____,硅二极管的正向压降为 _____。

(10) 从二极管 P 区引出的电极为 _____,N 区引出的电极为 _____,反向偏置时 _____,这种特性称为 PN 结的 _____。

(11) PN 结正向偏置时 _____,但是当硅材料的 PN 结正向偏压小于 _____,锗材料的 PN 结正向偏压小于 _____ 时,PN 结仍不导通,我们把这个区域叫 _____。

(12) 最常用的半导体材料有 _____ 和 _____。

(13) 有一锗二极管,正、反向电阻均接近于零,表明二极管 _____,又有一硅二极管,正、反向电阻均接近无穷大,表明二极管 _____。

9.3 选择题

(1) 把电动势为 1.5 V 的干电池以正向接法直接接到硅二极管两端,则（　　）。

A. 电流为零　　　　B. 电流基本正常　　　　C. 击穿　　　　D. 被烧坏

（2）二极管两端加正向电压时（　　）。

A. 一定导通　　　　　　　　　　　　B. 超过死区电压才导通

C. 超过 0.7 V 才导通　　　　　　　　　D. 超过 0.3 V 才导通

（3）某硅二极管两端正向电压为 −0.15 V，则其工作在（　　）。

A. 正向导通区　　　　B. 正向死区　　　　C. 反向击穿区　　　D. 反向截止区

（4）题 9.3 − 4 图为硅二极管和锗二极管的伏安特性曲线，其中锗二极管的特性曲线是（　　）。

A. AOD　　　　　　B. AOC　　　　　　C. BOC　　　　　　D. BOD

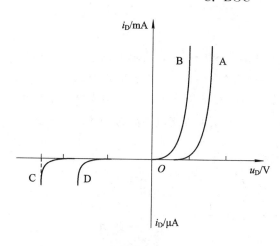

题 9.3 − 4 图

（5）稳压二极管的稳压性能是利用二极管的（　　）特性实现的。

A. 单向导电　　　　B. 反向击穿　　　　C. 正向导通　　　D. 反向截止

（6）如果半导体二极管正、反向阻值都为无穷大，说明二极管（　　）。

A. 正常　　　　　　B. 内部短路　　　　C. 内部断路　　　D. 性能差

9.4　简答题

（1）如何用万用表判断硅二极管和锗二极管？

（2）如何用万用表判断二极管的好坏及正、负极？

（3）如何用万用表判断稳压二极管？

9.5　二极管电路如题 9.5 图所示，判断图中的二极管是导通还是截止，并求出 A、O 两点间的电压 U_o。图中二极管均为硅管。

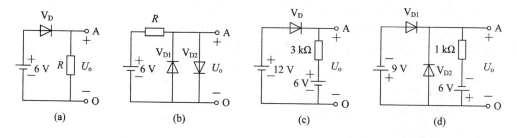

题 9.5 图

9.6 在题 9.6 图所示的四个电路中，已知 $E=5$ V，$u_i=10\sin\omega t$ V，二极管的正向压降可忽略不计，试分别画出输出电压 u_o 的波形。

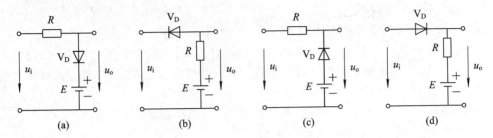

(a)　　　　　(b)　　　　　(c)　　　　　(d)

题 9.6 图

9.7 在题 9.7 图中，试求下列情况下输出端 F 的电位 V_F：(1) $V_A=V_B=0$ V；(2) $V_A=+3$ V，$V_B=0$ V；(3) $V_A=V_B=+3$ V。二极管的正向压降可忽略不计。

9.8 说明题 9.8 图所示电路的工作原理，并画出整流电压的波形。已知 $R_L=80$ Ω，直流电压表Ⓥ的读数为 110 V，试求直流电流表Ⓐ的读数、交流电压表Ⓥ₁的读数和整流电流的最大值。

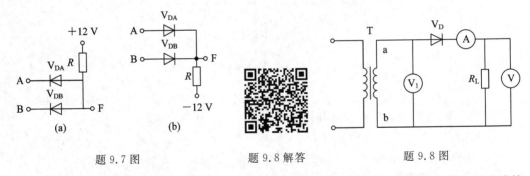

题 9.7 图　　　　题 9.8 解答　　　　题 9.8 图

9.9 有一额定电压为 110 V、阻值为 55 Ω 的直流负载，采用单相桥式供电。试计算：

(1) 变压器二次绕组的电压和电流的有效值；

(2) 每个二极管流过的电流平均值和承受的最大反向电压，并选择二极管。

9.10 单相桥式整流滤波电路中，$R_L=40$ Ω，$C=1000$ μF，$U_2=20$ V。用直流电压表测量 R_L 两端电压时，出现下列情况，说明哪些是正常的，哪些是不正常的，并指出出现不正常的原因。

(1) $U_o=28$ V；　(2) $U_o=18$ V；　(3) $U_o=24$ V；　(4) $U_o=9$ V。

9.11 题 9.11 图所示的电路是利用集成稳压器外接稳压管的方法来提高输出电压的稳压电路。若稳压管的稳定电压 $U_Z=3$ V，试问该电路的输出电压 U_o 是多少。

9.12 稳压管 V_{Z1} 和 V_{Z2} 的稳定电压分别为 5.5 V 和 8.5 V，正向压降都是 0.5 V。如果要得到 0.5 V、3 V、6 V、9 V、14 V 几种稳定电压，这两个稳压管及限流电阻应如何连接？试画出各电路图。

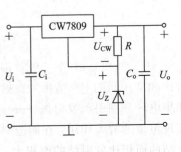

题 9.11 图

第 10 章　半导体三极管及放大电路

第 10 章知识点

教学内容与要求： 本章介绍三极管的结构和放大的基本概念，分析基本放大电路的组成，并对基本放大电路进行静态分析和动态分析。要求掌握基本放大电路的静态值的计算，掌握电压放大倍数、输入电阻及输出电阻的分析和计算方法。随着集成电路的发展，分立元件放大电路的应用减少，本章在分析基本放大电路后，定性地介绍共集放大电路（射随器）、差动放大电路及互补对称放大电路的电路结构，应理解并掌握它们的电路特点。

10.1　半导体三极管

半导体三极管又称为三极管（transistor），它是在一块导体上制成两个 PN 结，再引出三个电极而构成的，具有电流放大作用。三极管有放大、截止及饱和三种工作状态。

10.1.1　三极管的基本结构

三极管有 NPN 和 PNP 两种类型，图 10.1 是其结构示意图和图形符号。

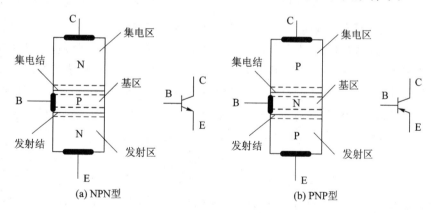

图 10.1　三极管的结构示意图和图形符号

NPN 型和 PNP 型三极管都含有三个掺杂区（发射区、基区和集电区）、两个 PN 结。发射区和基区间的 PN 结称为发射结，集电区和基区间的 PN 结称为集电结。由发射区、基区和集电区分别引出发射极（emitter）E、基极（base）B 和集电极（collector）C。为了使三极管实现电流的放大作用，在制造时使其发射区杂质浓度很高，基区很薄且杂质浓度很低，集电结的面积比发射结的面积大，且集电区杂质浓度低。

10.1.2　三极管的工作原理

　　三极管是一个具有电流放大作用的元件,三极管能实现电流的放大作用,首先是内部条件——基区很薄且杂质浓度远低于发射区,又要有外部条件——发射结正偏,集电结反偏。

　　下面以 NPN 型三极管为例,图 10.2(a)所示电路中,三极管的发射极、基极和基极电阻 R_B、基极电源 U_{BB} 相连接,组成基极电路,保证发射结正向偏置;发射极、集电极和集电极电阻 R_C、集电极电源 U_{CC} 相连接,组成集电极电路,保证集电结反向偏置。由于发射极是基极电路和集电极电路的公共端,故这种电路称为共发射极电路。

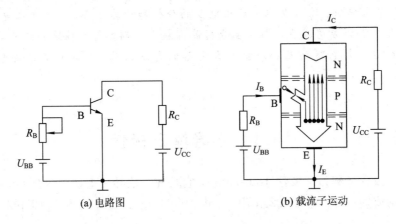

(a) 电路图　　　　　　　　　　　　　(b) 载流子运动

图 10.2　三极管放大状态电路及载流子运动

　　在图 10.2(b)中,基极电源 U_{BB} 使发射结获得正向偏置,故发射区的电子不断越过发射结进入基区,形成的电流为发射极电流 I_E。当然基区空穴也进入发射区,但因基区的杂质浓度很低,故空穴形成的电流很小。发射区的电子注入基区后,将继续向集电结扩散。因基区很薄且空穴浓度很低,故发射区注入基区的电子只有很少一部分和基区的空穴复合,为了维持基区内空穴浓度的平衡,基极电源向基区注入空穴,从而形成基极电流 I_B。其余绝大部分电子扩散到了集电结的边缘,由于集电极电源 U_{CC} 使集电结反偏,故扩散到集电结的电子就在反偏电场作用下越过集电结,被集电极收集。和三极管内部的载流子运动相对应,形成了集电极电流 I_C。三极管三个极的电流关系为

$$I_C + I_B = I_E \tag{10.1}$$

　　由于三极管制成后其尺寸和杂质浓度是确定的,所以发射区所发射的电子在基区复合的部分和被集电极收集的部分的比值大体上是确定的,因此三极管内部的电流存在一种比例分配关系,I_C 接近于 I_E 远大于 I_B,I_B 和 I_C 之间存在比例关系,称为静态电流放大系数 $\bar{\beta}$。

$$\bar{\beta} = \frac{I_C}{I_B} \tag{10.2}$$

　　这样,当基极回路由于外加电压或电阻改变而引起 I_B 的微小变化时,I_C 必定会发生较大的变化,这就是三极管的电流放大作用,也就是基极电流对集电极电流的控制作用。

　　由于三极管中电子和空穴两种极性的载流子都参与导电,故称为双极型三极管。

10.1.3　三极管的特性曲线

三极管采用共发射极接法时，电路如图 10.3 所示。此时基极是输入端，基极电流为 i_B，基极和发射极之间的电压为 u_{BE}；集电极是输出端，集电极电流为 i_C，集电极和发射极之间的电压为 u_{CE}。

1. 共发射极输入特性曲线

共发射极输入特性曲线是指 u_{CE} 为常数时，i_B 和 u_{BE} 之间的关系，即 $i_B = f(u_{BE})\big|_{u_{CE}=常数}$，如图 10.4(a)所示。

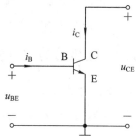

图 10.3　共发射极电路中的电流和电压

由于发射极是正向偏置的 PN 结，故三极管的输入特性和二极管的正向特性相似。不同之处在于三极管的两个 PN 结靠得很近，i_B 不仅与 u_{BE} 有关，还要受到 u_{CE} 的影响，故研究 i_B 和 u_{BE} 的关系要对应于一定的 u_{CE}。当 $U_{CE} \geqslant 1\ \text{V}$ 时，三极管集电极的电场已足够大，可以把从发射极进入基区的电子中的绝大部分吸引到集电极，u_{CE} 再增大，i_B 也不会变化了，所以认为 $U_{CE} \geqslant 1\ \text{V}$ 时的输入特性曲线基本重合。由图 10.4(a)可见，输入特性也有一段死区。当 u_{BE} 超过死区电压后，i_B 开始明显增大，三极管进入放大状态，在正常工作范围内，u_{BE} 几乎不变。硅管约为 0.5 V，锗管约为 0.1 V。

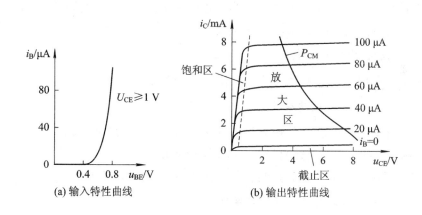

图 10.4　三极管的特性曲线

2. 输出特性曲线

三极管的输出特性曲线是指以 i_B 为参变量时，i_C 和 u_{CE} 之间的关系，即 $i_C = f(u_{CE})\big|_{i_B=常数}$。三极管的输出特性是一族曲线，如图 10.4(b)所示。一个确定的 I_B 值，就有一条相应的 $i_C - u_{CE}$ 曲线。

通常将输出特性分为三个区域，即放大区、截止区及饱和区。

(1) 放大区：输出特性曲线中平坦的部分，几乎平行于横轴(略有上翘)的曲线族。在这个区域中发射结正偏、集电结反偏，三极管处于放大状态；$I_B > 0$，$I_C = \beta I_B$。

(2) 截止区：特性曲线中 $i_B = 0$ 以下的区域。在截止区发射结反偏，I_C 近似为 0；集电极和发射极之间相当于开路，即此时的三极管相当于一个断开的开关。

（3）饱和区：$u_{CE} < u_{BE}$ 时，集电结和发射结均处于正偏状态，集电极和发射极之间的电压称为饱和压降，用 U_{CES} 表示。U_{CES} 的值很小，通常硅管约为 0.3 V，锗管约为 0.1 V。故三极管饱和时相当于一个闭合的开关。

在放大电路中，三极管工作在放大区，以实现放大作用。在脉冲数字电路中，应使三极管工作在截止区和饱和区，使其成为一个可以控制的无触点开关。

10.1.4　三极管的主要参数

1. 电流放大系数

直流（静态）电流放大系数为

$$\bar{\beta} = \frac{I_C}{I_B}$$

三极管的分类及型号

交流（动态）电流放大系数为

$$\beta = \frac{\Delta i_C}{\Delta i_B} \tag{10.3}$$

实际应用中，两者数值较近，常用 $\beta \approx \bar{\beta}$。常用的小功率管的 β 值约为 20~150。β 随温度升高而增大。在输出特性曲线上表现为温度升高时曲线向上移且曲线间的距离增大。

2. 穿透电流 I_{CEO}

基极开路（$I_B = 0$）时的集电极电流称为穿透电流 I_{CEO}。I_{CEO} 随温度的升高而增大。硅三极管的 I_{CEO} 要比锗三极管的 I_{CEO} 小 2~3 个数量级。

3. 集电极最大允许电流 I_{CM}

当三极管工作时的集电极电流超过 I_{CM} 时，三极管的 β 值将明显下降。

4. 集电极允许最大耗散功率 P_{CM}

三极管工作时的集电极功率损耗 $P_C = I_C \cdot U_{CE}$。P_C 的存在使得集电结的温度上升，若 $P_C > P_{CM}$，则会导致三极管过热而损坏，P_{CM} 曲线如图 10.4（b）所示。曲线左方 $P_C < P_{CM}$，是三极管安全工作区；右方则为过损耗区，是三极管不允许的工作区。

5. 集电极、发射极之间的反向击穿电压 $U_{(BR)CEO}$

基极开路时，集电极和发射极之间允许施加的最大电压称为反向击穿电压 $U_{(BR)CEO}$。若 $U_{CE} > U_{(BR)CEO}$，集电结将反向击穿。

10.2　基本放大电路的组成及分析

放大电路或放大器（amplifiers）的作用是将微弱电信号不失真地放大到所需的数值。基本放大电路一般是指由一个三极管或场效应管组成的放大电路。放大电路的功能是利用三极管的控制作用，将直流电源的能量部分地转化为按输入信号规律变化且有较大能量的输出信号。扩音机就是一个将微弱声音信号变大的放大器。

本节介绍基本放大电路的组成，重点讲解放大电路的静态、动态电路的分析方法。

10.2.1　基本放大电路的组成

1. 放大电路的组成原则

放大电路能将输入的微弱小信号放大输出为幅度较大的电信号，其能量的提供来自于放大电路中的直流电源。三极管在放大电路中只是实现了对能量的控制，使之转换成信号能量，并传递给负载。

放大电路组成的原则：一是必须有直流电源，而且电源的设置应保证三极管工作在线性放大电路状态，即**发射结正偏，集电结反偏**（对于 NPN 管，三个电极电位满足 $V_C > V_B > V_E$；对于 PNP 管，三个电极电位满足 $V_C < V_B < V_E$）；二是为输入/输出信号提供通路，且放大电路中各元件的参数和结构安排上，要保证被传输信号能够从放大电路的输入端尽量不衰减地输入，在信号传输的过程中能够不失真地放大，最后经放大电路输出端输出，满足放大电路的性能指标要求。

2. 基本放大电路的组成

图 10.5(a)所示电路是一个简单的以 NPN 管为核心组成的基本交流放大电路。输入端连接需要放大的信号，经过电容 C_1 加到三极管的基极与发射极之间，引起 i_B 变化，放大后的信号 u_o 经过 C_2 从集电极与发射极输出。发射极是输入回路和输出回路的公共端，故称为共发射极放大电路。电路中各元件的作用如下：

三极管 V 是电路的核心，起电流放大作用，是整个电路的控制元件；电源 U_{BB} 保证发射结正向偏置；R_B 称为基极偏置电阻，提供一定的基极电流；U_{CC} 为集电极电源，为电路提供能量，并保证集电结反向偏置，U_{CC} 一般为几伏到几十伏；R_C 为集电极电阻，一方面与 U_{CC} 一起使集电极和发射极有一个合适的电压，另一方面将变化的电流转变为变化的电压，实现电压放大；C_1 和 C_2 是耦合电容，其中 C_1 用来隔断放大电路与输入信号源的直流通路，C_2 用来隔断放大电路与负载之间的直流通路，它们起交流耦合的作用，保证交流信号无衰减地从信号源通过放大电路。耦合电容 C_1 和 C_2 用的是极性电容，连接时注意其极性，电容值一般为几微法到几十微法。

一般实用的基本放大电路中使用一个电源，如图 10.5(b)所示。

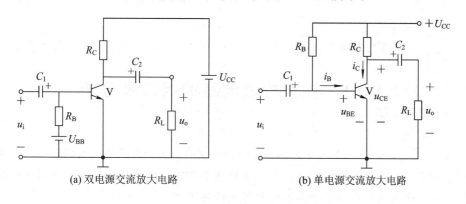

(a) 双电源交流放大电路　　　　　　(b) 单电源交流放大电路

图 10.5　基本交流放大电路

10.2.2　基本放大电路的分析

基本放大电路的分析主要包括直流通路和交流通路分析。

直流通路：将放大电路中的电容视为开路，电感视为短路。直流通路分析又被称为**静态分析**。

交流通路：将放大电路中的电容视为短路，电感视为开路，直流电源视为短路。交流通路分析又被称为动态分析。

1. 静态分析

放大电路的静态分析分为计算法和图解法。

1）计算法确定静态值

图 10.6 为图 10.5(b)所示放大电路的直流通路。此时电容 C_1 和 C_2 开路。

已知电路中各元件参数值以及三极管的 β 值，利用基尔霍夫电压定律及元件伏安关系可求得基极电流为

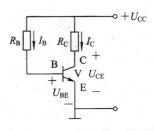

图 10.6　基本放大电路的直流通路

$$I_B = \frac{U_{CC} - U_{BE}}{R_B} \approx \frac{U_{CC}}{R_B} \qquad (10.4)$$

由 I_B 可求得集电极电流为

$$I_C \approx \beta I_B \qquad (10.5)$$

静态时的集电极-发射极电压则为

$$U_{CE} = U_{CC} - R_C I_C \qquad (10.6)$$

【例 10.1】　图 10.5 所示电路中，已知 $U_{CC} = 12$ V，$R_C = 2$ kΩ，$R_B = 300$ kΩ，$\bar{\beta} = 80$，试求放大电路的静态值。

解　根据图 10.6 所示的直流通路及式(10.4)～式(10.6)，可得

$$I_B = \frac{U_{CC}}{R_B} = \frac{12}{300 \times 10^3} = 4 \times 10^{-5} \text{ A} = 0.04 \text{ mA}$$

$$I_C = \bar{\beta} I_B = 80 \times 0.04 = 3.2 \text{ mA}$$

$$U_{CE} = U_{CC} - R_C I_C = 12 - 2 \times 10^3 \times 3.2 \times 10^{-3} = 5.6 \text{ V}$$

2）图解法确定静态值

图解法是分析非线性电路的一种方法，是利用三极管特性曲线及直流负载线作图进行分析的方法。

在三极管输出端，I_C 和 U_{CE} 既满足三极管的输出特性，又满足 $U_{CE} = U_{CC} - R_C I_C$，由这一方程画出的直线称为直流负载线。利用该方程，可求得

$$I_C = 0 \text{ 时}: U_{CE} = U_{CC}$$

$$U_{CE} = 0 \text{ 时}: I_C = \frac{U_{CC}}{R_C}$$

在输出特性曲线组上用直线将上式求得的两点连在一起，该直线即为直流负载线。负载线与三极管的某条（由 I_B 确定）输出特性曲线的交点 Q，称为放大电路的**静态工作点**（quiescent point），由它可以确定放大电路的电压和电流的静态值。如图 10.7 所示，假设

由电路结构求得 I_B 为 40 μA，在图 10.7 中 $I_B = 40$ μA 这条曲线上的 Q 点对应的坐标值 $I_C = 3.2$ mA、$U_{CE} = 5.6$ V 与 $I_B = 40$ μA 统称为静态值。

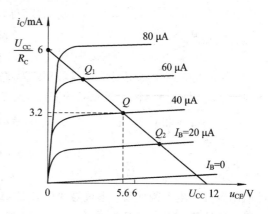

由图 10.7 可见，基极电流 I_B 值不同，静态工作点在负载线上的位置也不同。改变 I_B 的大小可以使三极管工作状态不同，因此 I_B 称为偏置电流。R_B 称为偏置电阻，通常通过改变 R_B 的值来调整偏置电流 I_B 的大小，使放大电路正常工作。由图 10.7 可知，假设 I_B 比较大（如 60 μA），静态工作点沿直流负载线从 Q 点上移至 Q_1 点，该点离饱和区近，易使信号正半周进入三极管的饱和区而造成饱和失真；当 I_B 比较小时（如 20 μA），静态工作点沿直流负载线从 Q 点下移至 Q_2 点，

图 10.7　用图解法确定放大电路的静态工作点

该点离截止区近，易使信号负半周进入三极管的截止区而造成截止失真。

显然，静态工作点设置得不合适，会使需要放大的交流信号在传输过程中产生失真，影响信号的放大质量。为防止失真，放大电路需选定合适的元件参数，必须设置合理的静态工作点。

2. 动态分析

放大电路的动态分析是在静态值确定后分析输入信号的传输情况，仅考虑的是电流与电压的交流分量作用时的电路，就是信号源单独作用的电路，称为**交流通路**（alternating current path）。交流电路的动态分析分为微变等效电路法和图解法。

1）放大电路的微变等效电路法

放大电路的微变等效电路，就是将非线性元件三极管用一个线性电路模型来表示，则实际的放大电路可等效为一个线性电路，就可以用分析线性电路的方法来分析放大电路了。

（1）三极管的交流小信号电路模型。

三极管在放大区部分近似为直线，在小信号（微变量）情况下工作时，三极管的电压和电流的交流分量之间的关系基本上是线性的。所以，对小信号进行动态分析时，三极管可以用一个线性元件模型来等效。

下面分析图 10.8（a）所示三极管的等效模型。

输入端的电压与电流的关系可由三极管的输入特性曲线确定，如图 10.8（b）所示，将 Q 点附近的工作段近似地看成直线，可认为 Δu_{BE} 与 Δi_B 成正比，即

$$r_{be} = \frac{\Delta u_{BE}}{\Delta i_B}\bigg|_{U_{CE}=常数}$$

r_{be} 称为三极管的输入电阻，一般为数百至数千欧。小信号三极管的输入电阻常用以下经验公式估算：

$$r_{be} = 200 + (1 + \beta)\frac{26(\text{mV})}{I_E(\text{mA})} \tag{10.7}$$

输出端的电压与电流可由三极管的输出特性确定，如图 10.8（c）所示。因为工作在放

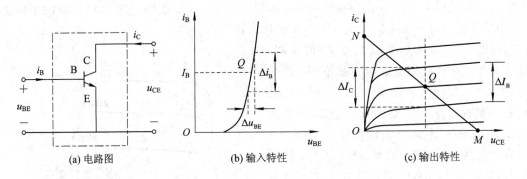

图 10.8　三极管小信号电路模型分析

大区，$\Delta i_C = \beta \Delta i_B$，$\Delta i_C$ 只受 Δi_B 控制，与 Δu_{CE} 几乎无关，因此，从三极管的输出端看进去，可以用等效的电流源代替，不过这个电流源 Δi_C 不是一个固定值，而是受 Δi_B 控制的，称为**受控电流源**（controlled current source）。输入为正弦信号时，可表示为

$$\dot{I}_c = \beta \dot{I}_b \tag{10.8}$$

由此求得从输出端看进去的电路模型如图 10.9 右边所示。图 10.9 为图 10.8(a) 三极管的交流小信号电路模型。

（2）放大电路的微变等效电路。

图 10.10 为基本放大电路的交流通路，此电路是将图 10.5 基本放大电路中直流电源内阻视为零、电容视为短路时的等效电路。

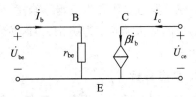

图 10.9　三极管交流小信号电路模型

将图 10.10 中的三极管用图 10.9 的线性化电路模型替代，便得到在小信号情况下对放大电路进行分析的等效电路，称为**微变等效电路**（micro-variable equivalent circuit），如图 10.11 所示。设输入为正弦信号，电路中的电压和电流交流分量用相量表示。

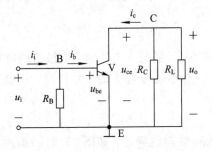

图 10.10　基本放大电路的交流通路

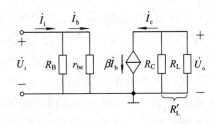

图 10.11　基本放大电路的微变等效电路

利用微变等效电路可求出放大电路的主要动态性能指标。

① 输入电阻。本交流放大电路对交流电信号 u_i 的前级电路来说是一个负载，它可以等效为一个电阻。从放大电路的输入端看进去的交流等效电阻 r_i，称为放大电路的**输入电阻**（input resistance）。

图 10.11 中输入为正弦信号时，有

$$r_i = \frac{\dot{U}_i}{\dot{I}_i} \tag{10.9}$$

即得到

$$\boxed{r_i = R_B \mathbin{/\mkern-5mu/} r_{be} \approx r_{be}} \tag{10.10}$$

输入电阻越大，则放大电路输入的电流越小，电压越大，既减轻了前级电路的负担，又有利于输入电压信号的放大。因此，输入电阻越大越好。

② 输出电阻。交流放大电路的输出信号要送给负载，对负载或后级电路而言是一个电源，它可以用一个戴维南等效电源来表示。从放大电路的输出端看进去，其交流等效电阻 r_o 就是**输出电阻**(output resistance)。

输出电阻是在图 10.11 中信号源短路和输出端开路的情况下求得的，因为 $\dot{U}_i = 0$，$\dot{I}_b = 0$ 时，$\dot{I}_c = \beta \dot{I}_b = 0$，受控电流源相当于开路，则

$$\boxed{r_o = R_C} \tag{10.11}$$

输出电阻 r_o 越小，也就是电源的内阻越小，电源的输出电压随负载变化而变化的程度越小，即越稳定。因此，输出电阻越小越好。

③ 电压放大倍数。输出正弦电压与输入正弦电压两者的相量（或有效值）之比称为放大电路的**电压放大倍数**(voltage amplification factor)，即

$$A_u = \frac{\dot{U}_o}{\dot{U}_i} \tag{10.12}$$

由图 10.11 可求出

$$\dot{U}_i = r_{be} \dot{I}_b$$
$$\dot{U}_o = -R_L' \dot{I}_c = -\beta R_L' \dot{I}_b$$
$$R_L' = R_C \mathbin{/\mkern-5mu/} R_L$$

代入式(10.12)中，可得

$$\boxed{A_u = \frac{\dot{U}_o}{\dot{U}_i} = -\beta \frac{R_L'}{r_{be}}} \tag{10.13}$$

式中，负号表示输出电压 $\dot{U}_o$ 与输入电压 $\dot{U}_i$ 反相。

当放大电路输出端未接负载 R_L 时，有

$$A_u = -\beta \frac{R_C}{r_{be}} \tag{10.14}$$

【例 10.2】 图 10.5 所示的电路中，已知 $U_{CC} = 12$ V，$R_C = 2$ kΩ，$R_L = 2$ kΩ，$\beta = 80$，试求放大电路的输入电阻、输出电阻及电压放大倍数。

解 (1) 求输入电阻，例 10.1 已经求得

$$I_C = 3.2 \text{ mA} \approx I_E$$

$$r_{be} = 200 + (1+\beta)\frac{26(\text{mV})}{I_C(\text{mA})} = 200 + (1+80)\times\frac{26}{3.2} = 858.1 \text{ Ω}$$

$$r_i = R_B \mathbin{/\mkern-5mu/} r_{be} \approx r_{be} = 858.1 \text{ Ω}$$

(2) 求输出电阻，由式(10.11)可得

$$r_o = R_C = 2\ \text{k}\Omega$$

(3) 求电压放大倍数，由式(10.13)可得

$$A_u = \frac{\dot{U}_o}{\dot{U}_i} = -\beta \frac{R_L'}{r_{be}} = -80 \times \frac{1}{0.858} = -93$$

$$R_L' = R_C \mathbin{/\mkern-5mu/} R_L = 1\ \text{k}\Omega$$

2) 图解分析法

利用三极管的输入和输出特性曲线，通过作图的方法分析放大电路的工作原理，这种方法称为图解分析法。动态图解分析法是在静态分析基础上进行的，交流信号的传输情况为

$$u_i(\text{即}\ u_{be}) \rightarrow i_B \rightarrow i_C \rightarrow u_o(\text{即}\ u_{ce})$$

所以图解分析法的分析过程如下：

(1) 根据输入信号 u_i 波形，在输入特性曲线上画出 u_{BE} 和 i_B 的波形。

(2) 由 i_B 的变化范围在输出特性曲线上画出 i_C 及 u_{CE} 的波形，如图 10.12 所示。

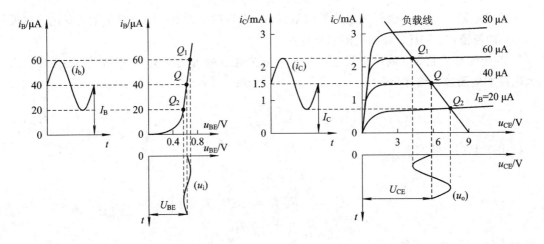

图 10.12　交流放大电路的动态工作时的图解分析

由图 10.12 可见，输出电压的幅度比输入信号电压的幅度大得多，相位相反。

图解分析法的主要优点是直观、形象，便于对放大电路工作原理的理解，但容易产生误差。

10.3　放大电路的类型及特点

10.3.1　共射放大电路

1. 电路结构

共发射极放大电路(common emitter amplifier)简称共射放大电路，其结构特点是信号的输入回路和输出回路都是以发射极为公共端。图 10.5 所示就是共射基本放大电路，电路简单，但在实际工作中，其静态工作点难以保持稳定。所以通常采用分压式偏置的共射放

大电路，如图 10.13 所示。

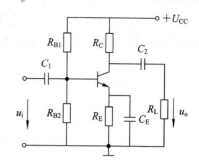

从图 10.13 中可知，分压式偏置的共发射放大电路与前面的共射基本放大电路（图 10.5）相比，多用了三个元件，基极是由两个分压式偏置电阻 R_{B1} 与 R_{B2} 组成的分压电路，以得到固定三极管基极的电位 V_B，再利用发射极电阻 R_E 获得反映集电极电流变化的电压 V_E，使 V_B 与 V_E 的差值控制 I_B，以维持 I_C 稳定。当温度升高时，稳定静态工作点的过程如下：

图 10.13　分压式偏置共发射极放大电路

$$T \uparrow \rightarrow I_C \uparrow \rightarrow I_E \uparrow \rightarrow V_E \uparrow \rightarrow U_{BE}(=V_B-V_E) \downarrow \rightarrow I_B \downarrow \rightarrow I_C \downarrow$$

C_E 称为发射极交流旁路电容，在交流通路中短路，分析交流电路时不必考虑 R_E 的影响。

2. 主要特点

共射电路是放大电路中应用最广泛的三极管放大电路，具有较大的电压放大倍数和电流放大倍数，其输入电阻较小，输出电阻较大，广泛应用于单管放大和多级放大电路的中间级，一般对输入电阻、输出电阻没有特殊要求时，均采用共射放大电路。

10.3.2　共集放大电路

1. 电路结构

共集电极放大电路（common collector amplifier） 简称共集放大电路（CC amplifier），如图 10.14 所示，输入、输出以集电极为公共点。与共射基本放大电路结构不同的是：用发射极电阻 R_E 代替集电极电阻 R_C，可以起稳定静态工作点的作用；改集电极输出为发射极输出，故该放大电路又称射极输出器。由于 $u_o = u_i - u_{be} \approx u_i$，即输出电压与

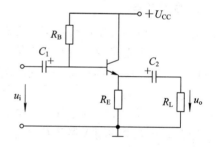

图 10.14　共集电极放大电路（射极跟随器）

输入电压的大小和相位相同，故共集放大电路又称射极跟随器（emitter follower）。

2. 主要特点

共集电极放大电路（射极输出器）的输出电压信号跟随输入电压信号变化，电压放大倍数小于等于 1，电流放大倍数大，适合作功率放大器的射极输出；输入电阻高，适用于多级放大电路的输入级用，可以减少对信号源的影响；输出电阻小，可以在多级放大电路的输出级用，以提高放大器的带负载能力。

10.3.3　差动放大电路

1. 电路结构

差动放大电路（differential amplification circuit） 如图 10.15 所示，它由两个结构、参数完全相同的共射极放大电路组成。由于两个三极管 V_1、V_2 的特性完全相同，两电路对应的元件及参数完全相同，因而两电路的静态工作点相同。电路具有双电源，即除了集电极电源 U_{CC} 外，还有一个发射极电源 U_{EE}，一般取 $|U_{CC}| = |U_{EE}|$；电路有两个输入端，可以分

别在两个输入端输入信号 u_{i1} 和 u_{i2}；电阻 R_P 为调零电位器，调整左右平衡，可以使两边电路的集电极电流相等，从而有效地抑制零漂（输入信号为零而输出信号不为零称为零漂）。

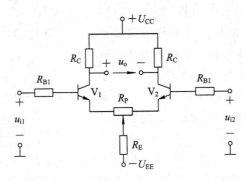

图 10.15　差动放大电路

差动放大电路的输入信号 u_{i1} 和 u_{i2} 分别从 V_1、V_2 的基极输入，当两输入信号 u_{i1}、u_{i2} 的大小相等而极性相反时，称为差模输入信号；当两输入信号 u_{i1}、u_{i2} 的大小相等而极性相同时，称为共模输入信号；当 V_1、V_2 的基极一个接地，另一个作为信号输入端时，称为单端输入。

若输出电压 u_{o1}、u_{o2} 分别从 V_1、V_2 的集电极输出，则称为双端输出；若输出信号从 V_1 或 V_2 集电极输出，则称为单端输出。

2. 主要特点

差动放大电路对差模输入信号有放大作用，对共模输入信号有抑制作用。

当差动放大电路输入端是差模输入信号且两边电路完全对称时，两边电路的输出电压 u_{o1}、u_{o2} 大小相等、方向相反。采用双端输出时的输出电压为

$$u_o = u_{o1} - u_{o2} = 2u_{o1}$$

可见，差动放大电路起到了放大差模输入信号的作用。

当差动放大电路输入端是共模输入信号且两边电路完全对称时，两边电路的输出电压 u_{o1}、u_{o2} 大小相等、方向相同，采用双端输出时的输出电压为

$$u_o = u_{o1} - u_{o2} = 0$$

可见，差动放大电路起到了抑制共模输入信号的作用。事实上，差动放大电路的两边不可能完全对称，调节调零电位器 R_P 可以使两边电路的集电极电流相等，从而有效地抑制零漂。

在电路对称的条件下，差动放大电路具有很强的抑制零点漂移及抑制噪声与干扰的能力，因此得到了广泛的应用，并成为集成电路中重要的基本单元电路，常作为集成运算放大器的输入级。差动放大器常被用作功率放大器（简称"功放"）的输入级，也常用于多级直接耦合放大器的输入级、中间级。

10.3.4　互补对称功率放大电路

功率放大电路(power amplification circuit) 是一种以输出较大功率为目的的放大电路，它一般直接驱动负载，带负载能力较强。功率放大电路的主要性能指标是输出功率和效率。

1. 电路结构

互补对称功率放大电路如图 10.16 所示，三极管 V_1、V_2 分别是 NPN 型和 PNP 型管，

它们的特性完全相同。该电路由两个射极输出器组成。

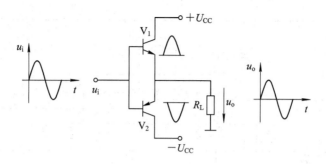

图 10.16　互补对称功率放大电路

当输入信号 u_i 处于正半周时，三极管 V_1 的发射结正向偏置、集电结反向偏置，三极管 V_2 的发射结和集电结均反向偏置。此时，V_1 导通、V_2 截止，负载输出波形为正半周。当输入信号 u_i 处于负半周时，V_1 截止、V_2 导通，负载输出波形为正半周。由于两管对称，轮流工作，互相补充，故称为互补对称电路。

2. 主要特点

互补对称放大电路的电信号从基极输入、射极输出，其输出电阻小、带负载能力强。三极管 V_1、V_2 都没有直流偏置，因此 V_1、V_2 在没有输入信号时均处于截止状态，没有功率损耗，从而减小了电源供给的功率。该电路工作时，三极管 V_1、V_2 均只导通半个周期，从而减小了电源供给的功率，提高了功率放大电路的效率。互补对称功率放大电路设置在多级放大电路的末级或末前级。

10.4　应用举例

放大电路可将微弱信号放大到满足要求，其应用范围很广，如传感器信号调理电路、收音机、电视机及手机等接收的无线信号都需要进行放大。

图 10.17 为收音机原理电路图。整机中含有 7 只三极管，因此称为 7 管收音机。三极管 V_1 为变频管，其作用是将输入电路选出的信号（高频信号）与频率为 f_r 的信号在混频器中进行混频，结果得到一个固定频率（465 kHz）的中频信号。这个过程称为"变频"，它只是将信号的载波频率降低了。V_2、V_3 与其他元件组成中频放大电路，其作用是将前面变频级送来的中频信号进行放大，采用变压器耦合的多级放大器。V_4 构成了三极管检波电路，V_4 既起放大作用，又是检波管，经过检波电路能得到低频音频信号。V_5 与相关元件组成放大电路，将低频音频信号放大，称为低频电压放大级，它应有足够大的电压放大倍数，同时要求其非线性失真和噪声都要小。V_6、V_7 组成的功率放大器用来对音频信号进行功率放大，以推动扬声器还原声音，因此要求它的输出功率大、频率响应宽、效率高，而且非线性失真小。

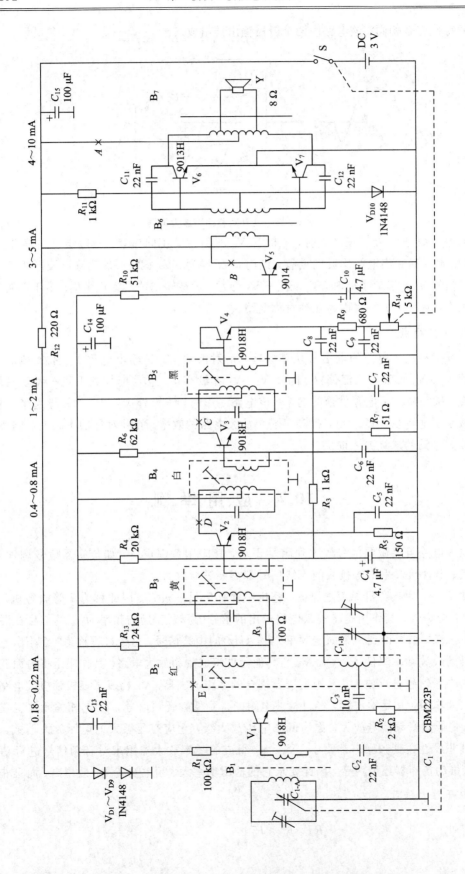

10.5　小　　结

1. 三极管结构及电流关系

三极管有两个 PN 结:发射结和集电结。三极管有三个电极:发射极 E、基极 B 和集电极 C。

三极管三个极的电流关系为

$$I_C + I_B = I_E$$

电流放大系数为

$$\beta = \frac{I_C}{I_B}$$

2. 共发射极三极管放大电路的输入特性曲线与输出特性曲线

共发射极放大电路的输入特性曲线是 $i_B = f(u_{BE})|_{u_{CE}=常数}$ 的关系曲线,如图 10.4(a)所示。

共发射极放大电路的输出特性曲线是 $i_C = f(u_{CE})|_{i_B=常数}$ 的关系曲线,是一族曲线,如图 10.4(b)所示。

输出特性为三个区域,即放大区、截止区及饱和区,对应三极管的三种工作状态。

(1) 放大:条件为三极管发射结正偏、集电结反偏;三极管处于放大状态时,$I_C = \beta I_B$。

(2) 截止:条件为发射结反偏,集电结反偏;三极管截止时,相当于三极管内部各极开路。

(3) 饱和:条件为集电结和发射结均处于正偏;三极管饱和时,集电极和发射极相当于短路。

3. 基本放大电路的分析

基本放大电路的分析分为直流分析和交流分析。

(1) 直流分析主要是确定静态工作点,有计算法和图解法,图解法利用直流负载线与特性曲线的交点确定静态值。

静态值计算:

$$I_B = \frac{U_{CC}}{R_B}; \; I_C \approx \bar{\beta} I_B; \; U_{CE} = U_{CC} - R_C I_C$$

(2) 交流分析也是动态分析,有计算法和图解法(略)。

计算法是放大小信号时利用微变等效电路,计算输入电阻、输出电阻及电压放大倍数。

输入电阻:　　　　　　　$r_i = R_B /\!/ r_{be} \approx r_{be}$

其中　　　　　　　　　　$r_{be} = 200 + (1+\beta)\dfrac{26(\text{mV})}{I_E(\text{mA})}$

输出电阻:　　　　　　　$r_o = R_C$

电压放大倍数:　　　　　$A_u = \dfrac{\dot{U}_o}{\dot{U}_i} = -\beta \dfrac{R_L'}{r_{be}}$

其中　　　　　　　　　　$R_L' = R_C /\!/ R_L$

4. 放大电路的类型

常用的放大电路有共射放大电路、共集放大电路(射随器)、差动放大电路及互补对称放大电路,应理解掌握它们的特点。

习　题　10

10.1　判断题

(1) 三极管可以把小电流放大成大电流。　　　　　　　　　　　　　　　　(　　)

(2) 设置静态工作点的目的是让交流信号叠加在直流量上全部通过放大器。(　　)

(3) 晶体管的电流放大倍数通常等于放大电路的电压放大倍数。　　　　　(　　)

(4) 微变等效电路中不但有交流量,也存在直流量。　　　　　　　　　　(　　)

10.2　填空题

(1) 半导体三极管由_____、_____、_____三个电极,以及_____、____两个 PN 结构成。

(2) 半导体三极管工作在截止状态时,相当于开关_____;工作在饱和状态时,相当于开关_____。

(3) 放大电路应遵循的基本原则是:_____结正偏;_____结反偏。

(4) 基本放大器输出波形的正半周被削顶了,则放大器产生的失真是_____失真,为消除这种失真,应将静态工作点_____。

(5) 放大电路有两种工作状态,当 $u_i=0$ 时电路的状态称为____态;有交流信号 u_i 输入时,放大电路的工作状态称为____态。在_____态情况下,晶体管各极电压、电流均包含_____分量和_____分量。

(6) 射极输出器具有_____恒小于1、接近于1,_____和_____同相,_____高和_____低的特点。

10.3　选择题

(1) 基本放大电路中,经过晶体管的信号有(　　)。

A. 直流成分　　　　　　　　B. 交流成分　　　　　　　C. 交、直流成分均有

(2) 基本放大电路中的主要放大对象是(　　)。

A. 直流信号　　　　　　　　B. 交流信号　　　　　　　C. 交、直流信号均有

(3) 在共集电极放大电路中,输出电压与输入电压的关系是(　　).

A. 相位相同,幅度增大　　　B. 相位相反,幅度增大　　C. 相位相同,幅度相似

(4) 电压放大电路首先需要考虑的技术指标是(　　)。

A. 电路的电压放大倍数　　　B. 不失真问题　　　　　　C.管子的工作效率

(5) 射极输出器的输出电阻小,说明该电路(　　)。

A. 带负载能力强　　　　　　B. 带负载能力差　　　　　C. 减轻了前级或信号源负荷

(6) 三极管组成的放大电路在工作时,测得三极管上各电极对地直流电位分别为 $V_E=2.1$ V, $V_B=2.8$ V, $V_C=4.4$ V,则此三极管已处于(　　)。

A. 截止区　　　　　　　　　B. 放大区　　　　　　　　C. 饱和区

10.4　题 10.4 图中所示的电压为硅三极管在工作时实测的各极对地电压值。试根据各极对地电压判断三极管的工作状态。

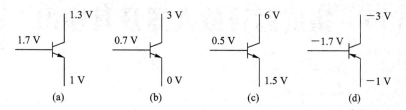

题 10.4 图

10.5　题 10.5 图所示的放大电路中，$R_B = 400$ kΩ，$R_C = 4$ kΩ，$U_{CC} = 12$ V，$\beta = 40$，$R_L = 4$ kΩ。(1) 求放大电路的静态值；(2) 画出微变等效电路；(3) 求电压放大倍数 A_u、输入电阻和输出电阻。

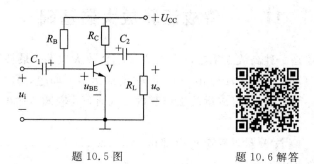

题 10.5 图　　　　　　题 10.6 解答

10.6　在题 10.5 图中，已知 $U_{CC} = 10$ V，$\beta = 50$，$r_{be} = 1$ kΩ，输出端开路，若要求 $I_C = 2$ mA，$A_u = 150$。求该电路的 R_B 和 R_C 的值。

10.7　放大电路中为什么要设立静态工作点？静态工作点的高、低对电路有何影响？

10.8　分压式偏置共射放大电路是怎样稳定静态工作点的？

10.9　差动放大电路的作用是什么？

10.10　功率放大电路的主要特点是什么？

第11章 集成运算放大器及其应用

第11章知识点

教学内容与要求： 本章首先介绍集成运算放大器的基础知识，然后集中讨论放大电路中的反馈问题，最后介绍集成运算放大器的应用。要求了解集成运算放大器的性能特点，掌握"理想运放"、"虚短"、"虚断"的概念，掌握基本运算电路的工作原理及应用。

11.1 集成运算放大器基础

集成运算放大器是一种高放大倍数的多级直接耦合放大电路，最初用于信号运算，所以称为运算放大器（Operational Amplifier），简称集成运放。如今，其用途早已不限于运算，由于习惯，仍沿用此名称。集成运放工作在放大区时，其输入与输出呈线性关系，称为线性集成电路。

任何一种集成运算放大器，不管其内部电路结构如何复杂，总是由差分输入级、中间级、输出级、偏置电路四个基本部分组成的，如图11.1所示。

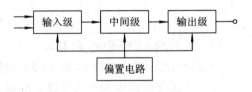

输入级一般采用差动放大器以减小零点漂移（它的两个输入端构成整个电路的反相输入端

图 11.1 集成运放组成

和同相输入端）；中间级主要完成电压放大任务；输出级以提高带负载能力为目的，一般由射极输出器或互补射极输出器组成；偏置电路向各级提供稳定的静态工作电流。

运算放大器的图形符号如图11.2(a)所示，它有两个电源端（称偏置电源）分别与直流电源相接，E^+端接正电压，E^-端接负电压，这是保证运算放大器内部正常工作所必需的。在分析运放时，可以不考虑偏置电源，这时可采用图11.2(b)所示的电路符号。

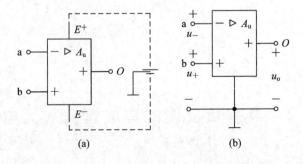

(a)   (b)

图 11.2 运算放大器的图形符号

左侧a端为反相输入端"−"，当信号由此端输入时，输出信号与输入信号反相位，反

相输入端的电位用 u_- 表示。

左侧 b 端为同相输入端"＋"，当信号由此端输入时，输出信号与输入信号同相位，同相输入端的电位用 u_+ 表示。

运算放大器的输入有三种方式：

（1）如果从 a 端和 b 端分别同时加入电压 u_- 和 u_+，则有

$$u_{\text{o}} = A_{\text{u}}(u_+ - u_-) = A_{\text{u}}u_{\text{d}} \tag{11.1}$$

式中，$u_{\text{d}} = u_+ - u_-$，A_{u} 为运放的电压放大倍数（或电压增益的绝对值）。运放的这种输入情况称为差动输入，u_{d} 称为差动输入电压。

（2）只在反相输入端加入输入电压，"＋"端接地，则有

$$u_{\text{o}} = -A_{\text{u}}u_- \tag{11.2}$$

（3）只在同相输入端加入输入电压，"－"端接地，则有

$$u_{\text{o}} = A_{\text{u}}u_+ \tag{11.3}$$

运放的输出电压 u_{o} 与差动输入电压 u_{d} 之间的关系可以用图 11.3 近似表示。在 $-\varepsilon \leqslant u_{\text{d}} \leqslant \varepsilon$（$\varepsilon$ 很小时）的范围内，u_{o} 与 u_{d} 的关系用通过原点的一段直线表示，其斜率等于 A_{u}。由于放大倍数 A_{u} 值很大，所以这段直线很陡。当输入电压 u_{d} 达到一定数值后输出电压就会趋于饱和，图中用 $\pm U_{\text{SAT}}$ 表示，此饱和电压值略低于直流偏置电压值。这个关系曲线称为运放的外特性。

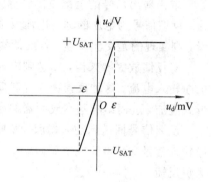

图 11.3　运放的外特性曲线

在 $-U_{\text{SAT}} \leqslant u_{\text{o}} \leqslant U_{\text{SAT}}$ 范围内，如果假设运放的电路模型的 R_{in} 为无穷大，R_{o} 为零，且认为 A_{u} 为无穷大，则称这种运放为理想运算放大器（ideal operational amplifier），并且在表示运放的图形符号中加上"∞"以说明，否则用 A_{u} 表示。

新国标中，运放及理想运放的符号分别如图 11.4（a）、（b）所示。

实际运放的工作情况比以上所介绍的要复杂一些。比如，放大倍数 A_{u} 不仅为有限值，而且随着频率的增高而下降。为了简化分析起见，今后讨论的运算放大器是理想运算放大器。

集成运放在应用时，工作于线性区的称为线性应

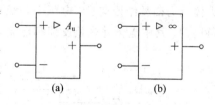

图 11.4　运算放大器的新国标符号

用，工作于饱和区的为非线性应用。由于集成运放的 A_{u} 非常大，线性区很陡，即使输入电压很小，也很容易使输出达到饱和，而外部干扰等原因不可避免，若不引入深度负反馈，集成运放很难在线性区稳定工作。

11.2　具有负反馈的集成运算放大电路

11.2.1　反馈的概念

反馈（feedback）是将放大电路输出量（电压或电流）的全部或一部分通过反馈网络以一

定方式回送到输入回路的过程。由于反馈,从而改变了输入量,进而改变了输出量。引入反馈的放大电路称为反馈放大电路或闭环放大电路,无反馈的放大电路称为开环放大电路。

1. 反馈类型

反馈放大电路的一般结构框图如图 11.5 所示。

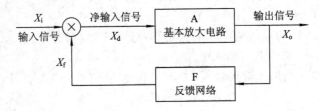

图 11.5　反馈放大电路结构框图

取出输出信号的全部或部分称为"取样"。取样信号既可以是输出电压也可以是输出电流。反馈信号为电压的称为电压反馈;反馈信号为电流的称为电流反馈。若反馈量为交流量,则实现的是交流反馈;若反馈量是直流量,则实现的是直流反馈。

对反馈放大器来说,回送到输入端的反馈信号以电流形式叠加,进而影响基本放大器的净输入电流,这种反馈称为并联反馈;反馈信号回送到放大器的输入端时,信号以电压形式叠加,进而影响基本放大器的净输入电压,这种反馈称为串联反馈。

反馈信号回送到输入端后,净输入信号是原输入信号与反馈信号叠加的结果。反馈使净输入信号 X_d(电流或电压)增加,为正反馈;反馈使得净输入量 X_d(电流或电压)减小,为负反馈。

正反馈主要运用于振荡电路,放大器中应用的大都是负反馈。引入负反馈的主要目的是改善放大器性能或稳定输出信号。直流负反馈一般用于稳定放大器静态工作点,交流负反馈用于改善放大器性能。根据取样信号和反馈信号在输入端叠加的形式,将反馈放大器大体分为四种结构类型:电压串联负反馈、电压并联负反馈、电流串联负反馈、电流并联负反馈。其中电压并联负反馈和电流串联负反馈电路如图 11.6 所示。

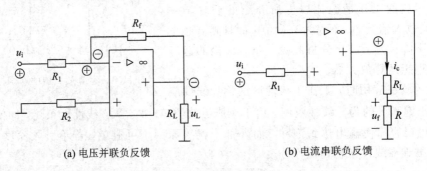

(a) 电压并联负反馈　　　　　　(b) 电流串联负反馈

图 11.6　负反馈类型

(1) 正、负反馈极性判断:采用瞬时极性法判别,即根据反馈信号与原信号极性相同或相反进行识别。放大器一般采用的都是负反馈。

(2) 电压、电流反馈判断:将负载短接,反馈信号消失的为电压反馈,否则为电流反馈;电压反馈采样点对地为输出电压,就是电压反馈,否则为电流反馈。

(3) 串、并联反馈:输入信号与反馈信号加在放大器的两个不同输入端上,为串联反馈；输入信号与反馈信号并接在同一输入端上，为并联反馈。

2. 负反馈对放大器的影响

在负反馈放大器的结构框图(图 11.5)中，方框 A 表示开环放大器即未引入反馈的基本放大器，也可表示放大器的开环放大倍数；方框 F 表示反馈网络，也可表示反馈系数。箭头标示了信号的流向。

净输入信号为

$$X_d = X_i - X_f \tag{11.4}$$

开环增益(即开环放大器的放大倍数)为

$$A = \frac{X_o}{X_d} \tag{11.5}$$

反馈系数为

$$F = \frac{X_f}{X_o} \tag{11.6}$$

闭环增益为

$$A_f = \frac{X_o}{X_i} = \frac{X_o}{X_d + X_f} = \frac{X_o}{X_d + FX_o} = \frac{AX_d}{X_d + AFX_d} = \frac{A}{1 + AF} \tag{11.7}$$

式中，$1 + AF$ 称为反馈深度，它反映了反馈的强弱。当满足 $AF \gg 1$ 时，有

$$A_f = \frac{A}{1 + AF} \approx \frac{A}{AF} = \frac{1}{F} \tag{11.8}$$

此时，称放大器工作于"深度负反馈"状态。

负反馈对放大电路性能的改善是以牺牲放大倍数为代价的。因此，只有当基本放大电路的放大倍数足够大时，才可以考虑引入负反馈。对于理想运算放大器其开环放大倍数为无穷大，因而不但可以引入负反馈，而且一般工作于深度负反馈状态。

11.2.2　理想运放的"虚短"和"虚断"

虚短：由于理想运放的线性段放大倍数 $A_u = \infty$，而输出电压 $u_o = A_u(u_+ - u_-) = A_u u_d$ 为有限值，因此

$$u_+ = u_- \tag{11.9}$$

这就是所谓的"虚短"。在分析计算中，运放的同相端与反相端等电位。

虚断：理想运放工作在线性区内时，由于 $R_i = \infty$，所以反相输入端和同相输入电流均为零，即

$$i_+ = i_- = 0 \tag{11.10}$$

这种情况通常称为"虚断"。在分析计算含运放的电路时，可以将运放的两个输入端视为开路。

虚地：当运放的同相端(或反相端)接地时，运放的另一端也相当于接地，一般称为"虚地"。虚短与虚断是理想运算放大器的重要特征，是分析运算放大器的重要依据。

11.2.3　负反馈对放大电路性能的影响

负反馈对放大电路的性能有以下影响：

（1）提高放大倍数的稳定性。稳定性是放大电路的重要指标之一。在输入一定的情况下，温度等各种因素的变化会使放大电路的增益发生改变。引入负反馈可以提高放大器增益的稳定性，反馈越深，稳定性越高。尤其当工作于深度负反馈时，闭环增益只取决于反馈系数，而与放大器本身性能无关。

（2）展宽频带。由于放大器本身的一些参数受信号频率影响，因此放大电路对不同频率的信号呈现出不同的放大倍数。负反馈具有稳定闭环增益的作用，对于频率增大或减小引起放大倍数的变化同样具有稳定作用。也就是说，它能减少频率变化对闭环增益的影响，从而展宽频带。

（3）稳定输出量。引入电压负反馈，可以稳定输出电压；引入电流负反馈，可以稳定输出电流。引入交流负反馈，负反馈将稳定输出信号的交流成分；引入直流负反馈，负反馈将稳定输出信号的直流成分。

（4）改变输入电阻和输出电阻。串联负反馈使输入电阻增大；并联负反馈使输入电阻减小。

当信号带负载能力较弱，要求后续电路输入阻抗较高时，负反馈应采用串联连接。电压负反馈使输出电阻减小；电流负反馈使输出电阻增大。

11.3 基本运算电路

11.3.1 比例运算电路

比例运算放大器的应用分为反相比例放大器和同相比例放大器两种。

1. 反相比例放大器

运算放大器作为反相放大器（Inverting Amplifier）的应用如图 11.7 所示。

在该电路中，输入信号电压通过 R_1 加到运放反相输入端，同相输入端接地。输出电压 u_o 通过反馈电阻 R_f 加到反相输入端。

因为"虚断"，$i_- = 0$，所以 $i = i_f$，即

$$\frac{u_i - u_-}{R_1} = \frac{u_- - u_o}{R_f}$$

又由于"虚短"，则 $u_- = u_+ = 0$，即有

$$\frac{u_i}{R_1} = \frac{-u_o}{R_f}$$

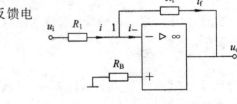

图 11.7 反相放大器

因此

$$u_o = -\frac{R_f}{R_1} u_i \tag{11.11}$$

由此可见，可以通过改变电阻 R_1、R_f 的大小，使得电路的比例系数发生改变。该电路正是一个由运放构成的反相比例器。

注意：其中 R_B 称为平衡电阻，主要作用是保持运放输入级电路的对称性。$R_B = R_1 /\!/ R_f$，其他运放电路中均有此平衡电阻存在，具体的推导过程不在本课程中讲述。

【**例 11.1**】　应用运放来测量电阻的原理电路如图 11.8 所示。其中 $u_i = U = 10$ V，输出端接有量程为 5 V 的电压表，被测电阻为 R_x。试找出被测电阻 R_x 的阻值与电压表读数之间的关系。

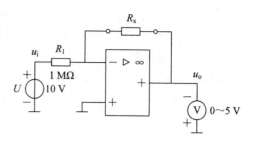

图 11.8　例 11.1 电路图

解　图 11.8 是一个反相比例运算电路。

由式(11.11)可得

$$u_o = -\frac{R_x}{R_1}u_i$$

所以

$$R_x = -\frac{R_1}{u_i}u_o = -\frac{10^6}{10}u_o = -10^5 u_o \ \Omega$$

被测电阻值与电压表读数之间的关系如表 11-1 所示。

表 11-1　例 11.1 被测电阻值与电压表读数的关系

电压表读数 u_o/V	-1	-2	-3	-4	-5
被测电阻值 R_x/Ω	10^5	2×10^5	3×10^5	4×10^5	5×10^5

2. 同相比例放大器

运算放大器作为同相放大器(Non-inverting Amplifier)的应用如图 11.9 所示。信号电压直接从同相端输入，输出电压 u_o 通过电阻 R_f 反馈到反相端，形成负反馈。

因为"虚断"，$i_- = 0$，所以 $i = i_f$，即

$$\frac{-u_-}{R_1} = \frac{u_- - u_o}{R_f}$$

$$u_o = \left(1 + \frac{R_f}{R_1}\right)u_-$$

因为 $i_+ = 0$，所以 $u_+ = u_i$，而又由于"虚短"，则 $u_- = u_+ = u_i$，因此

$$u_o = \left(1 + \frac{R_f}{R_1}\right)u_i \tag{11.12}$$

与反相放大器比较，同相放大器的放大倍数同样与放大器本身增益无关，而仅取决于 R_f 与 R_1 之比，但数值为正。这说明输出与输入同相，而且数值比反相放大器多 1。

若将反馈电阻 R_f 与 R_1 电阻去掉，$R_1 = \infty$，$R_f = 0$，可知 $u_o = u_i$，即输出电压随输入电压的变化而变化，简称电压跟随器(voltage follower)，如图 11.10 所示。

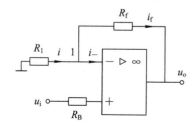

图 11.9　同相放大器

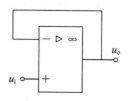

图 11.10　电压跟随器

11.3.2　加减运算电路

1. 加法运算电路

加法运算电路如图 11.11 所示。

由图 11.11，因为"虚断"，$i_- = 0$，所以有

$$i_1 + i_2 = i_f$$

$$i_1 = \frac{u_1}{R_1}, \ i_2 = \frac{u_2}{R_2}, \ i_f = -\frac{u_o}{R_f}$$

所以有

$$u_o = -R_f\left(\frac{u_1}{R_1} + \frac{u_2}{R_2}\right)$$

若 $R_1 = R_2 = R$，则有

$$u_o = -\frac{R_f}{R}(u_1 + u_2) \tag{11.13}$$

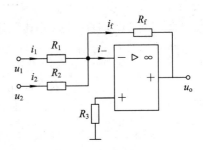

图 11.11　加法运算电路

输出电压 u_o 与输入电压 u_1、u_2 的和成比例。

该电路的特点是便于调节。因为同相端接地，所以反相端是"虚地"。

2. 减法运算电路

减法运算电路是将输入信号同时加到运算放大器的同相输入端和反相输入端，如图 11.12 所示。

输出与输入电压之间的关系可通过叠加原理求出。

（1）u_1 单独作用时的输出电压为 u_o'，电路为反相比例电路，则有

$$u_o' = -\frac{R_f}{R_1}u_1$$

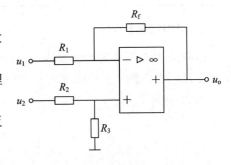

图 11.12　减法运算电路

（2）u_2 单独作用时的输出电压为 u_o''，电路为同相比例电路，则有

$$u_+ = \frac{R_3}{R_2 + R_3}u_2$$

$$u_o'' = \left(1 + \frac{R_f}{R_1}\right)u_+ = \left(1 + \frac{R_f}{R_1}\right)\frac{R_3}{R_2 + R_3}u_2$$

（3）二者共同作用时，则有

$$u_o = u_o' + u_o'' = -\frac{R_f}{R_1}u_1 + \left(1 + \frac{R_f}{R_1}\right)\frac{R_3}{R_2 + R_3}u_2 \tag{11.14}$$

若 $R_3 = R_f$，$R_2 = R_1$，则式（11.14）可简化为

$$u_o = \frac{R_f}{R_1}(u_2 - u_1) \tag{11.15}$$

若 $R_f = R_3 = R_1 = R_2$，则

$$u_o = u_2 - u_1 \tag{11.16}$$

此时电路就是减法电路。

【**例 11.2**】 图 11.13 为两级集成运放组成的电路，已知 $R_1 = 20 \text{ k}\Omega$，$R_2 = 60 \text{ k}\Omega$，

$R_3=15$ kΩ，$R_4=20$ kΩ，$R_5=10$ kΩ，$R_6=20$ kΩ，$R_7=5$ kΩ。(1) 求 u_o 与输入 u_{i1}、u_{i2} 之间的关系表达式；(2) 当 $u_{i1}=3$ V，$u_{i2}=-2$ V 时，求 u_o 的值。

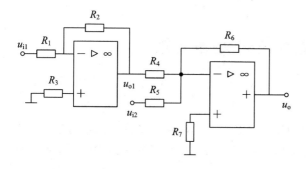

图 11.13　例 11.2 电路图

例 11.2Multisim 电路仿真

解　(1)第一级为反相比例运算电路，有

$$u_{o1}=-\frac{R_2}{R_1}u_{i1}=-3u_{i1}$$

第二级为反相加法运算电路，因此有

$$u_o=-\left(\frac{R_6}{R_4}u_{o1}+\frac{R_6}{R_5}u_{i2}\right)$$

$$u_o=-(u_{o1}+2u_{i2})=3u_{i1}-2u_{i2}$$

(2)当 $u_{i1}=3$ V，$u_{i2}=-2$ V 时，有

$$u_o=3u_{i1}-2u_{i2}=13\text{ V}$$

11.3.3　积分和微分运算电路

1. 微分运算电路

微分运算电路如图 11.14 所示，下面推导该电路输出电压的表达式。

因为 $u_-=u_+=0$，反相端为"虚地"，所以

$$u_C=u_i$$

又　　　　　　　$i_f=i_C=C\dfrac{\mathrm{d}u_i}{\mathrm{d}t}$

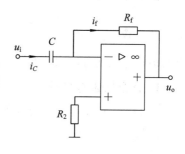

图 11.14　微分运算电路

得到输出电压为

$$u_o=-i_fR_f=-R_fC\frac{\mathrm{d}u_i}{\mathrm{d}t}\qquad(11.17)$$

可见，输出电压 u_o 与输入电压 u_i 的微分成正比。

2. 积分运算电路

积分运算电路如图 11.15 所示。

因为 $i_1=i_C=\dfrac{u_i}{R}$，所以

$$u_o=-u_C=-\frac{1}{C}\int i_C\,\mathrm{d}t=-\frac{1}{RC}\int u_i\,\mathrm{d}t\quad(11.18)$$

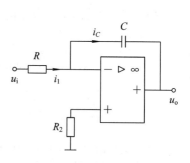

图 11.15　积分运算电路

可见，输出电压 u_o 与输入电压 u_i 的积分成正比。若输入电压为常数 U_i，则有

$$u_o = -\frac{U_i}{RC}t \tag{11.19}$$

11.4　基本信号处理电路

11.4.1　有源滤波电路

　　滤波器(filter)是一种选频电路，它的作用就是允许某段频率范围内的信号通过，而阻止或削弱其他频率范围的信号。根据滤波电路通过或者阻止信号频率范围的不同，可将滤波电路分为低通、高通、带通和带阻电路。由 R、L、C 等无源元件构成的滤波器称为无源滤波器(passive filter)；由电阻、电容和集成运算放大器组成的滤波器称为有源滤波器(active filter)。有源滤波器不需要电感元件，因此体积小、质量轻、便于集成，并且在滤波的同时还能对信号起放大作用，具有输入电阻高、输出电阻低、带负载能力强等特点，这是无源滤波器无法做到的。有源滤波器被广泛应用于无线通信、测量和自动控制系统中。

　　若滤波器输入为 $\dot{U}_i(j\omega)$，输出为 $\dot{U}_o(j\omega)$，则输出电压与输入电压之比为该滤波器的频率特性，即

$$f(j\omega) = \frac{\dot{U}_o(j\omega)}{\dot{U}_i(j\omega)} \tag{11.20}$$

　　输出电压与输入电压的大小之比称为滤波器的幅频特性，即

$$|f(j\omega)| = \left| \frac{\dot{U}_o(j\omega)}{\dot{U}_i(j\omega)} \right| \tag{11.21}$$

根据幅频特性就可以判断滤波器的通频带。

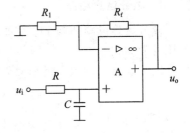

图 11.16　有源低通滤波电路

1. 有源低通滤波器

　　图 11.16 所示是一个有源低通滤波器电路。
　　因为

$$\dot{U}_+ = \dot{U}_- = \dot{U}_i \cdot \frac{\frac{1}{j\omega C}}{R + \frac{1}{j\omega C}} = \dot{U}_i \cdot \frac{1}{1 + j\omega RC}$$

　　又根据同相比例运算电路的输入输出关系式，得

$$\dot{U}_o = \left(1 + \frac{R_f}{R_1}\right)\dot{U}_+ = \dot{U}_i \cdot \frac{1}{1 + j\omega RC}\left(1 + \frac{R_f}{R_1}\right)$$

故

$$\frac{\dot{U}_o}{\dot{U}_i} = \frac{1}{1 + j\omega RC}\left(1 + \frac{R_f}{R_1}\right)$$

令 $\frac{1}{RC} = \omega_0$ 称为截止角频率，则其幅频特性为

$$\frac{U_{o}}{U_{i}}=\left(1+\frac{R_{f}}{R_{1}}\right)\cdot\frac{1}{\sqrt{1+\left(\frac{\omega}{\omega_{0}}\right)^{2}}} \tag{11.22}$$

当 $\omega \ll \omega_{0}$ 时，$\frac{U_{o}}{U_{i}} \approx 1+\frac{R_{f}}{R_{1}}$；当 $\omega = \omega_{0}$ 时，$\frac{U_{o}}{U_{i}}=\frac{1+\frac{R_{f}}{R_{1}}}{\sqrt{2}}$；当 $\omega > \omega_{0}$ 时，$\frac{U_{o}}{U_{i}}$ 随 ω 的增加而下降；当 $\omega \to \infty$ 时，$\frac{U_{o}}{U_{i}}=0$。

有源低通滤波器的幅频特性曲线如图 11.17 所示。由此可以看出，有源低通滤波器允许低频段的信号通过，阻止高频段的信号通过。

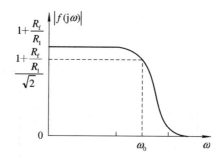

图 11.17　有源低通滤波器的幅频特性曲线

根据滤波器的概念，请读者自行分析如何构成有源高通滤波器。

2. 采样保持电路

在数字电路、计算机及程序控制的数据采集系统中常常用到采样保持电路。采样保持电路的功能是将快速变化的输入信号按控制信号的周期进行"采样"，使输出准确地跟随输入信号的变化，并能在两次采样的间隔时间内保持上一次采样结束的状态。图 11.18(a)所示是一种基本的采样保持电路，包括模拟开关 S、存储电容和由运算放大器构成的跟随器。

采样保持电路的模拟开关 S 的开与合由一控制信号控制。当控制信号为高电平时，开关 S 闭合，电路处于采样状态，此时，u_i 对存储电容充电，$u_o = u_C = u_i$，输出电压跟随输入电压的变化；当控制信号为低电平时，开关 S 断开，电路处于保持状态，由于存储电容无放电回路，所以在下一次采样之前，$u_o = u_C$，并保持一段时间。输入电压、输出电压的波形如图 11.18(b)所示。

11.4.2　电压比较器

1. 单限电压比较器

只要将运放的反相输入端和同相输入端中的任何一端加上输入信号 u_i，另一端加上固定的基准电压(或称参考电压) U_{REF}，就成了单限电压比较器，这时 u_o 与 u_i 的关系曲线称为电压比较器的电压传输特性。

若取 $u_i = U_+$，$U_{REF} = U_-$(如图 11.19 所示)，则 $u_i > U_{REF}$ 时，$u_o = +U_{SAT}$；$u_i < U_{REF}$ 时，$u_o = -U_{SAT}$。

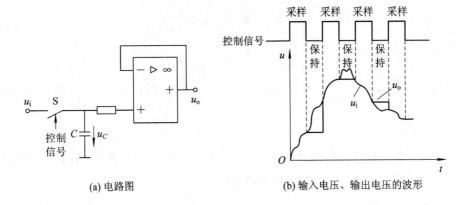

(a) 电路图　　　　　　　　(b) 输入电压、输出电压的波形

图 11.18　采样保持电路

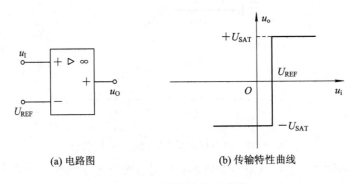

(a) 电路图　　　　　　　　(b) 传输特性曲线

图 11.19　同相电压比较器

若取 $u_i=U_-$，$U_{REF}=U_+$（如图 11.20 所示），则 $u_i>U_{REF}$ 时，$u_o=-U_{SAT}$；$u_i<U_{REF}$ 时，$u_o=+U_{SAT}$。

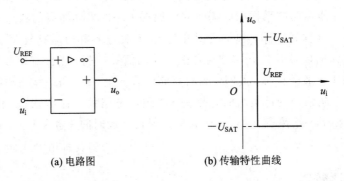

(a) 电路图　　　　　　　　(b) 传输特性曲线

图 11.20　反相电压比较器

由此可见，单限电压比较器在输入电压 u_i 经过 U_{REF} 时，输出电压 u_o 将发生跳变。这一电压 U_{REF} 称为比较器的门限电压。由于这种比较器的门限电压只有一个，所以称为单限电压比较器，简称单限比较器。

【例 11.3】　图 11.21(a) 所示为过零比较器（基准电压为零）。试画出其传输特性。当输入为正弦波时，画出输出电压的波形。

解　过零比较器的传输特性曲线如图 11.21(b) 所示，波形图如图 11.21(c) 所示，由图可见，通过过零比较器可以将输入的正弦波转换为矩形波。

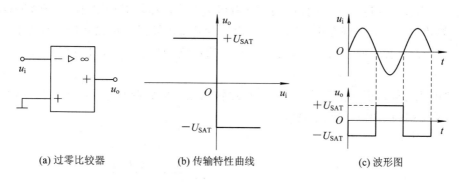

(a) 过零比较器　　　　　　(b) 传输特性曲线　　　　　　(c) 波形图

图 11.21　例 11.3 图

【例 11.4】 图 11.22 所示是利用运放组成的过温保护电路，R_3 是负温度系数的热敏电阻，温度升高时，阻值变小，KA 是继电器，要求该电路在温度超过上限值时，继电器动作，自动切断加热电源。试分析该电路的工作原理。

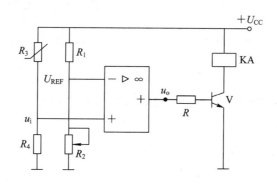

图 11.22　例 11.4 图

解　运放在这里作电压比较器用。电阻 R_1 和 R_2 串联，由 R_2 上分得的电压作参考电压 U_{REF}；R_3 和 R_4 串联，由 R_4 上分得的电压作输入电压 u_i。

正常工作时，温度未超过上限值，则 $u_i < U_{REF}$，$u_o = -U_{SAT}$，晶体管截止，KA 不会动作。当温度超过上限值时，R_3 的阻值刚好下降到使 $u_i > U_{REF}$，$u_o = +U_{SAT}$，晶体管饱和导通，KA 动作，切断加热电源，从而实现温度超限保护作用。

调节 R_2 可改变参考电压 U_{REF}。在某些复印机中就采用这种电路来防止热辊温度过高而造成损坏。

2. 迟滞电压比较器

输入电压 u_i 加到运算放大器的反相输入端，通过 R_3 引入电压串联正反馈，就构成了迟滞电压比较器，如图 11.23(a) 所示。当输出电压为正饱和值时，$u_o = +U_{SAT}$，则

$$u_+ = U'_+ = U_{SAT} \frac{R_2}{R_2 + R_3} = U_{+H} \qquad (11.23)$$

当输出电压为负饱和值时，$u_o = -U_{SAT}$，则

$$u_+ = U''_+ = -U_{SAT} \frac{R_2}{R_2 + R_3} = U_{+L} \qquad (11.24)$$

设某一瞬间，$u_o = +U_{SAT}$，基准电压为 U_{+H}，输入电压只有增大到 $u_i \geqslant U_{+H}$ 时，输出电压才能由 $+U_{SAT}$ 跃变到 $-U_{SAT}$；此时的基准电压为 U_{+L}，若 u_i 持续减小，只有减小到 $u_i \leqslant U_{+L}$ 时，输出电压才会又跃变至 $+U_{SAT}$。由此得出迟滞比较器的传输特性，如图 11.23(b) 所示。$U_{+H} - U_{+L}$ 称为回差电压。改变 R_2 或 R_3 的数值，就可以方便地改变 U_{+H}、U_{+L} 和回差电压。

迟滞电压比较器引入了正反馈，可以加速输出电压的转换过程，改善输出波形；回差电压的存在，提高了电路的抗干扰性。

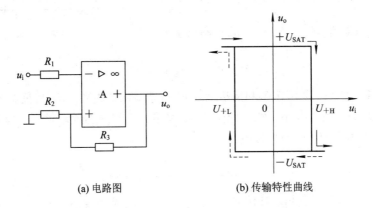

(a) 电路图　　　　　　(b) 传输特性曲线

图 11.23　迟滞电压比较器

当输入电压是正弦波时，输出的矩形波如图 11.24 所示。

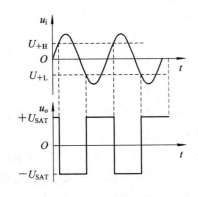

图 11.24　迟滞电压比较器的输出电压波形

电压比较器仿真实验

利用电压比较器还可实现信号的波形变换，将正弦波变换为矩形波。

集成运算放大器还可用来产生正弦波信号，如 RC 正弦波振荡电路是应用十分广泛的一种信号产生电路。

11.5　应用举例

运算放大器的应用范围极广，常用于各种测量电路、音响电路、控制电路及报警电路等。

　　图 11.25 为传感器桥式放大器。不少传感器本身是电桥电路(如压力传感器)或接成电桥测量电路(如应变片传感器、温度传感器、气敏传感器等)。接成电桥测量电路可消除传感器的温度误差,而温度传感器接成电桥电路则是为了在测量温度最低值时,输出为零。

　　图 11.25 中虚线内桥式传感器使用的是四个硅压阻式力传感器,即利用微细加工工艺技术在一小块硅片上加工成硅膜片,并在膜片上用离子注入工艺做成四个电阻并连接成电桥。当力作用在硅膜片上时,膜片产生变形,电桥中两个桥臂电阻的阻值增大;另外两个桥臂电阻的阻值减小,电桥失去平衡,输出与作用力成正比的电压信号。力传感器由电源经三个二极管降压后(约 10 V)供电。$A_1 \sim A_3$ 组成测量放大器,其差分输入端直接与力传感器的 2 脚、4 脚连接。A_4 的输出用于补偿整个电路的失调电压。当作用力为 0~1500 g 时,输出 0~1500 mV(灵敏度为 1 mV/g)。

　　图 11.25 中,如果传感器使用的是气敏传感器,则该电路可应用于室内环境测量;如果使用的是温度传感器,则可应用于化工或制药过程中的温度检测。

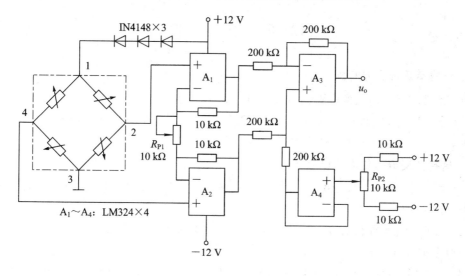

图 11.25　传感器桥式放大器

　　图 11.26 是一种热释电红外报警器的主要电路。虚线框内是热释电红外传感器,它能接收人体发射的红外线而产生一个微弱的交流电压信号。信号经电容 C_2 耦合后送入 A_1 放大器。A_1 的放大倍数取决于 R_6 与 R_4 的比值,输出的交流信号经耦合电容 C_5 输入到第二级放大器 A_2,第二级增益取决于 R_{10} 与 R_7 的比值,经两级放大,其增益约为 4000。A_3 组成比较器电路,其电压基准由 R_{11}、R_P、R_{14} 组成。放大后的红外信号经 R_{13}、C_{10} 组成的滤波器输入电压比较器反相端。无入侵者时,反相端电压大于同相端电压,输出为低电平,LED 不亮;当有入侵者时,比较器反相端电压低于同相端电压,比较器输出高电平,LED 亮(报警)。若有人走动,则输出一串脉冲。热释电红外报警器可用于银行、办公楼、仓库及家庭等的安防领域。

　　集成运算放大器广泛应用于家电、工业以及科学仪器等各个领域,是应用最广泛的集成电路。

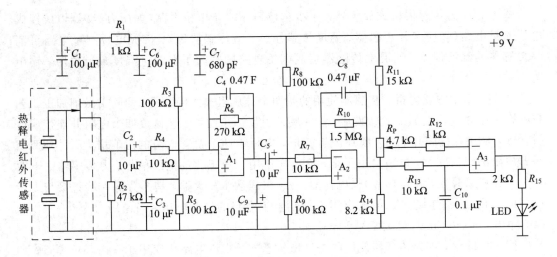

图 11.26　热释电红外报警电路

11.6　小　　结

1. 集成运算放大器基础

(1) 差动输入下的运算放大器有 $u_o = A_u(u_+ - u_-) = A_u u_d$。

(2) 在 $-U_{SAT} \leqslant u_o \leqslant U_{SAT}$ 范围内，如果假设运放的电路模型的 R_{in} 为无穷大，R_o 为零，且认为 A_u 为无穷大，则称这种运放为理想运放。

2. 具有负反馈的集成运算放大电路

(1) 反馈类型可分为：正反馈、负反馈；交流反馈、直流反馈；电流反馈、电压反馈；串联反馈、并联反馈。

(2) 在基本负反馈的放大电路中，集成运放的输入端具有虚短（$u_+ = u_-$）、虚断（$i_+ = i_- = 0$）两个重要性质。

(3) 负反馈可以提高放大倍数的稳定性，展宽频带，稳定输出量，改变输入电阻和输出电阻。

3. 基本运算电路

(1) 反相比例放大器：$u_o = -\dfrac{R_f}{R_1} u_i$

(2) 同相比例放大器：$u_o = \left(1 + \dfrac{R_f}{R_1}\right) u_i$

(3) 加法运算电路：$u_o = -\dfrac{R_f}{R}(u_1 + u_2)$

(4) 减法运算电路：$u_o = -\dfrac{R_f}{R_1} u_1 + \left(1 + \dfrac{R_f}{R_1}\right)\dfrac{R_3}{R_2 + R_3} u_2$

(5) 微分运算电路：$u_o = -i_f R_f = -R_f C \dfrac{\mathrm{d}u_i}{\mathrm{d}t}$

(6) 积分运算电路：$u_o = -\dfrac{1}{RC}\displaystyle\int u_i \, \mathrm{d}t$

4. 有源低通滤波器

有源低通滤波器允许低频段信号通过，阻止高频段信号通过。

习　题　11

11.1　判断题

(1) 放大电路一般采用的反馈形式为正反馈。　　　　　　　　　　　　　　（　　）

(2) 电压比较器的输出电压只有两种数值。　　　　　　　　　　　　　　　（　　）

(3) 集成运放未接反馈电路时的电压放大倍数称为开环电压放大倍数。　　（　　）

(4) "虚短"就是两点并不真正短接，但具有相等的电位。　　　　　　　　（　　）

(5) "虚地"是指该点与接地点等电位。　　　　　　　　　　　　　　　　（　　）

11.2　填空题

(1) 理想运放同相输入端和反相输入端的"_____"指的是同相输入端与反相输入端两点电位相等，在没有短接的情况下出现相当于短接时的现象。

(2) 将放大器的_____全部或部分通过某种方式回送到输入端，这部分信号叫作_____信号。使放大器净输入信号减小，放大倍数也减小的反馈，称为_____反馈；使放大器净输入信号增加，放大倍数也增加的反馈，称为_____反馈。

(3) 若要集成运放工作在线性区，则必须在电路中引入_____反馈；若要集成运放工作在非线性区，则必须在电路中引入_____反馈。

(4) 集成运放有两个输入端，称为_____输入端和_____输入端，相应地有_____输入、_____输入、_____输入三种输入方式。

(5) 理想运算放大器工作在线性区时有两个重要特点：一是差模输入电压相同，称为"____"；二是输入电流为零，称为"____"。

11.3　选择题

(1) 理想运算放大器的开环放大倍数 A_{u0} 为（　　），输入电阻为（　　），输出电阻为（　　）。

A. ∞　　　　　　　　　B. 0　　　　　　　　C. 不定

(2) 集成运算放大器能处理（　　）。

A. 直流信号　　　　　B. 交流信号　　　　C. 交流信号和直流信号

(3) 为使电路输入电阻高、输出电阻低，应引入（　　）。

A. 电压串联负反馈　　　　　　　　B. 电压并联负反馈

C. 电流串联负反馈　　　　　　　　D. 电流并联负反馈

(4) 在由运放组成的电路中，运放工作在非线性状态的电路是（　　）。

A. 反相放大器　　B. 差值放大器　　C. 有源滤波器　　D. 电压比较器

(5) 集成运放工作在线性放大区，由理想工作条件得出的两个重要规律是（　　）。

A. $u_+ = u_- = 0$，$i_+ = i_-$　　　　　B. $u_+ = u_- = 0$，$i_+ = i_- = 0$

C. $u_+ = u_-$，$i_+ = i_- = 0$　　　　　D. $u_+ = u_- = 0$，$i_+ \neq i_-$

(6) 利用集成运放构成电压放大倍数为 $-A$ 的放大器，$|A| > 0$，应选用（　　）。

A. 反相比例运算电路　　　　　　　B. 同相比例运算电路

C. 同相求和运算电路   D. 反相求和运算电路

11.4 在题 11.4 图所示电路中,已知输入电压 $u_i = -1$ V,运放开环放大倍数 $A_{uo} = 10^5$,求输出电压 u_o 的值。

11.5 在题 11.4 图示电路中,若 $R_1 = 10$ kΩ,$R_f = 100$ kΩ,$A_f = ?$

11.6 求题 11.6 图所示电路的输出电压与输入电压的关系式。

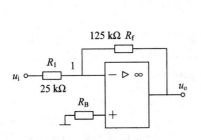

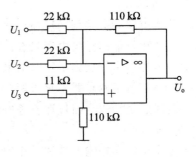

题 11.4 图   题 11.6 图

11.7 某集成运放的开环放大倍数 $A_{uo} = 10^4$,最大输出电压 $U_{o(SAT)} = \pm 10$ V。在开环状态下,当 $U_i = 0$ 时,$U_o = 0$。试问:(1) $U_i = \pm 0.8$ mV 时,$U_o = ?$ (2) $U_i = \pm 1$ mV 时,$U_o = ?$ (1) $U_i = \pm 1.5$ mV 时,$U_o = ?$

11.8 求题 11.8 图所示电路中 u_o 与 u_i 的关系。

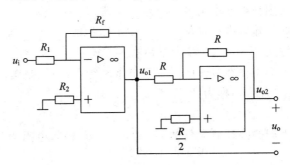

题 11.8 图

11.9 某理想运算放大器的同相加法电路如题 11.9 图所示。要用它实现 $u_o = u_{i1} + u_{i2}$ 的运算,R_1 和 R_2 分别取多大?

11.10 求题 11.10 图所示电路 u_o 与 u_i 的关系。

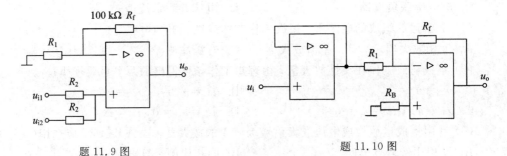

题 11.9 图   题 11.10 图

11.11 求题 11.11 图所示电路 u_o 与 u_{i1}、u_{i2} 的关系。

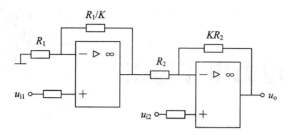

题 11.11 图   题 11.11 解答

11.12 题 11.12 图所示电路中的集成运放是理想的,试求该电路的电压传输函数关系式。(提示:求电路的传输函数就是确定输出电压与输入电压之间的关系。)

11.13 题图 11.13 为同相加法器,试证明:

$$u_o = \left(1 + \frac{R_f}{R}\right)\left(\frac{R_2}{R_1 + R_2}u_{i1} + \frac{R_1}{R_1 + R_2}u_{i2}\right)$$

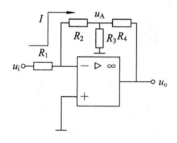 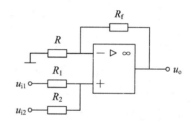

题 11.12 图   题 11.13 图

第 12 章知识点

第 12 章　电力电子技术

教学内容与要求：本章介绍半导体晶闸管的结构和工作原理，应掌握晶闸管的三个电极的作用，了解晶闸管的控制原理；介绍晶闸管的整流电路、调压电路及逆变电路的原理，应理解晶闸管可控整流电路的工作原理，了解晶闸管的应用电路。

12.1　晶　闸　管

晶闸管（Thyristor）又称可控硅（SCR：Silicon Controlled Rectifier）。晶闸管有单向、双向、可关断和光控几种类型，它具有体积小、重量轻、效率高、寿命长、控制方便等优点，被广泛用于可控整流、调压、逆变及变频等各种自动控制和大功率电能转换的场合。

12.1.1　晶闸管的基本结构

图 12.1 是晶闸管的结构示意图和图形符号。晶闸管由 P_1、N_1、P_2、N_2 四层半导体构成，其内部有三个 PN 结 J_1、J_2 和 J_3，分别引出三个电极：阳极 A、阴极 K 和控制极 G。

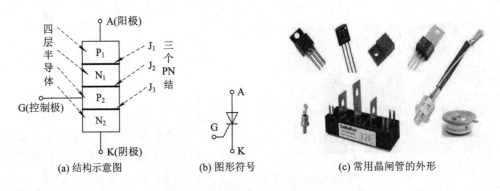

(a) 结构示意图　　　　(b) 图形符号　　　　(c) 常用晶闸管的外形

图 12.1　晶闸管的结构、符号及外形

晶闸管的这种结构可以等效为一个 PNP 型三极管 V_1 和一个 NPN 型三极管 V_2 连接的等效模型，如图 12.2 所示。

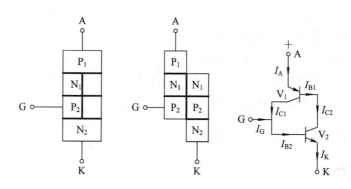

图 12.2　晶闸管的等效电路

12.1.2　工作原理

阳极 A 与阴极 K 之间的电压 U_{AK} 称为阳极电压，控制极 G 和阴极 K 之间的电压 U_{GK} 称为控制极电压。

（1）当 $U_{AK} < 0$ 时，PN 结 J_1、J_3 反向偏置，晶闸管截止，无论控制极是否加电压，晶闸管不导通，处于反向阻断状态。

（2）当 $U_{AK} > 0$，$U_{GK} \leqslant 0$ 时，PN 结 J_2 反向偏置，晶闸管不导通，处于正向阻断状态。

（3）当 $U_{AK} > 0$，$U_{GK} > 0$ 且为适当数值时，就能产生适当的控制极电流 I_G，经 V_2 放大后 $I_{C2} = \beta_2 I_{B2}$，由于 I_{C2} 就是 I_{B1}，经 V_1 再次放大后得 $I_{C1} = \beta_1 \beta_2 I_{B2}$，而 I_{C1} 又流入 V_2 管的基极再放大，形成正反馈，使 V_1、V_2 迅速饱和导通，即全导通。

（4）晶闸管一旦导通后，即使去掉 U_{GK}，依靠管子本身的正反馈，仍处于导通状态，在实际应用中，U_{GK} 常为触发脉冲。晶闸管导通后阳极与阴极间的正向压降很小，约为 1 V 左右，导通电流 I_A 的大小取决于外电路。

（5）当阳极电压 U_{AK} 断开或反接，或者外电路使 I_A 降低到某个电流值 I_H 不能维持正反馈时，晶闸管就关断，恢复到阻断的状态。I_H 称为维持电流。

综上所述，晶闸管具有单向导电性。要使晶闸管导通，必须 $U_{AK} > 0$，同时在控制极与阴极间加触发信号。当 $U_{AK} \leqslant 0$ 或使阳极电流 I_A 减小到维持电流以下时，晶闸管关断。

12.1.3　晶闸管的主要参数

为了正确选择和使用晶闸管，需要了解它的主要参数。

（1）正向平均电流 I_F：在环境温度不大于 40℃ 和标准散热及全导通的条件下，晶闸管通过的工频正弦半波电流（在一个周期内的）平均值，简称正向电流。通常所说多少安的晶闸管，就是指这个电流。其标准电流系列为 1、5、10、20、30、50、100、200、300、400、500、600、800、1000 A 等。

（2）正向重复峰值电压 U_{FRM}：在控制极断路和晶闸管正向阻断的条件下，可以重复加在晶闸管两端的正向峰值电压。

（3）反向重复峰值电压 U_{RRM}：在控制极断路时，可以重复加在晶闸管阳极与阴极间的反向峰值电压。

（4）控制极触发电压 U_G 和触发电流 I_G：晶闸管在阳极与阴极间加有一定正向电压的情况下，能使其导通的最小控制电压和控制电流。实际中，为使晶闸管可靠地触发导通，所加控制电压和控制电流应大于这个数值。

（5）正向平均管压降 U_F：正向导通状态下器件两端的平均电压降，一般为 $0.4\sim 1.2\ \mathrm{V}$。

（6）维持电流 I_H：维持晶闸管继续导通的最小电流。

12.1.4 双向晶闸管与可关断晶闸管

1. 双向晶闸管

双向晶闸管（bidirectional thyristor）相当于两个单向晶闸管的反向并联，但只有一个控制极 G，如图 12.3(a)所示。双向晶闸管与单向晶闸管一样，也具有触发控制特性。由于双向晶闸管在阳、阴极间接任何极性的工作电压都可以实现触发控制，因此双向晶闸管的主电极也就没有阳极、阴极之分，通常把这两个主电极称为 A_1 电极和 A_2 电极。只要在它的控制极上加上一个触发脉冲，也不管这个脉冲是什么极性的，都可以使双向晶闸管导通。双向晶闸管可在任何一个方向导通，是一种理想的交流开关器件。

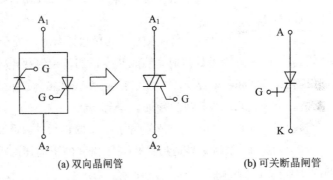

(a) 双向晶闸管　　　　　　　(b) 可关断晶闸管

图 12.3 双向晶闸管和可关断晶闸管的图形符号

2. 可关断晶闸管

可关断晶闸管（Gate Turn-Off Thyristor，GTO）亦称门控晶闸管。其主要特点为：当门极加负向触发信号时晶闸管能自行关断。普通晶闸管的控制极正信号触发之后，即使撤掉信号也能维持导通状态；欲使之关断，必须切断电源。可关断晶闸管在 $U_{AK}>0$、$U_{GK}>0$ 时，与普通晶闸管一样，由截止变导通；在 $U_{AK}>0$、$U_{GK}<0$ 时，即加上负脉冲控制电压时，晶闸管由导通变截止。晶闸管关断时间短、工作可靠、效率高。图 12.3(b)为可关断晶闸管的图形符号。

12.2 可控整流电路

在第 5 章讨论了整流电路（AC—DC），它利用二极管作整流元件，其输出电压的大小是不能调节的；而增加晶闸管作整流元件的整流电路，能将交流电转换成大小可调的方向单一的直流电，因此称为可控整流电路。本节主要介绍单相桥式半控整流电路。

12.2.1　电路结构

单相桥式半控整流电路如图 12.4 所示，可见电路与单相不可控桥式整流电路相似，只是将其中两个臂中的二极管用晶闸管取代。

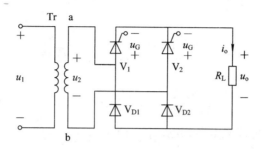

图 12.4　单相桥式半控整流电路

12.2.2　工作原理

（1）在 u_2 正半周内，V_2 和 V_{D1} 承受反向电压截止，V_1 和 V_{D2} 虽承受正向电压，但 V_1 在没有触发脉冲时不导通；在 $\omega t = \alpha$ 时才加上控制信号，故在 $\alpha \leqslant \omega t \leqslant \pi$ 时，V_1 和 V_{D2} 导通，电流通路是：a→V_1→R_L→V_{D2}→b。忽略晶闸管和二极管的管压降，则输出电压 $u_o = u_2$。

（2）在 u_2 负半周内，V_1 和 V_{D2} 承受反向电压截止，V_2 和 V_{D1} 虽承受正向电压，但 V_2 在没有触发脉冲时不导通；在 $\omega t = \alpha + \pi$ 时才加上控制信号，故在 $\alpha + \pi \leqslant \omega t \leqslant 2\pi$ 时，V_2 和 V_{D1} 导通，电流通路是：b→V_2→R_L→V_{D1}→a。忽略晶闸管和二极管的管压降，则输出电压 $u_o = -u_2$。

此后循环工作，图 12.5 为电压、电流的波形图。可见，R_L 上的电压 u_o 为不完整的全波脉动电压，相当于被切去 α 前面的一块。α 是从晶闸管开始承受正向阳极电压起，到触发脉冲到来时刻为止的电角度，称为控制角。图 12.5 中 θ 是晶闸管在一个周期内导通的电角度，称为导通角。显然，控制角 α 越小（导通角 θ 越大），输出电压越大。改变触发脉冲到来的时间，输出波形也随之改变，就可以达到控制输出直流电压大小的目的。

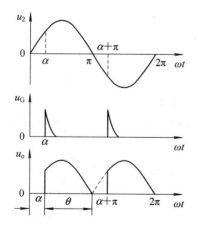

图 12.5　单相桥式半控整流电路波形图

桥式半控整流电路仿真实验

12.2.3　各电量计算

设 $u_2 = \sqrt{2}U_2 \sin\omega t$，则该电路的各电量数量关系如下：

负载直流电压：

$$U_o = \frac{1}{\pi}\int_0^\pi \sqrt{2}U_2 \sin\omega t\, \mathrm{d}(\omega t) = \frac{1+\cos\alpha}{2} \cdot 0.9U_2 \tag{12.1}$$

负载直流电流：

$$I_o = \frac{U_o}{R_L} = 0.9\frac{U_2}{R_L} \cdot \frac{1+\cos\alpha}{2} \tag{12.2}$$

每个晶闸管通过的电流只有负载电流的一半，故晶闸管的平均电流为

$$I_T = \frac{1}{2}I_o \tag{12.3}$$

晶闸管的最高正、反向工作电压：

$$U_{TFM} = U_{TRM} = \sqrt{2}U_2 \tag{12.4}$$

12.3　交流调压电路

晶闸管构成的可控交流整流电路是一个交流—直流变换电路。在实际生活和生产中，交流调压是交流—交流（AC—AC）变换电路，也得到了广泛应用，如灯光控制、感应电动机调速和温度控制等。

交流调压就是调节交流电压有效值的大小，但其频率不变。

图 12.6(a)是由双向晶闸管组成的单相交流调压电路，负载为电阻性质。

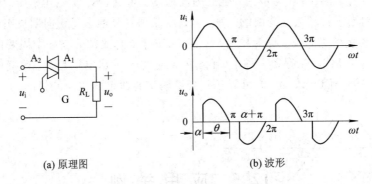

(a) 原理图　　　　　　　　　　　(b) 波形

图 12.6　单相交流调压电路原理及波形图

(1) 在电源电压 u_i 正半周，A_2 的电位比 A_1 的电位高，在 $\omega t = \alpha$ 时加上控制电压，晶闸管正向导通。当电源为零时，晶闸管截止。

(2) 在电源电压 u_i 负半周，A_1 的电位比 A_2 的电位高，在 $\omega t = \pi + \alpha$ 时加上控制电压，晶闸管反向导通。当电源为零时，晶闸管截止。

如此周期循环工作，在负载 R_L 两端便得到图 12.6(b)所示的电压波形图，从图中可知，输出的电压为不完整的交流电压 u_o。

设输入电压 $u_i = \sqrt{2}U_i \sin\omega t$，则该电路的输出电压 u_o 的有效值为

$$U_o = \sqrt{\frac{1}{\pi} \int_0^\pi (u_o)^2 \mathrm{d}(\omega t)} = U_i \sqrt{\frac{\pi - \alpha}{\pi} + \frac{1}{2\pi} \sin 2\alpha} \qquad (12.5)$$

从式(12.5)可知，改变控制角 α 的大小，即可以改变 u_o 的有效值大小，以实现交流调压。

12.4　逆 变 电 路

晶闸管构成的可控交流整流电路是一个交流—直流变换电路。逆变电路的作用与整流电路相反，逆变电路是进行直流—交流(DC—AC)变换，也就是将直流电变换为交流电。

图 12.7(a)是单相逆变电路的工作原理图，设 U_1 为直流输入电压，$V_1 \sim V_4$ 为可关断晶闸管，负载为电阻 R_L。

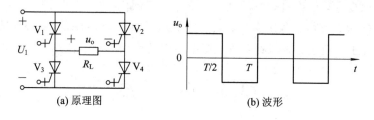

(a) 原理图　　　　　　　　　　　(b) 波形

图 12.7　单相逆变电路原理及波形图

在 $0 \sim \dfrac{T}{2}$ 期间，晶闸管 V_1 和 V_4 导通，晶闸管 V_2 和 V_3 截止，相当于断开，负载 R_L 上的电压极性为左"+"右"−"；在 $\dfrac{T}{2} \sim T$ 期间，晶闸管 V_2 和 V_3 导通，晶闸管 V_1 和 V_4 截止，负载 R_L 上的电压极性为左"−"右"+"。使两组晶闸管轮流导通，负载电阻 R_L 上就可以得到图 12.7(b)所示的交变电压 u_o。u_o 的频率取决于晶闸管导通切换的频率。可见在触发导通一组晶闸管的同时，若将另一组晶闸管关断，就可以实现直流到交流的逆变。

如果通过整流电路将交流电转换为直流电，再经过逆变电路将直流电变化为不同频率的交流电，即进行交流—直流—交流的变换，就是交流变频，组成的电路为变频器。变频器可用于风机、水泵、电机及拖动设备中，应用于电力、钢铁、化工、机械等各商业、工业企业中，为企业节能增效，应用价值高。

12.5　应 用 举 例

图 12.8 是用双向晶闸管等元件组成的台灯调光电路。电路图中 V 为双向晶闸管，L 为白炽灯，R_P 为带开关(S)的电位器，R_P、R_1 和电容 C 构成移相触发电路，V_D 为双向触发二极管，它的特性是当两端的电压达到一定值时便迅速导通，导通后压降变小，R_2 为限流电阻。

图 12.8 所示电路的工作原理是：合上开关，电源电压经 L、R_1、R_P 和电容 C 形成通路，C 充电，当电容 C 上的电压上升到触发二极管 V_D 的导通电压时，双向晶闸管被触发

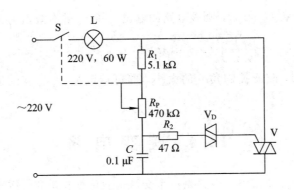

图 12.8　台灯调光电路

导通，灯亮。调节 R_P 可改变 C 的充电时间，以改变触发二极管的导通时刻，从而改变双向晶闸管在交流电源正、负半周的导通角，也就是改变了交流电压的有效值大小，流过灯泡的电流大小也改变了，使得白炽灯的亮度随 R_P 的调节而变化。

该电路中的白炽灯可改为电熨斗、烘干电炉以及其他电热设备，称为调温电路。调光与调温电路在工业、商业、影剧院以及家用电器中已得到广泛的应用。

12.6　小　　结

1. 晶闸管结构及特点

晶闸管由四层半导体 P_1、N_1、P_2、N_2 构成三个 PN 结 J_1、J_2、J_3，引出三个电极：阳极 A、阴极 K 和控制极 G。

晶闸管具有单向导电性。要使晶闸管导通，必须 $U_{AK} > 0$，同时在控制极与阴极间加触发信号。当 $U_{AK} \leqslant 0$ 或使阳极电流 I_A 减小到维持电流以下时，晶闸管关断。

2. 可控整流电路

将不可控桥式整流电路中两个臂中的二极管用晶闸管取代，构成单相桥式半控整流电路，能将交流电转换成大小可调的单一方向的直流电（AC—DC）。

负载直流电压：

$$U_o = \frac{1}{\pi} \int_0^\pi \sqrt{2} U_2 \, \sin\omega t \, \mathrm{d}(\omega t) = \frac{1 + \cos\alpha}{2} \cdot 0.9 U_2$$

3. 交流调压电路

交流调压就是交流—交流（AC—AC）变换电路，改变晶闸管的控制角 α 的大小，可以改变 u_o 的有效值大小，以实现交流调压。

输出电压 u_o 的有效值：

$$U_o = \sqrt{\frac{1}{\pi} \int_0^\pi (u_o)^2 \, \mathrm{d}(\omega t)} = U_i \sqrt{\frac{\pi - \alpha}{\pi} + \frac{1}{2\pi} \sin 2\alpha}$$

4. 逆变电路

逆变电路可以进行直流—交流（DC—AC）变换，也就是将直流电变换为交流电。

利用可关断晶闸管来组成电路，即触发导通一组晶闸管的同时，将另一组晶闸管关断，来实现直流到交流的逆变。

习　题　12

12.1　判断题

(1) 晶闸管控制角越大，则电压越高。　　　　　　　　　　　　　　（　　）

(2) 晶闸管的导通条件是晶闸管加正向电压，控制极加反向电压。　　（　　）

(3) 晶闸管导通后，即使触发电压消失，由于自身正反馈作用，晶闸管仍保持导通。

　　　　　　　　　　　　　　　　　　　　　　　　　　　　　　（　　）

12.2　填空题

(1) 晶闸管的三个极的名称是_____、_____、_____。

(2) 晶闸管的阻断作用有_____、_____。

(3) 晶闸管导通期间所对应的角称为_____，它的值越大，负载上的输出电压越_____。

(4) 晶闸管导通条件是阳极与阴极之间加_____电压，控制极与阴极之间加_____电压。

(5) 整流是把____电变换为____电的过程；逆变是把____电变换为____电的过程。

12.3　选择题

(1) 晶闸管由（　　）PN 结组成。

A. 1 个　　　　　　B. 2 个　　　　　　C. 3 个　　　　　　D. 4 个

(2) 晶闸管的控制角越大，则输出电压（　　）。

A. 越高　　　　　　B. 移相位　　　　　C. 越大　　　　　　D. 越低

(3) 晶闸管的控制角为 60°，其导通角为（　　）。

A. 60°　　　　　　B. 90°　　　　　　C. 120°　　　　　　D. 150°

(4) 晶闸管导通后，晶闸管电流决定（　　）。

A. 电路的负载　　　B. 晶闸管的容量　　C. 线路电压　　　　D. 晶闸管的电压

(5) 对于单相桥式半控整流电路，通过改变控制角，负载电压可在（　　）之间连续可调。

A. $0 \sim 0.45 U_2$　　B. $0 \sim 0.9 U_2$　　C. $0 \sim U_2$　　　　D. $0 \sim 2.34 U_2$

12.4　题 12.4 图是单相半波可控整流电路，试画出 $U_2 = 60$ V，$\alpha = 45°$ 时 u_2、u_o 的波形。

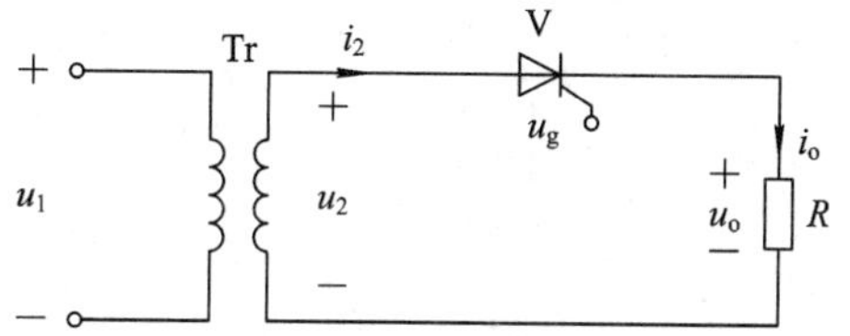

题 12.4 图

12.5　某单相桥式半控整流电路，$R_L = 5$ Ω，$U_2 = 100$ V。求 $\alpha = 60°$ 和 90°时的输出直流电压 U_o、输出直流电流 I_o、晶闸管的平均电流 I_T。

12.6　一单相桥式半控整流电路，$\alpha = 0°$ 时负载电压平均值为 $U_o = 50$ V，现欲使负载电压降低到一半,问控制角 α 等于多少。忽略晶闸管的正向导通压降,则 U_2(有效值)为多少?

12.7　一单相桥式半控整流电路,需要 110 V 的直流电压,现直接由 220 V 交流电供电,试求晶闸管的控制角 α 和导通角 θ。

12.8　交流调压电路如图 12.6(a)所示,若 $u_i = 220\sqrt{2}\sin314t$ V,试画出 $\alpha = 30°$ 时输出电压 u_o 的波形,并求输出电压的有效值 U_o。

题 12.5 解答　　　　　　题 12.7 解答

第 4 模块

数字电子技术

第 13 章 组合逻辑电路

教学内容及要求：数字电路也称逻辑电路，门电路是数字电路的基本部件。逻辑电路包含组合逻辑电路和时序逻辑电路两大类。本章主要介绍逻辑代数的基本知识，逻辑函数的概念和分析方法，基本门电路的概念和功能。要求理解组合逻辑电路的概念，重点掌握常用的组合逻辑电路部件、组合逻辑电路分析和设计方法以及应用。

13.1 数字电路的基础知识

电信号通常指随时间变化的电流或电压。电子线路分析的电信号可分为两大类：一类是随时间连续变化的模拟信号；另一类是时间上离散的数字信号，多采用 0、1 两种数值表示，又称二进制信号。我们利用数字电路处理数字信号，数字电路主要研究输出和输入的逻辑关系，因此也称为**数字逻辑电路(digital logic circuit)**。

在数字电路中，加工和处理的都是脉冲波形，而应用最多的是矩形脉冲。图 13.1 为理想矩形脉冲波形。脉冲高电平用 1 表示，低电平用 0 表示。这种逻辑关系称为正逻辑，本书一律采用正逻辑。

二进制数只有 0 和 1 两个数码，它是以 2 为基数的计数制。

将十进制数的 0~9 十个数字用二进制数表示的代码称为二—十进制码，又称**BCD 码**。

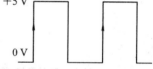

图 13.1 理想矩形脉冲波形图

8421BCD 码是 BCD 码中最常用而且最简单的一种编码方案。它每一位的权是固定不变的，按高位到低位排序，依次为 8（即 2^3）、4（即 2^2）、2（即 2^1）、1（即 2^0），故称为 8421BCD 码。它和十进制数之间可直接按位(或按组)变换。

例如：将 $(307)_{10}$ 变换成 8421BCD 码。
$$(307)_{10} = (0011)(0000)(0111) = (0011\quad 0000\quad 0111)_{8421BCD}$$

同样，将 8421BCD 码变换为十进制数时，只要按权展开求和，就很容易直接写出对应的十进制数。

13.2 门 电 路

13.2.1 基本门电路

1. 与逻辑和与门

(1) 与逻辑。所有条件都具备时事件才发生，符合这一规律的逻辑关系称为**与逻辑**

(AND logic)。例如图 13.2 中,当开关 A 和 B 同时闭合(设为 1)时,灯才会亮(灯亮为 1)。这里开关的闭合与灯亮之间的关系为与逻辑。如果开关 A 或 B 中有一个断开(设为 0),那么灯就不亮(灯不亮为 0)。

(2) 与门。实现与逻辑的电路称为**与门电路(AND gate circuit)**,简称与门(AND gate)。与门的逻辑符号如图 13.3 所示,输入端可以不止两个。与门反应的逻辑关系是:只有输入都为高电平,输出才是高电平。

逻辑表达式:

$$F = A \cdot B \quad (逻辑乘) \tag{13.1}$$

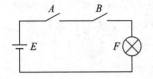

图 13.2　与逻辑

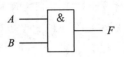

图 13.3　与门逻辑符号

表 13.1 为图 13.3 所示与门的**真值表(truth table)**,是将输入所有可能的组合与输出取值对应列成表。图 13.3 有两个输入变量,每个变量有 1 和 0 两个状态,共有四种组合,可得到对应的逻辑与输出关系。真值表也称为**逻辑状态表**。

表 13.1　与逻辑真值表

A	B	F
0	0	0
0	1	0
1	0	0
1	1	1

由真值表可得与门波形图,见图 13.4。

逻辑口诀为:有"0"出"0",全"1"出"1"。

与门除了实现与逻辑关系外,也可以起控制门的作用。例如将 A 端作为信号输入端,B 端作为信号控制端,由真值表可知,当 $B=1$ 时,$F=A$,相当于门打开,信号可以通过;当 $B=0$ 时,$F=0$,始终保持低电平,相当于门关闭,信号不能通过。

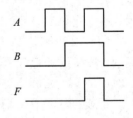

图 13.4　与门波形图

2. 或逻辑和或门

(1) 或逻辑。只要有一个或一个以上的条件具备,事件就会发生,符合这一规律的逻辑关系称为**或逻辑(OR logic)**。例如图 13.5 中,当开关 A 和 B 中的一个闭合或两个都闭合时,灯就会亮。这里开关的闭合与灯亮之间的关系为或逻辑。

(2) 或门。实现或逻辑关系的电路称为**或门电路(OR gate circuit)**,简称或门(OR gate)。或门的逻辑符号如图 13.6 所示,F 是输出端,A 和 B 是输入端。输入端可以不止两个。或门反应的逻辑关系是:只要输入有一个高电平,输出就是高电平。

逻辑表达式:

$$\boxed{F = A + B}\,（逻辑加）\tag{13.2}$$

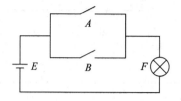

图 13.5　或逻辑

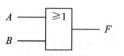

图 13.6　或门逻辑符号

图 13.6 所示或门的真值表见表 13.2。

表 13.2　或逻辑真值表

A	B	F
0	0	0
0	1	1
1	0	1
1	1	1

由真值表可得或门波形图，见图 13.7。

逻辑口诀为：有"1"出"1"，全"0"出"0"。

或门除了实现或逻辑关系外，还可以起控制门的作用。例如将 A 端作为信号输入端，B 端作为信号控制端，由真值表可知，当 $B=0$ 时，$F=A$，相当于门打开，信号可以通过；当 $B=1$ 时，$F=1$，始终保持高电平，相当于门关闭，信号不能通过。

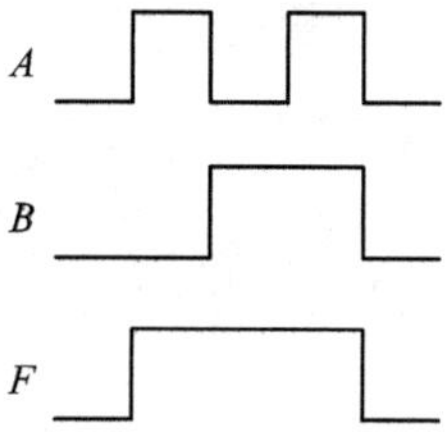

3．非逻辑和非门

（1）非逻辑。结果与条件相反，称为**非逻辑（NOT logic）**。非逻辑的开关示意图见图 13.8。

（2）非门。实现非逻辑的电路称为**非门电路（NOT gate circuit）**，简称非门（NOT gate）。非门的逻辑符号如图 13.9 所示，它只有一个输入端。非门反应的逻辑关系是：输入与输出的电平相反。

图 13.7　或门波形图

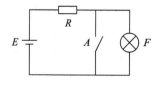

图 13.8　非逻辑

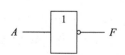

图 13.9　非门逻辑符号

逻辑表达式：

$$\boxed{F = \overline{A}}\,（逻辑非）\tag{13.3}$$

图 13.9 所示非门的真值表见表 13.3。

表 13.3　非逻辑真值表

A	F
0	1
1	0

由真值表可得非门波形图，见图 13.10。

由于非门的输入与输出状态相反，因此又称为反相器或倒相器。

从上面分析可知最基本的逻辑关系有与逻辑、或逻辑、非逻辑三种，其对应的最基本的逻辑门是与门、或门和非门。数字电路分析的是逻辑电路，需利用逻辑代数的定律。

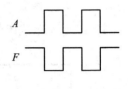

图 13.10　非门波形图

13.2.2　逻辑代数的基本定律

逻辑代数(logic algebra)的基本定律和公式如表 13.4 所示。

表 13.4　逻辑代数的基本定律和公式

定律名称	公式	定律名称	公式
自等率	$A+0=A$ $A \cdot 1=A$	交换律	$A+B=B+A$ $A \cdot B=B \cdot A$
0-1率	$A+1=1$ $A \cdot 0=0$	结合律	$A+(B+C)=B+(C+A)=C+(A+B)$ $A \cdot (B \cdot C)=B \cdot (C \cdot A)=C \cdot (A \cdot B)$
重叠率	$A+A=A$ $A \cdot A=A$	分配率	$A+(B \cdot C)=(A+B) \cdot (A+C)$ $A \cdot (B+C)=(A \cdot B)+(A \cdot C)$
互补率	$A+\overline{A}=1$ $A \cdot \overline{A}=0$	吸收率	$A+(A \cdot B)=A$ $A \cdot (A+B)=A$ $A+\overline{A}B=A+B$
复原率	$\overline{\overline{A}}=A$	反演律 （摩根定律）	$\overline{A+B}=\overline{A} \cdot \overline{B}$ $\overline{A \cdot B}=\overline{A}+\overline{B}$

【例 13.1】 化简 $F=AB+\overline{A}C+BC$。

解：$F = AB+\overline{A}C+BC=AB+\overline{A}C+BC(A+\overline{A})$

$\qquad =AB+\overline{A}C+BCA+BC\overline{A}$

$\qquad =AB(1+C)+\overline{A}C(1+B)$

$\qquad =AB+\overline{A}C$

对逻辑表达式进行化简的最终结果应得到最简表达式，最简表达式的形式一般为**最简与或式**，例如 $AB+CD$。最简与或式中的与项要最少，而且每个与项中的变量数目也要最少。

13.2.3　复合门电路

门电路除了或门、与门和非门三种基本门电路外，还有将它们的逻辑功能组合起来的复合门电路，如或非门、与非门、同或门和异或门等。其中或非门和与非门，尤其是与非门是当前生产量最大、应用最多的集成门电路。

1. 或非门和与非门电路

（1）或非门电路。或非门电路的逻辑符号见图 13.11。

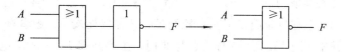

图 13.11　或非门

逻辑表达式：

$$F = \overline{A + B} \tag{13.4}$$

或非门的真值表见表 13.5。

表 13.5　或非门真值表

A	B	F
0	0	1
0	1	0
1	0	0
1	1	0

逻辑口诀为：有"1"出"0"，全"0"出"1"。

（2）与非门电路。与非门电路的逻辑符号见图 13.12。

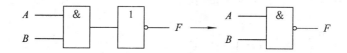

图 13.12　与非门

逻辑表达式：

$$F = \overline{A \cdot B} \tag{13.5}$$

与非门的真值表见表 13.6。

表 13.6　与非门真值表

A	B	F
0	0	1
0	1	1
1	0	1
1	1	0

逻辑口诀为：有"0"出"1"，全"1"出"0"。

（3）三态与非门。两个与非门的输出线是不能接在公共的信号传输线上的，否则，因两输出端并联，若一个输出为高电平，另一个输出为低电平，两者之间将有很大的电流通过，会使元件损坏。但在实际使用中，为了减少信号传输线的数量，以适应各种数字电路的需要，有时需要将两个或多个与非门的输出端接在同一信号传输线上，这就需要一种输出端除了有低电平 0 和高电平 1 两种状态外，还要有第三种高阻状态（即开路状态）Z 的门电路。当输出端处于 Z 状态时，与非门与信号传输线是隔断的。这种具有 0、1、Z 三种状态的与非门称为**三态与非门**。

与与非门相比，三态与非门多了一个控制端，又称使能端 E。逻辑符号和逻辑功能如图 13.13 所示。其中，图 13.13(a) 的三态与非门，在控制端 $E=0$ 时，电路为高阻状态，$E=1$ 时，电路为与非门状态，故称控制端为高电平有效；图 13.13(b) 的三态与非门正好相反，控制端 $E=0$ 时，电路为与非门状态，$E=1$ 时，电路为高阻状态，故称控制端为低电平有效。在逻辑符号中，用 EN 端加小圆圈表示低电平有效。

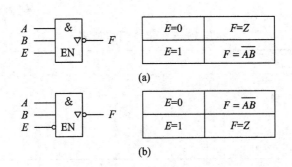

图 13.13　三态与非门逻辑符号与逻辑功能

【**例 13.2**】　用与非门组成下列逻辑门：

（1）非门　　　　　　　　$F=\overline{A}$

（2）或门　　　　　　　　$F=A+B+C$

（3）与门　　　　　　　　$F=ABC$

（4）与或门　　　　　　　$F=ABC+DEF$

（5）或非门　　　　　　　$F=\overline{A+B+C}$

解：（1）$Y=\overline{A}$，只要将与非门的各个输入端接在一起作为一个输入端 A 即可。

（2）$Y=A+B+C=\overline{\overline{A}\cdot\overline{B}\cdot\overline{C}}$

（3）$Y=ABC=\overline{\overline{ABC}}$

（4）$Y=\overline{\overline{ABC}\cdot\overline{DEF}}$

（5）$Y=\overline{A+B+C}=\overline{\overline{\overline{A}\cdot\overline{B}\cdot\overline{C}}}$

根据上述化简得到的电路图如图 13.14 所示。

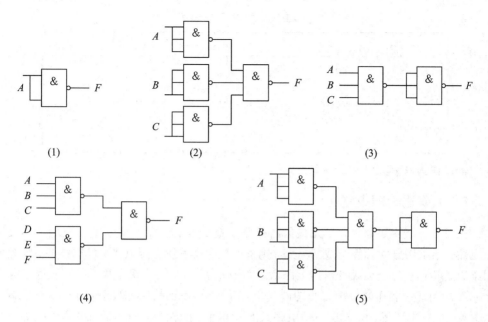

图 13.14　例 13.2 图

2. 异或门和同或门电路

（1）异或门电路。异或门电路的逻辑符号见图 13.15。
逻辑表达式

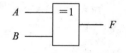

图 13.15　异或门

$$F = A\bar{B} + \bar{A}B = A \oplus B \qquad (13.6)$$

异或门的真值表见表 13.7。

表 13.7　异或门真值表

A	B	F
0	0	0
0	1	1
1	0	1
1	1	0

组合逻辑电路
功能测试

逻辑口诀为：相同为"0"，不同为"1"。

（2）同或门电路。同或门电路的逻辑符号见图 13.16。

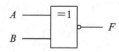

图 13.16　同或门

逻辑表达式：

$$F = AB + \bar{A}\bar{B} = \overline{A \oplus B} \qquad (13.7)$$

同或门的真值表见表 13.8。

表 13.8　同或门真值表

A	B	F
0	0	1
0	1	0
1	0	0
1	1	1

逻辑口诀为:相同为"1",不同为"0"。

13.2.4　集成逻辑门电路

二极管、三极管等分立元件组成的门电路制造成本相当低,但在数字电路中,大量使用门电路,如果用分立元件组成门电路,则整个电路体积大、焊点多、可靠性差,因此大多使用集成逻辑门电路。集成逻辑门电路通过特殊的半导体工艺将二极管、三极管、电阻等电子元器件和连线制作在一个很小的硅片上,并封装在壳体中,管壳外面只提供电源、地线、输入线、输出线等。集成逻辑门电路具有体积小、功耗小、成本低、可靠性高等一系列优点,它主要有以下两大类:

(1) 由双极型晶体管为主体构成的 TTL 集成电路。TTL 电路的基本逻辑是与非门。例如,常见的 TTL 与非门电路芯片为 TTL7400,或非门电路芯片为 TTL7402,引脚如图 13.17 所示。

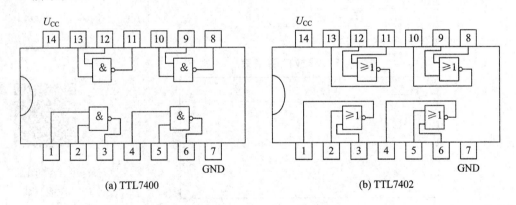

(a) TTL7400　　　　　　　　　(b) TTL7402

图 13.17　TTL 与非门和或非门

(2) 由单极型 MOS 管为主体构成的集成电路。CMOS 门电路是一种互补对称场效应管集成电路,静态功耗低,抗干扰能力强,工作稳定性好,开关速度高,应用更为广泛。例如,常见的 CMOS 与非门电路芯片为 CC4011,或非门电路芯片为 CC4002,引脚如图 13.18 所示。

数字集成电路中多余的输入端在不改变逻辑关系的前提下可以并联起来使用,也可根据逻辑关系的要求接地或接高电平。若需使某一输入端保持为低电平,则可将该输入端接地或经一个小阻值的电阻接地;若需使某一输入端保持为高电平,则可将该输入端接电源正极(电压一般不要超过+5 V)或经电阻(阻值一般为几千欧)接电源正极;**若将不用的输入端悬空,则相当于经无穷大电阻接地,相当于接高电平**。不用的输入端可以与某一有信

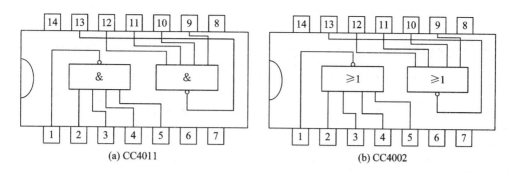

(a) CC4011　　　　　　　　　　　　　(b) CC4002

图 13.18　CMOS 与非门和或非门

号作用的输入端并联使用。TTL 电路多余的输入端允许悬空，但易引入干扰信号。CMOS 电路多余的输入端不能悬空，应根据需要接地或接高电平。

13.3　组合逻辑电路分析与设计

13.3.1　组合逻辑电路的分析方法

组合逻辑电路(combinational logic circuit)的分析，就是根据给定的逻辑电路图，通过一定的方法步骤，得到该电路的逻辑功能。一般步骤如下：

（1）**写出电路的逻辑函数表达式**。通常是从电路的输入到输出逐级写出逻辑函数表达式，然后根据电路的连接关系进行整理，最后得到整体电路输入与输出的逻辑函数表达式。

（2）**化简逻辑函数**。一般来说，由第一步得到的逻辑函数都不是最简函数，为了使逻辑关系简单明了，需要对得到的逻辑函数表达式进行化简。

（3）**列出真值表**。在较复杂的逻辑函数中，还是不能立刻看出该电路的逻辑功能和用途。为此，还需将逻辑函数表达式转换为真值表的形式。

（4）**功能描述**。根据真值表分析电路的逻辑功能。必要时还可对设计方案进行评价与改进。

【**例 13.3**】　分析图 13.19 所示电路的功能。

解：（1）分级写出各门电路的表达式，最后写出电路的输出表达式为

$$F = \overline{AB} \cdot \overline{\overline{AB} \cdot C \cdot \overline{D} \cdot \overline{CD}}$$

（2）化简。

$$F = \overline{AB} \cdot \overline{\overline{AB} \cdot C \cdot \overline{D} \cdot \overline{CD}}$$
$$= \overline{AB}(AB + C + D)\,\overline{CD}$$
$$= \overline{AB} \cdot C \cdot \overline{CD} + \overline{AB} \cdot D \cdot \overline{CD}$$
$$= \overline{AB}(C\overline{D} + \overline{C}D)$$
$$= \overline{AB}(C \oplus D)$$

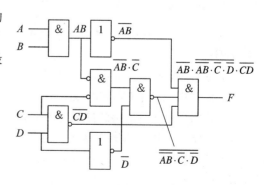

图 13.19　例 13.3 电路图

（3）根据化简表达式列出真值表，如表 13.9 所示。

表 13.9 例 13.3 真值表

A	B	C	D	F
0	0	0	0	0
0	0	0	1	1
0	0	1	0	1
0	0	1	1	0
0	1	0	0	0
0	1	0	1	1
0	1	1	0	1
0	1	1	1	0
1	0	0	0	0
1	0	0	1	1
1	0	1	0	1
1	0	1	1	0
1	1	0	0	0
1	1	0	1	0
1	1	1	0	0
1	1	1	1	0

（4）功能分析：A、B 中只要有一个是 0 且 C、D 不相等时输出为 1。

13.3.2 组合逻辑电路的设计方法

组合逻辑电路的设计就是根据提出的逻辑问题，求出实现这一逻辑功能的逻辑电路。一般步骤如下：

(1) 分析设计要求，列出相应真值表。

(2) 由真值表求得逻辑函数表达式。

(3) 化简逻辑函数，得到最简与或表达式。

(4) 根据化简后的函数表达式，画出逻辑电路图。

【例 13.4】 设计一个由三人多数表决的逻辑电路。

解：（1）根据逻辑功能，列出真值表。

根据设计要求，设定三人为输入变量 A、B、C，赞成表示为"1"，不赞成表示为"0"；电路输出变量为 F，如果多数赞成就表示为"1"，否则表示为"0"。这样，输入变量 A、B、C 有 8 种组合，按照题意，列出相应真值表，见表 13.10。

表 13.10　例 13.4 真值表

A	B	C	F
0	0	0	0
0	0	1	0
0	1	0	0
0	1	1	1
1	0	0	0
1	0	1	1
1	1	0	1
1	1	1	1

（2）由真值表求得逻辑函数表达式。

由真值表写逻辑函数表达式可以采用如下方法：**先分析输出为"1"的条件，将输出为"1"各行中的输入变量为"1"者取原变量，为"0"者取反变量，再将它们用"与"的关系写出来。**由此该题得到逻辑函数表达式：

$$F = \overline{A}BC + A\overline{B}C + AB\overline{C} + ABC$$

除此之外，也可分析输出为"0"的条件，写出输出反变量的与或表达式：

$$\overline{F} = \overline{A}\,\overline{B}\,\overline{C} + \overline{A}\,\overline{B}C + \overline{A}B\overline{C} + A\overline{B}\,\overline{C}$$

例 13.4 电路仿真

（3）化简逻辑函数表达式。

$$F = \overline{A}BC + A\overline{B}C + AB\overline{C} + ABC = (\overline{A} + A)BC + A\overline{B}C + AB\overline{C}$$
$$= (C + A\overline{C})B + A\overline{B}C = (C + A)B + A\overline{B}C$$
$$= AB + BC + A\overline{B}C = AB + C(B + A\overline{B})$$
$$= AB + C(A + B) = AB + BC + AC$$

（4）画出逻辑电路图，如图 13.20 所示。

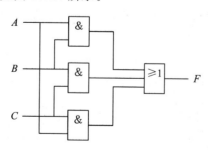

图 13.20　例 13.4 的逻辑电路图

若采用与非门组成电路，则由 $F = AB + BC + AC = \overline{\overline{AB} \cdot \overline{BC} \cdot \overline{AC}}$，得到如图 13.21 所示电路。

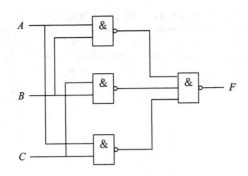

图 13.21 例 13.4 用与非门组成的逻辑电路图

13.4 加 法 器

13.4.1 半加器

半加就是不考虑低位的进位,只求本位的和。设 A、B 两数相加,和数为 F,进位数为 C,可以列出表 13.11 所示的真值表。

表 13.11 半加器真值表

A	B	F	C
0	0	0	0
0	1	1	0
1	0	1	0
1	1	0	1

根据真值表可写出半加器(half-adder)逻辑表达式:

$$F = A\bar{B} + \bar{A}B = A \oplus B$$
$$C = AB$$

由逻辑表达式可画出逻辑电路图,如图 13.22(a)所示。图 13.22(b)为半加器逻辑符号。

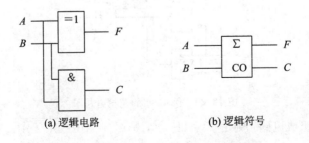

(a) 逻辑电路   (b) 逻辑符号

图 13.22 半加器逻辑电路图和逻辑符号

13.4.2　全加器

当多位数相加时，除了两个二进制数本位相加外，有时还要考虑来自低位的进位，实现全加。**"全加"是指被加数、加数的本位数 A_i、B_i 和低位加法运算的进位数 C_{i-1} 三个数的相加运算。**全加器（full-adder）的逻辑状态见表 13.12，其中 F_i、C_i 分别为本位全加的和数、向高位的进位数。

表 13.12　全加器真值表

A_i	B_i	C_{i-1}	F_i	C_i
0	0	0	0	0
0	0	1	1	0
0	1	0	1	0
0	1	1	0	1
1	0	0	1	0
1	0	1	0	1
1	1	0	0	1
1	1	1	1	1

根据真值表，按照 13.3.2 节所述的方法可写出全加器逻辑表达式：

$$F_i = \overline{A_i}\,\overline{B_i}C_{i-1} + \overline{A_i}B_i\overline{C_{i-1}} + A_i\overline{B_i}\,\overline{C_{i-1}} + A_iB_iC_{i-1}$$

$$C_i = \overline{A_i}B_iC_{i-1} + A_i\overline{B_i}C_{i-1} + A_iB_i\overline{C_{i-1}} + A_iB_iC_{i-1}$$

根据上式虽然可以画出逻辑电路，但是所用的门电路种类和数量太多，因此还应进行化简，而且往往还要考虑到已有的或者希望采用的门电路，如以半加器为主组成全加器。为此，化简如下：

$$F_i = \overline{A_i}\,\overline{B_i}C_{i-1} + \overline{A_i}B_i\overline{C_{i-1}} + A_i\overline{B_i}\,\overline{C_{i-1}} + A_iB_iC_{i-1}$$

$$= (\overline{A_i}\,\overline{B_i} + A_iB_i)C_{i-1} + (\overline{A_i}B_i + A_i\overline{B_i})\overline{C_{i-1}}$$

$$= (\overline{A_i \oplus B_i})C_{i-1} + (A_i \oplus B_i)\overline{C_{i-1}} = A_i \oplus B_i \oplus C_{i-1}$$

$$C_i = \overline{A_i}B_iC_{i-1} + A_i\overline{B_i}C_{i-1} + A_iB_i\overline{C_{i-1}} + A_iB_iC_{i-1}$$

$$= (\overline{A_i}B_i + A_i\overline{B_i})C_{i-1} + A_iB_i(\overline{C_{i-1}} + C_{i-1})$$

$$= (A_i \oplus B_i)C_{i-1} + A_iB_i$$

根据化简后的逻辑式可以画出全加器电路，如图 13.23（a）所示，图 13.23（b）是它的逻辑符号。

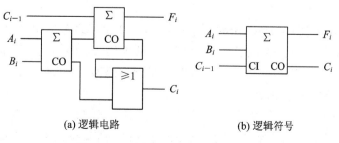

(a) 逻辑电路　　　　　　　　　　　(b) 逻辑符号

图 13.23　全加器电路图和逻辑符号

常用的中规模集成加法器都是四位全加器，由四个一位全加器组成，串行进位的四位加法器逻辑电路如图 13.24 所示，图中 $A_3A_2A_1A_0$ 和 $B_3B_2B_1B_0$ 是两个四位二进制加数，$F_3F_2F_1F_0$ 是四位二进制和数，$C_{-1} \sim C_2$ 是各位向高位的进位。串行进位加法器的任一位运算必须等到低位加法完成并送入进位后才能进行，因此这种加法器虽然电路简单，但工作速度较慢。若希望提高运算速度，可采用超前进位加法器，但线路较复杂。

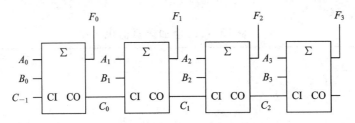

图 13.24　串行进位的四位加法器逻辑电路图

13.5　编　码　器

数字系统只能处理二进制信息，因此需要一种电路，能将具有特定意义的数字信号（如十进制数或字符）变换成相应的若干位二进制代码的形式输出。实现编码工作的逻辑电路称为**编码器(encoder)**。

编码器是一个多输入、多输出的组合逻辑电路，其结构框图如图 13.25 所示。图中有 M 个输入端，每个输入的信息转换成一组 N 位二进制编码输出，M 和 N 的关系为 $2^N \geqslant M$。

图 13.25　编码器的结构框图

按允许同时输入的控制信息量的不同，编码器分为普通编码器和优先编码器两类。

13.5.1　普通编码器

普通编码器每次只允许输入一个控制信息，否则会引起输出代码的混乱。它又分为二进制编码器和二—十进制编码器等。

1. 二进制编码器

所谓**二进制编码器(binary encoder)**，是指输入变量(M)和输出变量(N)满足关系式 $2^N = M$ 的编码器，如 4 线—2 线编码器、8 线—3 线编码器、16 线—4 线编码器等。对于二进制编码器，按输出二进制位数也称为 N 位二进制编码器。下面以 4 线—2 线编码器为例说明二进制编码器的工作原理。

4 线—2 线编码器有 4 个输入变量(用 A_3、A_2、A_1、A_0 表示 3~0 四个数或四个事件)，出现某一事件以该输入变量为"1"表示(该输入端为高电平，称高电平有效；若出现某一事件以该输入变量为"0"表示，则该输入端为低电平有效)，F_1F_0 表示对该事件的编码，其真值表如表 13.13 表示。

表 13.13 4 线—2 线编码器真值表

A_3	A_2	A_1	A_0	F_1	F_0
0	0	0	1	0	0
0	0	1	0	0	1
0	1	0	0	1	0
1	0	0	0	1	1

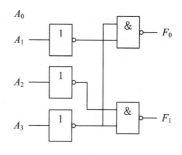

图 13.26 4 线—2 线编码器逻辑电路图

根据表 13.13 写出输出的逻辑函数表达式:

$$F_0 = A_1 + A_3 = \overline{\overline{A_1}\,\overline{A_3}}$$

$$F_1 = A_2 + A_3 = \overline{\overline{A_2}\,\overline{A_3}}$$

根据输出表达式,画出逻辑电路图,如图 13.26 所示。

2. 二—十进制编码器

用一个 4 位的二进制数来表示十进制数的编码器称为二—十进制编码器,也称 **8421BCD 码编码器(BCD encoder)**。8421BCD 码编码器有 10 个输入端分别代表 0~9 十个十进制数码,且十个输入端有约束条件:编码器在某时刻仅允许一个输入端有信号输入,不允许两个或两个以上输入端同时有信号输入。

图 13.27 所示是用十个按键和门电路组成的 8421BCD 码编码器,其中 $A_0 \sim A_9$ 代表十

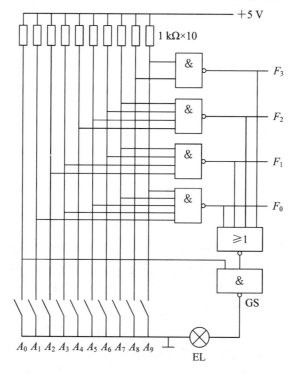

图 13.27 8421BCD 码编码器逻辑电路图

个按键，即对应十进制数 $0 \sim 9$ 的输入键，低电平有效；$F_0 \sim F_3$ 为输出代码，组成 4 位 8421BCD 码，F_3 为最高位。GS 为控制使能标志，高电平有效（GS 为高电平时，表明有信号输入，编码器工作；GS 为低电平时，表明无信号输入，编码器不工作）。

由逻辑电路得到输出的逻辑函数表达式为

$$F_0 = \overline{A_1 A_3 A_5 A_7 A_9}$$

$$F_1 = \overline{A_2 A_3 A_6 A_7}$$

$$F_2 = \overline{A_4 A_5 A_6 A_7}$$

$$F_3 = \overline{A_8 A_9}$$

$$GS = \overline{\overline{A_0} \cdot \overline{F_0 + F_1 + F_2 + F_3}}$$

$$= \overline{A_0} + F_0 + F_1 + F_2 + F_3$$

由此得到真值表如表 13.14 所示。

表 13.14 十按键 84231BCD 码编码器真值表

A_9	A_8	A_7	A_6	A_5	A_4	A_3	A_2	A_1	A_0	F_3	F_2	F_1	F_0	GS
1	1	1	1	1	1	1	1	1	1	0	0	0	0	0
1	1	1	1	1	1	1	1	1	0	0	0	0	0	1
1	1	1	1	1	1	1	1	0	1	0	0	0	1	1
1	1	1	1	1	1	1	0	1	1	0	0	1	0	1
1	1	1	1	1	1	0	1	1	1	0	0	1	1	1
1	1	1	1	1	0	1	1	1	1	0	1	0	0	1
1	1	1	1	0	1	1	1	1	1	0	1	0	1	1
1	1	1	0	1	1	1	1	1	1	0	1	1	0	1
1	1	0	1	1	1	1	1	1	1	0	1	1	1	1
1	0	1	1	1	1	1	1	1	1	1	0	0	0	1
0	1	1	1	1	1	1	1	1	1	1	0	0	1	1

13.5.2 优先编码器

与普通编码器不同，优先编码器允许同时有几个输入信号为有效电平，但电路只能对其中优先级别最高的信号进行编码。若采用低电平有效，则当某一输入端有低电平输入，且比它优先级别高的输入端没有低电平输入时，输出端才输出相对应的输入端的代码。

国产 CT1147 和 CT4147 型集成优先编码器有 9 个输入端 $A_1 \sim A_9$，采用低电平编码，当 9 个输入端都无输入信号，即都为高电平 1 时，对应十进制数字 0。当输入端有输入信号，即 $A_1 = 0$ 时，对应着十进制数 1，相应的 8421 码为 0001，四个输出端 $F_3 \sim F_0$ 的输出是与 8421 码相反的数码（反码）为 1110；若 $A_2 = 0$，则输出码为 1101，其他依此类推。优先编码器的真值表见表 13.15，其中×表示该输入端的电平为任意电平。

表 13.15　优先编码器真值表

A_1	A_2	A_3	A_4	A_5	A_6	A_7	A_8	A_9	F_3	F_2	F_1	F_0
1	1	1	1	1	1	1	1	1	1	1	1	1
0	1	1	1	1	1	1	1	1	1	1	1	0
×	0	1	1	1	1	1	1	1	1	1	0	1
×	×	0	1	1	1	1	1	1	1	1	0	0
×	×	×	0	1	1	1	1	1	1	0	1	1
×	×	×	×	0	1	1	1	1	1	0	1	0
×	×	×	×	×	0	1	1	1	1	0	0	1
×	×	×	×	×	×	0	1	1	1	0	0	0
×	×	×	×	×	×	×	0	1	0	1	1	1
×	×	×	×	×	×	×	×	0	0	1	1	0

13.6　译　码　器

译码器(decoder)的作用与编码器相反,即将具有特定含义的一组二进制代码变换成一定的输出信号,以表示二进制代码的原意。常见的译码器有二进制译码器、二—十进制译码器和显示译码器。图 13.28 为译码器的结构框图。其中 M 和 N 的关系为 $2^N \geqslant M$。

图 13.28　译码器结构框图

13.6.1　二进制译码器

二进制译码器的输入信号是 N 位的二进制数,最多输出 2^N 个状态,通过输出线电平的高低来表示输入的是哪一个二进制数。因此二进制译码器又分 2 线—4 线译码器、3 线—8 线译码器和 4 线—16 线译码器等。输出既可采用低电平有效的译码方式,也可采用高电平有效的译码方式。现以 2 线—4 线译码器为例介绍译码器的工作方式。图 13.29 为 2 线—4 线译码器电路图。其中 A_1、A_2 为输入端,$F_1 \sim F_4$ 为输出端,E 为使能端,其作用与三态门的使能端作用相同。$E=0$ 时,译码器工作,即低电平有效。

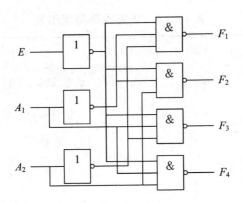

图 13.29 2 线—4 线译码器电路图

由逻辑电路求得四个输出端的逻辑函数表达式为

$$F_1 = \overline{\overline{E}\,\overline{A_1}\,\overline{A_2}} = E + A_1 + A_2$$

$$F_2 = \overline{\overline{E}\,\overline{A_1}\,A_2} = E + A_1 + \overline{A_2}$$

$$F_3 = \overline{\overline{E}A_1\,\overline{A_2}} = E + \overline{A_1} + A_2$$

$$F_4 = \overline{\overline{E}A_1A_2} = E + \overline{A_1} + \overline{A_2}$$

由此，得到其真值表见表 13.16。

表 13.16 2 线—4 线译码器真值表

E	A_1	A_2	F_1	F_2	F_3	F_4
1	×	×	1	1	1	1
0	0	0	0	1	1	1
0	0	1	1	0	1	1
0	1	0	1	1	0	1
0	1	1	1	1	1	0

由真值表可以看出，译码器处于工作状态时，对应于 A_1 和 A_2 的四种不同组合，四个输出端分别只有一个为 0，其余均为 1。因此，这一译码器是通过四个输出端分别处于低电平来识别不同的输入代码，也就是采用低电平译码。

13.6.2 二—十进制译码器

二—十进制译码器的功能是将 10 个 8421BCD 码 0000～1001 翻译成 10 个高电平或低电平输出信号，也称为 BCD 译码器或 4 线—10 线译码器。常用的 BCD 码译码器是 7442，其逻辑符号见图 13.30。

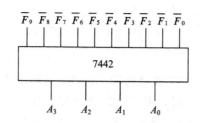

图 13.30　7442 的逻辑符号

7442 的真值表如表 13.17 所示。

由真值表可写出输出逻辑函数表达式为

$$F_0 = \overline{\overline{A_3}\,\overline{A_2}\,\overline{A_1}\,\overline{A_0}} \qquad F_1 = \overline{\overline{A_3}\,\overline{A_2}\,\overline{A_1}A_0} \qquad F_2 = \overline{\overline{A_3}\,\overline{A_2}A_1\,\overline{A_0}} \qquad F_3 = \overline{\overline{A_3}\,\overline{A_2}A_1 A_0}$$

$$F_4 = \overline{\overline{A_3}A_2\,\overline{A_1}\,\overline{A_0}} \qquad F_5 = \overline{\overline{A_3}A_2\,\overline{A_1}A_0} \qquad F_6 = \overline{\overline{A_3}A_2 A_1\,\overline{A_0}} \qquad F_7 = \overline{\overline{A_3}A_2 A_1 A_0}$$

$$F_8 = \overline{A_3\,\overline{A_2}\,\overline{A_1}\,\overline{A_0}} \qquad F_9 = \overline{A_3\,\overline{A_2}\,\overline{A_1}A_0}$$

表 13.17　7442 真值表

A_3	A_2	A_1	A_0	$\overline{F_9}$	$\overline{F_8}$	$\overline{F_7}$	$\overline{F_6}$	$\overline{F_5}$	$\overline{F_4}$	$\overline{F_3}$	$\overline{F_2}$	$\overline{F_1}$	$\overline{F_0}$
0	0	0	0	1	1	1	1	1	1	1	1	1	0
0	0	0	1	1	1	1	1	1	1	1	1	0	1
0	0	1	0	1	1	1	1	1	1	1	0	1	1
0	0	1	1	1	1	1	1	1	1	0	1	1	1
0	1	0	0	1	1	1	1	1	0	1	1	1	1
0	1	0	1	1	1	1	1	0	1	1	1	1	1
0	1	1	0	1	1	1	0	1	1	1	1	1	1
0	1	1	1	1	1	0	1	1	1	1	1	1	1
1	0	0	0	1	0	1	1	1	1	1	1	1	1
1	0	0	1	0	1	1	1	1	1	1	1	1	1
1	0	1	0	1	1	1	1	1	1	1	1	1	1
1	0	1	1	1	1	1	1	1	1	1	1	1	1
1	1	0	0	1	1	1	1	1	1	1	1	1	1
1	1	0	1	1	1	1	1	1	1	1	1	1	1
1	1	1	0	1	1	1	1	1	1	1	1	1	1
1	1	1	1	1	1	1	1	1	1	1	1	1	1

13.6.3　显示译码器

数字系统中使用的是二进制数，但在数字测量仪表和各种显示系统中，为了便于表示测量和运算的结果，以及对系统的运行情况进行检测，常需将数字量用人们习惯的十进制字符直观地显示出来，这就需要数字显示电路。**数字显示电路**就是用译码电路把二进制译成十进制字符，再通过驱动电路由数字显示器把数字显示出来。数字显示电路由计数器、译码器、驱动器和显示器组成。下面介绍显示器和译码器。

1. 显示器

数码显示器(digital display)简称数码管，是用来显示数字、文字或符号的器件。常用的有辉光数码管、荧光数码管、液晶显示器以及发光二极管(LED)显示器等。不同的显示器对译码器各有不同的要求。LED 管的工作电压较低(1.5～3 V)，工作电流只有十几毫安，可以直接用 TTL 集成器件驱动，因而在数字显示系统中得到了广泛应用。下面以 LED 显示器为例简述数字显示的原理。

LED 是用砷化镓、磷化镓等材料制造的特殊的二极管。LED 正向导通时，电子和空穴大量复合，多余能量以光子形式释放。根据材料不同发出不同频率的光。

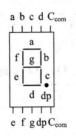

图 13.31　LED 显示器

将 7 个 LED(加小数点为 8 个)封装在一起，每个 LED 作为字符的一个段，就是所谓的七段 LED 字符显示器，如图 13.31 所示。

根据内部连接的不同，LED 显示器有共阴极和共阳极之分。共阴极是将 7 个发光管的阴极连在一起，接低电平，阳极为高电平的发光管亮。共阳极是将 7 个发光管的阳极连在一起接高电平，阴极为低电平的发光管亮。原理图如图 13.32 所示。

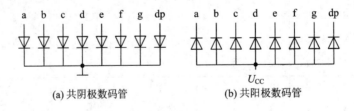

(a) 共阴极数码管　　　　　　　(b) 共阳极数码管

图 13.32　共阴极和共阳极数码管原理图

2. 译码器

供 LED 显示器用的译码器有多种型号可选择。译码器有 4 个输入端、7 个输出端，将 8421BCD 码译成 7 个输出信号以驱动七段 LED 显示器。图 13.33 是译码器和 LED 显示器的连接示意图，LED 显示器为共阴极连接。译码器的真值表及对应的 LED 显示管显示的数码见

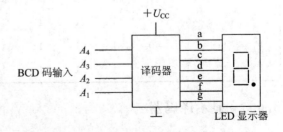

图 13.33　译码器

表 13.18。

表 13.18　译码器真值表

A_4	A_3	A_2	A_1	a	b	c	d	e	f	g	显示数码
0	0	0	0	1	1	1	1	1	1	0	0
0	0	0	1	0	1	1	0	0	0	0	1
0	0	1	0	1	1	0	1	1	0	1	2
0	0	1	1	1	1	1	1	0	0	1	3
0	1	0	0	0	1	1	0	0	1	1	4
0	1	0	1	1	0	1	1	0	1	1	5
0	1	1	0	1	0	1	1	1	1	1	6
0	1	1	1	1	1	1	0	0	0	0	7
1	0	0	0	1	1	1	1	1	1	1	8
1	0	0	1	1	1	1	1	0	1	1	9

13.7　组合逻辑电路的应用举例

13.7.1　交通信号灯故障检测电路

交通信号灯有红(R)、黄(Y)、绿(G)三种，正常工作时只能有一种灯亮，三种灯全亮、全不亮以及两种灯同时亮都是故障状态。

假定输入变量为 1 表示灯亮，0 表示灯不亮；有故障时输出为 1，正常时为 0。根据逻辑关系可得状态表(见表 13.19)。

表 13.19　交通信号灯故障检测电路状态表

R	Y	G	F
0	0	0	1
0	0	1	0
0	1	0	0
0	1	1	1
1	0	0	0
1	0	1	1
1	1	0	1
1	1	1	1

由状态表写出逻辑表达式为

$$F = \overline{R}\,\overline{Y}\,\overline{G} + \overline{R}YG + R\,\overline{Y}G + RY\overline{G} + RYG$$
$$= \overline{R+Y+G} + (\overline{R}+R)YG + RG(\overline{Y}+Y) + RY(\overline{G}+G)$$
$$= \overline{R+Y+G} + R(G+Y) + YG$$

由上式可画出交通信号灯故障检测电路，如图 13.34 所示，其中 KA 为继电器及其开关。

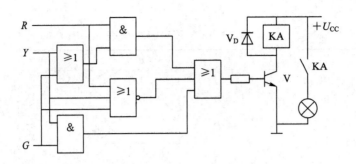

图 13.34　交通信号灯故障检测电路

13.7.2　两地控制一灯电路

设计由两地开关 A、B 控制一个照明灯的电路,要求当 $F=1$ 时,灯亮;反之,灯灭。

根据逻辑关系列出状态表,如表 13.20 所示。

表 13.20　两地控制一灯电路状态表

A	B	F	灯
0	0	0	灭
0	1	1	亮
1	0	1	亮
1	1	0	灭

由状态表写出逻辑表达式:

$$F = A\bar{B} + \bar{A}B$$

由上式可画出两地控制一灯电路,如图 13.35 所示。

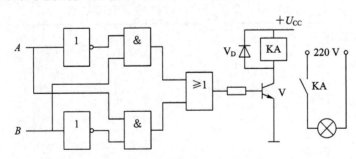

图 13.35　两地控制一灯电路

13.8　小　　结

1. 逻辑代数基础

基本逻辑运算:与逻辑($F=A \cdot B$)、或逻辑($F=A+B$)、非逻辑($F=\bar{A}$)。

对逻辑表达式进行化简的最终结果应得到最简表达式,最简表达式的形式一般为最简与或式。最简与或式中的与项要最少,而且每个与项中的变量数目也要最少。

2. 门电路

基本门电路：

与门	$F = A \cdot B$		输入端可以不止两个。与门反应的逻辑关系：只有输入都为高电平，输出才是高电平
或门	$F = A + B$		输入端可以不止两个。或门反应的逻辑关系：只要输入有一个高电平，输出就是高电平
非门	$F = \overline{A}$		只有一个输入端。非门反应的逻辑关系：输入与输出的电平相反

复合门电路：

或非门	$F = \overline{A + B}$		有"1"出"0"，全"0"出"1"
与非门	$F = \overline{AB}$		有"0"出"1"，全"1"出"0"
三态与非门	$F = \overline{AB}$，使能端 E		$E = 1$，与非门工作 $E = 0$，与非门高阻 $E = 0$，与非门工作 $E = 1$，与非门高阻
异或门	$F = A\overline{B} + \overline{A}B = A \oplus B$		相同为"0"，不同为"1"
同或门	$F = AB + \overline{A}\,\overline{B} = \overline{A \oplus B}$		相同为"1"，不同为"0"

3. 组合逻辑电路的分析

（1）写出电路的逻辑函数表达式。

（2）化简逻辑函数。

（3）由逻辑函数表达式写出真值表。

（4）功能描述。

4. 组合逻辑电路的设计

（1）分析设计要求，列出相应真值表。

（2）由真值表求得逻辑函数表达式。

（3）化简逻辑函数，得到最简与或表达式。

（4）根据化简后的函数表达式，画出逻辑电路图。

5. 组合逻辑电路的应用

（1）加法器：

半加器	$F = A\bar{B} + \bar{A}B = A \oplus B$ $C = AB$		不考虑低位的进位数运算，只求本位的和
全加器	$F_i = A_i \oplus B_i \oplus C_{i-1}$ $C_i = (A_i \oplus B_i)C_{i-1} + A_i B_i$		考虑来自低位的进位，实现全加

（2）编码器：将具有特定意义的数字信号（如十进制数或字符）变换成相应的若干位二进制代码的形式输出。编码器有 M 个输入端，每个输入的信息转换成一组 N 位二进制编码输出，M 和 N 的关系为 $2^N \geqslant M$。

（3）译码器：将具有特定含义的一组二进制代码变换成一定的输出信号，以表示二进制代码的原意。

习　题　13

13.1　填空题

（1）与模拟信号相比，数字信号的特点是它的____性。一个数字信号只有两种取值，分别表示为__和__。

（2）布尔代数中有三种最基本运算：_____、_____和_____，在此基础上又派生出四种基本运算，分别为_____、_____、_____、_____。

（3）与运算的法则可概述为：有"0"出____，全"1"出____；类似地，或运算的法则为有"1"出____，全"0"出____。

（4）摩根定理表示为：$\overline{A \cdot B} = $_____；$\overline{A + B} = $_____。

（5）根据反演规则，若 $Y = \overline{A\bar{B} + C} + D + C$，则 $\bar{Y} = $_____。

（6）某电路输入和输出的关系如表 13.1-(6)所示，试写出逻辑函数 $Y = (A, B, C)$ 的最简表达式_____。

题 13.1 -(6)真值表

A	B	C	Y	A	B	C	Y
0	0	0	0	1	0	0	1
0	0	1	0	1	0	1	0
0	1	0	0	1	1	0	1
0	1	1	0	1	1	1	0

（7）已知某电路的真值表如表 13.1 -(7)所示，该电路的逻辑表达式是_____。

题 13.1 -(7)真值表

A	B	C	Y	A	B	C	Y
0	0	0	0	1	0	0	1
0	0	1	0	1	0	1	0
0	1	0	1	1	1	0	1
0	1	1	1	1	1	1	1

（8）对逻辑运算判断下述说法是否正确，正确者在其后（　　）内打√，反之打×。

① 若 $X+Y=X+Z$，则 $Y=Z$（　　）

② 若 $XY=XZ$，则 $Y=Z$（　　）

③ 若 $X\oplus Y=X\oplus Z$，则 $Y=Z$（　　）

（9）全加器中 A_n、B_n 为本位的被加数及加数，C_{n-1} 为来自低一位的进位，则向高一位的进位 C_n 的逻辑表达式为：$C_n=(A_n\oplus B_n)C_{n-1}+$ _____。

（10）编码器的功能是将其输入信号转换成对应的_____信号。按二进制的编码原则，四个输入的编码器，其输出的编码有_____位；_____个输入的编码器，其输出的编码有 4 位；输入和输出之间符合_____关系。

（11）译码是_____的逆过程，2 个输入的译码器，最多可译出_____路输出。七段译码器有_____路输入信号，接收_____。

（12）将 BCD 代码翻译成 10 个对应输出的电路称为_____，电路有_____个输入端，10 个输出端，故又称为_____译码器，它有_____不用的状态。

13.2　选择题

（1）组合电路的输出取决于（　　）。

A. 输入信号的现态

B. 输出信号的现态

C. 输入信号的现态和输出信号变化前的状态

（2）组合电路的分析是指（　　）。

A. 已知逻辑图，求解逻辑表达式的过程

B. 已知真值表，求解逻辑功能的过程

C. 已知逻辑图，求解逻辑功能的过程

（3）组合逻辑电路的设计是指（　　）。

A. 已知逻辑要求，求解逻辑表达式并画逻辑图的过程

B. 已知逻辑要求，列真值表的过程

C. 已知逻辑图，求解逻辑功能的过程

（4）组合电路由（　　）。

A. 门电路构成　　　　　　B. 触发器构成　　　　　C. A 和 B

（5）101 键盘的编码器输出（　　）位二进制代码。

A. 2　　　　　　　　　　B. 6　　　　　　　　　　C. 7

（6）函数 $F=AB+BC$，使 $F=1$ 的输入 ABC 组合为（　　）。

A. $ABC=110$　　　　　B. $ABC=101$　　　　　C. $ABC=000$

（7）在大多数情况下，对于译码器而言（　　）。

A. 其输入端数目少于输出端数目

B. 其输入端数目多于输出端数目

C. 其输入端数目与输出端数目几乎相同

13.3　将下列十进制数转换为 8421BCD 码：

（1）$(43)_{10}$

（2）$(127)_{10}$

（3）$(254.25)_{10}$

（4）$(2.718)_{10}$

13.4　用代数法化简下列各式：

（1）$F_1=\overline{\overline{A}BC}+\overline{A}\overline{B}$

（2）$F_2=A\overline{B}CD+ABD+A\overline{C}D$

（3）$F_3=A\overline{C}+ABC+AC\overline{D}+CD$

（4）$F_4=\overline{A+\overline{B}+\overline{C}}\cdot(A+\overline{B}+C)\cdot(A+B+C)$

13.5　应用逻辑代数运算法则化简下列各式：

（1）$Y=AB+\overline{A}B+A\overline{B}$

（2）$Y=ABC+\overline{A}B+AB\overline{C}$

（3）$Y=\overline{\overline{(A+B)}}+AB$

（4）$Y=(AB+A\overline{B}+\overline{A}B)(A+B+D+\overline{A}\overline{B}D)$

（5）$Y=ABC+\overline{A}+\overline{B}+\overline{C}+D$

13.6　应用逻辑代数运算法则推证下列各式：

（1）$ABC+\overline{A}+\overline{B}+\overline{C}=1$

（2）$\overline{A}B+A\overline{B}+\overline{A}\overline{B}=\overline{A}+\overline{B}$

（3）$AB+\overline{A}\overline{B}=\overline{\overline{A}B+A\overline{B}}$

（4）$A(\overline{A}+B)+B(B+C)+B=B$

（5）$\overline{\overline{(\overline{A}+B)}+\overline{(A+B)}}+\overline{\overline{(\overline{A}B)}\cdot(AB)}=B$

13.7　根据下列各逻辑式，画出逻辑图：

（1）$Y=(A+B)C$

（2）$Y=AB+BC$

(3) $Y=(A+B)(A+C)$

(4) $Y=A+BC$

(5) $Y=A(B+C)+BC$

13.8　用与非门实现以下逻辑关系，画出逻辑图：

(1) $Y=AB+\overline{A}C$

(2) $Y=A+B+\overline{C}$

(3) $Y=\overline{A}\overline{B}+(\overline{A}+B)\overline{C}$

(4) $Y=A\overline{B}+A\overline{C}+\overline{A}BC$

13.9　用与非门组成下列逻辑门：

(1) 与门：$Y=ABC$

(2) 或门：$Y=A+B+C$

(3) 非门：$Y=\overline{A}$

(4) 与或门：$Y=ABC+DEF$

(5) 或非门：$Y=\overline{A+B+C}$

13.10　组合逻辑电路如题 13.10 图所示，分析该电路的逻辑功能。

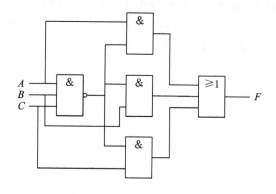

题 13.10 图

13.11　分析题 13.11 图所示电路的逻辑功能。

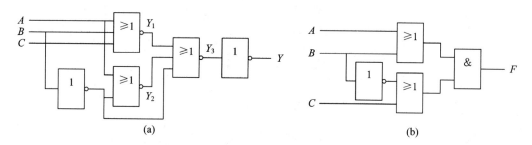

题 13.11 图

13.12　组合逻辑电路如题 13.12 图所示，指出其逻辑功能。

13.13　某车间有 A、B、C、D 四台电动机，今要求：(1)A 机必须开机；(2)其他三台电动机中至少有两台开机。如不满足上述要求，则指示灯熄灭。设指示灯亮为"1"，灭为"0"。电动机的开机信号通过某种装置送到各自的输入端，使该输入端为"1"，否则为"0"。

试用与非门组成指示灯亮的逻辑图。

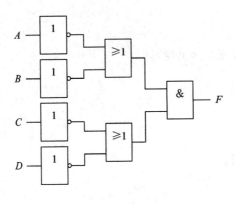

题 13.12 图

题 13.13 解答

13.14 旅客列车分特快、直快和普快，并以此为优先通行次序。某站在同一时间只能有一趟列车从车站开出，即只能给出一个开车信号，试画出满足上述要求的逻辑电路。

（设 A、B、C 分别代表特快、直快、普快，开车信号分别为 Y_A、Y_B、Y_C。）

13.15 某汽车驾驶员培训班进行结业考试，有三名评判员，其中 A 为主评判员，B 和 C 为副评判员。在评判时，按照少数服从多数的原则通过，但必须主评判员认为合格，方可通过。用与非门组成的逻辑电路实现此评判规定。

第 14 章 时序逻辑电路

第 14 章知识点

教学内容及要求：在数字电路系统中，除了广泛采用集成逻辑门电路及由其构成的组合逻辑电路之外，还经常采用触发器以及由其与各种门电路一起组成的时序逻辑电路。时序逻辑电路的特点是：输出状态不仅取决于当时的输入状态，还与原输出状态有关。本章按照电路结构和工作特点讲解基本 RS 触发器、同步 RS 触发器、边沿 JK 触发器、边沿 D 触发器和 T 触发器，需掌握同步 RS 触发器、边沿 JK 触发器、边沿 D 触发器和 T 触发器的功能；介绍同步和异步时序逻辑电路的分析方法，以及寄存器、计数器等典型时序逻辑电路。

14.1 双稳态触发器

双稳态触发器(bistable flip-flop)是一种具有记忆功能的逻辑单元电路，它能储存一位二进制码，它有两个稳定的工作状态，在外加信号触发下电路可从一种稳定的工作状态转换到另一种稳定的工作状态。双稳态触发器是时序逻辑电路的重要组成部分。根据是否具有时钟脉冲输入端 CP，触发器又可分为基本触发器(basic flip-flop)和时钟触发器(clocked flip-flop)两大类，其中，时钟触发器又可以分为同步触发器(synchronous flip-flop)、主从触发器和边沿触发器。时钟触发器的触发方式有电平触发(level triggered)和边沿触发(edge triggered)。**若按逻辑功能分类，触发器一般可分为 RS 触发器、JK 触发器、D 触发器、T 触发器等。**

14.1.1 基本 RS 触发器

基本 RS 触发器(basic RS flip-flop)是电路结构最简单的一种触发器，它是许多复杂电路结构触发器的基本组成部分。下面介绍由与非门组成的基本 RS 触发器。

1. 电路结构

由与非门组成的基本 RS 触发器逻辑电路图和逻辑符号见图 14.1。

Q 和 $\bar{Q}$ 是触发器的输出端，正常状况下两者的逻辑状态相反。$\bar{R}$ 和 $\bar{S}$ 是触发器的输入端，输入信号采用负脉冲，即信号未到时，$\bar{R}=1$ 或 $\bar{S}=1$；信号到来时，$\bar{R}=0$ 或 $\bar{S}=0$。也就是说，这种由与非门组成的基本 RS 触发器，输入信号为低电平时有效。为

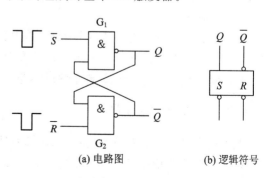

(a) 电路图   (b) 逻辑符号

图 14.1 与非门组成的基本 RS 触发器

此，在输入端 R 和 S 上加上"—"。

2. 工作原理及逻辑状态转换表

根据与非门的逻辑功能，即有"0'出"1"，全"1"为"0"，可以分析得到与非门组成的基本 RS 触发器的工作原理如下：

当 $\overline{R}=0$、$\overline{S}=1$ 时，由于 $\overline{R}=0$，G_2 门的输出端 $\overline{Q}=1$，G_1 门的两输入为 1，因此 G_1 门的输出端 $Q=0$。

当 $\overline{R}=1$、$\overline{S}=0$ 时，由于 $\overline{S}=0$，G_1 门的输出端 $Q=1$，G_2 门的两输入为 1，因此 G_2 门的输出端 $\overline{Q}=0$。

当 $\overline{R}=1$、$\overline{S}=1$ 时，G_1 门和 G_2 门的输出端被它们的原来状态锁定，故输出保持原态，所以触发器具有存储和记忆的功能。

当 $\overline{R}=0$、$\overline{S}=0$ 时，则有 $Q=\overline{Q}=1$。若输入信号 $\overline{R}=0$、$\overline{S}=0$ 之后出现 $\overline{R}=1$、$\overline{S}=1$，触发器的状态将由两个与非门的信号传输快慢决定，最终结果是随机的，故输出状态不确定。因此 $\overline{R}=0$、$\overline{S}=0$ 的情况不能出现，为使这种情况不出现，特给该触发器加一个约束条件 $\overline{S}+\overline{R}=1$。

由以上分析可得到表 14.1 所示的逻辑状态转换表。

表 14.1 与非门组成的低电平有效基本 RS 触发器逻辑状态转换表

$\overline{R}$	$\overline{S}$	Q_{n+1}
0	0	不定
0	1	0
1	0	1
1	1	Q_n

根据基本 RS 触发器逻辑状态转换表 14.1，得到基本 RS 触发器的特性方程为

$$\boxed{\begin{array}{l} Q_{n+1} = S + \overline{R}Q_n \\ \overline{S} + \overline{R} = 1 \end{array}}$$
(14.1)

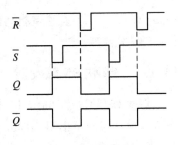

图 14.2 例 14.1 波形图

【例 14.1】 已知与非门组成的基本 RS 触发器，根据图 14.2 中 $\overline{R}$、$\overline{S}$ 的波形，画出基本 RS 触发器 Q 和 $\overline{Q}$ 端的波形，设初始状态 $Q_n=0$。

解：根据与非门组成的基本 RS 触发器逻辑状态转换表 14.1，画出波形图，如图 14.2 所示。从波形中可见，$\overline{R}$ 端加负脉冲，触发器置 0；$\overline{S}$ 端加负脉冲，触发器置 1。$\overline{R}=\overline{S}=1$，输出状态不变。

14.1.2 同步 RS 触发器

基本触发器虽然具有置 0、置 1 和记忆的功能，但在实用上仍不够完善。因为一个数字系统往往有多个双稳态触发器，它们的动作速度各异，为了避免各触发器动作参差不齐，就需要用一个统一的信号来协调各触发器的动作。这个**统一信号称为时钟脉冲（CP）**信号。具有时钟脉冲控制端的触发器称为时钟触发器，其输出状态的变化由时钟脉冲和输入信号

共同决定。时钟脉冲（CP）由 0 跳变至 1 的时间，称为正脉冲的前沿时间或上升沿时间；由 1 跳变至 0 的时间，称为正脉冲的后沿时间或下降沿时间。时钟脉冲保持在"1"（或"0"）电位期间，称为高电平（或低电平）。输入信号采用正脉冲，信号未到时为低电平 0，信号到来时为高电平 1，称输入信号为高电平有效；输入信号采用负脉冲，信号未到时为高电平 1，信号到来时为低电平 0，称输入信号为低电平有效。

同步触发器是在时钟脉冲（CP）有效期内，输入信号到来时，触发器状态的改变与输出同步。本节以同步 RS 触发器为例说明同步触发器的工作原理。

1. 同步 RS 触发器

1）电路结构

图 14.3 为一个四门钟控型电路结构的同步 RS 触发器。上面两个与非门组成了一个基本 RS 触发器，下面两个与非门组成了把时钟脉冲和输入信号引入的导引电路。

图中 CP 为时钟控制信号，时钟脉冲采用周期一定的正脉冲。

当时钟脉冲未到时，CP=0，无论 R、S 有无信号输入，与非门 3 和 4 的输出都为 1，即 $\overline{R'}=1$、$\overline{S'}=1$，触发器保持原状态不变，R、S 不起作用，信号无法输入，这种情况称为导引门 3、4 被封锁。

当时钟脉冲到来时，CP=1，触发器的状态才由 R、S 的输入信号决定，即 R、S 才起作用，信号才能输入，这种情况称为导引门打开。

由于 CP 对输入信号起着打开和封锁导引

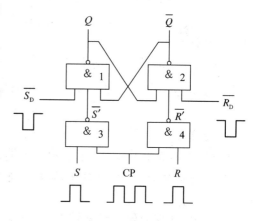

图 14.3　同步 RS 触发器电路

门的作用，因而在多个触发器共存的系统中便可以避免动作的参差不齐。可见，CP 只是起统一步调的作用，每个触发器的输出状态仍由 R、S 的输入信号决定。

$\overline{R_D}$ 和 $\overline{S_D}$ 是异步置 0 端和异步置 1 端，采用负脉冲。由于它们是从上面的基本 RS 触发器直接引出的，故不受时钟脉冲（CP）的控制，用于工作前使触发器预先置于某一状态。触发器开始工作后，不再起作用，两者都保持在高电平，即 $\overline{R_D}=\overline{S_D}=1$。

2）逻辑功能及状态转换表

根据与非门的逻辑功能得到该同步 RS 触发器的逻辑功能如下：

当 CP=0 时，导引门 3、4 被封锁，无论 R、S 怎样变化，触发器保持原状态不变，即 $Q_{n+1}=Q_n$。

当 CP=1 时，导引门 3、4 打开，输出状态由 R、S 的输入信号和电路原来的状态 Q_n 决定。

当 $R=0$、$S=0$ 时，触发器保持原来状态，$Q_{n+1}=Q_n$。

当 $R=0$、$S=1$ 时，$\overline{S'}=0$，从而使 $Q_{n+1}=1$，触发器被置 1。

当 $R=1$、$S=0$ 时，$\overline{R'}=0$，从而使 $Q_{n+1}=0$，触发器被置 0。

当 $R=1$、$S=1$ 时，触发器状态不定，在使用中应避免这种情况。

归纳可得其逻辑状态转换表,如表14.2所示。

表 14.2 同步 RS 触发器逻辑状态转换表

R	S	Q_n	Q_{n+1}	说明
0	0	0	0	保持原态
0	0	1	1	
0	1	0	1	置1态
0	1	1	1	
1	0	0	0	置0态
1	0	1	0	
1	1	0	不定	状态不定
1	1	1	不定	

3) 特性方程

根据表14.2可以得到同步 RS 触发器的特性方程(CP=1)为

$$\boxed{\begin{array}{l} Q_{n+1} = S + \overline{R}Q_n \\ RS = 0 \end{array}}$$

(14.2)

4) 触发方式

同步 RS 触发器的触发方式为**电平触发**。

电平触发方式分为高电平触发和低电平触发。

(1) CP=1 期间输入控制输出,称为高电平触发。

(2) CP=0 期间输入控制输出,称为低电平触发。

上述电路属于高电平触发,而在 CP 端之前加一个非门的电路则为低电平触发。电平触发同步 RS 触发器的逻辑符号如图 14.4 所示。CP 端的"。"表示低电平触发。$\overline{S_D}$ 和 $\overline{R_D}$ 是异步置 1 和异步置 0 端。

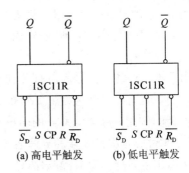

图 14.4 同步 RS 触发器的逻辑符号

【例 14.2】 按照图 14.5 中给出的高电平触发同步 RS 触发器 CP 和 R、S 的状态,画出 Q 和 $\overline{Q}$ 端的波形,设初始状态 $Q_n = 0$。

解: 分析这种触发器的输出波形时,要注意以下几点:

(1) CP 前沿对应的 R、S 状态决定了触发器的输出状态。

(2) 触发器输出相应状态的时间也在 CP 前沿到来之时。

(3) 在 CP 的有效期内(CP=1),若输入信号发生变化,输出状态将会发生相应的变化,应注意多次翻转的问题。

根据以上三点,最后得到 Q 和 $\overline{Q}$ 的波形如图 14.6 所示。

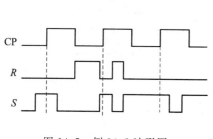

图 14.5 例 14.2 波形图

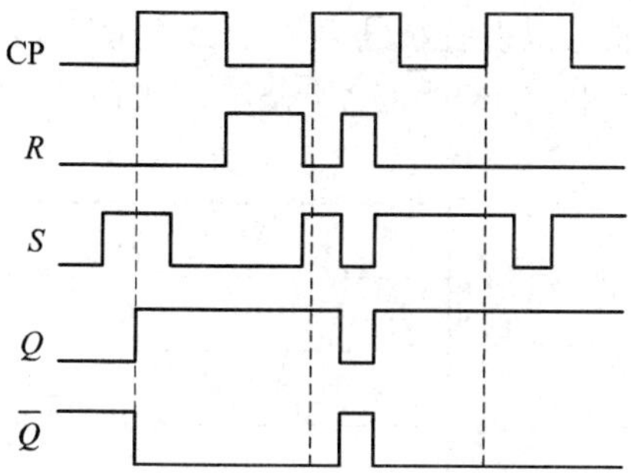

图 14.6 Q 和 $\overline{Q}$ 波形图

2. 电平触发方式的优缺点

触发器输出状态的变化,即由 0 态变为 1 态,或由 1 态变为 0 态,称为**翻转**。电平触发的优点是电路结构简单,动作较快,输入信号变化时,输出状态能很快随之变化。电平触发的缺点在于一个 CP 有效期内,若输入信号发生多次变化,触发器输出状态会发生多次翻转,即出现"空翻"现象。这就破坏了输出状态应与 CP 同步,即每来一个 CP 信号,输出状态只能翻转一次的要求。

在计数器、寄存器等时序逻辑电路中,一个时钟信号周期内只允许输出状态改变一次,且输出状态的改变只能发生在时钟信号的跳变沿,因此,同步触发器的"空翻"现象使它只能用于数据锁存,而不能用作计数器、移位寄存器等。

14.1.3 JK 触发器

按照状态转换和输出是否同步,JK 触发器可分为主从触发 JK 触发器和边沿触发 JK 触发器。边沿型触发器具有抗干扰能力强、速度快的优点,因此目前生产的大多数是边沿触发 JK 触发器。本节对边沿触发 JK 触发器进行介绍。

边沿触发方式分为上升沿触发和下降沿触发。

(1) CP 由 0 变 1 瞬间输入控制输出,称为上升沿触发。

(2) CP 由 1 变 0 瞬间输入控制输出,称为下降沿触发。

1. 逻辑符号

边沿触发 JK 触发器的逻辑符号如图 14.7 所示。逻辑符号中"∧"表示边沿触发。

2. 逻辑功能及状态转换表

以下降沿触发 JK 触发器为例,触发器开始工作后,$\overline{R_D}$ 和 $\overline{S_D}$ 保持高电平,即 $\overline{R_D}=\overline{S_D}=1$。

(1) $J=0$、$K=0$,触发器保持原态。

(2) $J=0$、$K=1$,触发器为 0 态,时钟脉冲下降沿到来时状态改变。

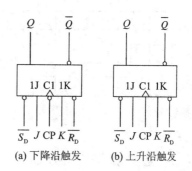

图 14.7 边沿触发 JK 触发器的逻辑符号

(3) $J=1$、$K=0$,触发器为 1 态,时钟脉冲下降沿到来时状态改变。

（4）$J=1$、$K=1$，触发器状态翻转，时钟脉冲下降沿到来时状态改变。

根据以上分析结果，可以得到下降沿触发 JK 触发器的逻辑状态转换表，如表 14.4 所示。表中 J、K 为 CP 下降沿到来前的输入信号，Q_{n+1} 为 CP 下降沿到来后触发器的状态。

表 14.3　JK 触发器逻辑状态转换表

J	K	Q_n	Q_{n+1}	说明
0	0	0	0	保持原态
0	0	1	1	
1	0	0	1	置 1 态
1	0	1	1	
0	1	0	0	置 0 态
0	1	1	0	
1	1	0	1	翻转为 1 态
1	1	1	0	翻转为 0 态

3. 特性方程

由逻辑状态转换表可以得到 JK 触发器的特性方程为

$$
\begin{aligned}
Q_{n+1} &= \overline{J}\,\overline{K}Q_n + J\overline{K}Q_n + J\overline{K}\,\overline{Q_n} + JK\,\overline{Q_n} \\
&= (\overline{J}\,\overline{K} + J\overline{K})Q_n + (J\overline{K} + JK)\,\overline{Q_n} \\
&= J\,\overline{Q_n} + \overline{K}Q_n
\end{aligned}
\tag{14.3}
$$

【**例 14.3**】　根据图 14.8 所示的 J、K 信号波形，画出下降沿触发 JK 触发器输出信号 Q 的波形，设初始状态 $Q_n=0$。

解：输出信号 Q 的波形如图 14.9 所示。画图时应注意以下两点：

（1）触发器对应 CP 后沿（下降沿）翻转。

（2）Q_{n+1} 由 CP 下降沿前一瞬间的 J、K 信号决定。

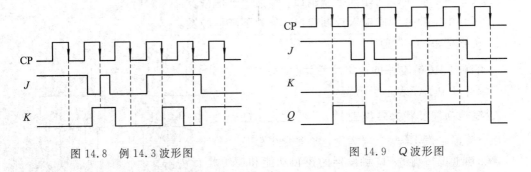

图 14.8　例 14.3 波形图　　　　　　　　　　图 14.9　Q 波形图

14.1.4　边沿触发 D 触发器

D 触发器也是一种应用广泛的触发器。D 触发器有同步 D 触发器、维持阻塞 D 触发器。国产 D 触发器几乎全是维持阻塞型（维持阻塞型是边沿触发电路）。本节介绍边沿触发 D 触发器。

1. 逻辑符号

边沿触发 D 触发器的逻辑符号如图 14.10 所示。

2. 逻辑功能及状态转换表

以上升沿触发 D 触发器为例，触发器开始工作后，$\overline{R_D}$ 和 $\overline{S_D}$ 保持高电平，即 $\overline{R_D}=\overline{S_D}=1$。

（1）当 CP＝0 时，维持原态。

（2）当 CP 由 0 变 1，即上升沿到来时，触发器状态翻转，$Q=D$。

（3）当 CP＝1 时，维持翻转状态。

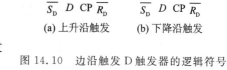

图 14.10　边沿触发 D 触发器的逻辑符号

归纳以上的逻辑功能，其逻辑状态转换表如表 14.4 所示。表中 D 为 CP 上升沿到来前的输入信号，Q_{n+1} 为 CP 上升沿到来后触发器的状态。

表 14.4　D 触发器逻辑状态转换表

D	Q_n	Q_{n+1}	说明
0	0	0	置 0 态
0	1	0	
1	0	1	置 1 态
1	1	1	

3. 特性方程

根据逻辑状态转换表可以得到 D 触发器的特性方程为

$$Q_{n+1} = D \tag{14.4}$$

【例 14.4】　根据图 14.11 给出的 CP 信号和 D 信号波形，画出边沿触发 D 触发器 Q 端波形。设初始状态 $Q_n=0$。

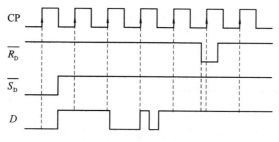

图 14.11　例 14.4 波形图

解：根据边沿触发 D 触发器的逻辑功能和逻辑状态转换表，得到输出 Q 端波形如图 14.12 所示。画图时应注意以下几点：

（1）直接置 0 信号 $\overline{R_D}$ 及直接置 1 信号 $\overline{S_D}$ 具有优先权，即只有在 $\overline{R_D}=\overline{S_D}=1$ 时，触发器的输出状态才依照触发器的逻辑功能随 CP 信号和输入信号而变化；否则，$\overline{R_D}=0$，输出为 0 态，$\overline{S_D}=0$，输出为 1 态。

（2）该触发器为 CP 上升沿触发，对于每个 CP 上升沿，触发器的输出状态取决于 CP 上升沿到来前一时刻输入信号 D，有 $Q_{n+1}=D$。

（3）在 CP 的下一个上升沿到来之前，若输入信号发生变化，输出状态不会发生相应变化。

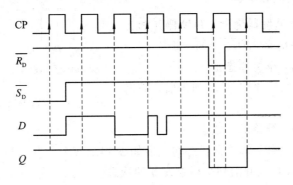

图 14.12　Q 波形图

14.1.5　T 触发器

在某些应用场合下，需要这样一种逻辑功能的触发器，当控制信号 $T=1$ 时，每来一次脉冲信号，它的状态就翻转一次；而当 $T=0$ 时，CP 到达后状态保持不变。具有这种逻辑功能的触发器称为 T 触发器。

1. 逻辑功能和逻辑状态转换表

在 CP 上升沿或下降沿时刻，$T=0$ 时，触发器保持原来状态；$T=1$ 时，触发器状态翻转。CP 保持高（或低）电平时，触发器保持原态。

由逻辑功能分析，可得到 T 触发器逻辑状态转换表，如表 14.5 所示。

表 14.5　T 触发器逻辑状态转换表

T	Q_n	Q_{n+1}	说明
0	0	0	保持原态
0	1	1	
1	0	1	翻转为 1 态
1	1	0	翻转为 0 态

2. 特性方程

根据逻辑状态转换表可以得到 T 触发器的特性方程为

$$Q_{n+1} = T\overline{Q_n} + \overline{T}Q_n \tag{14.5}$$

如果 $T=1$，则 T 触发器处于计数状态，每来一个 CP 脉冲，触发器状态就翻转一次，这种 T 触发器称为计数触发器，也称为 T′触发器。

T′触发器的特性方程为

$$Q_{n+1} = \overline{Q_n} \tag{14.6}$$

【例 14.5】用下降沿触发 JK 触发器构成 T 触发器。

解： T 触发器的特性方程为

$$Q_{n+1} = T\overline{Q_n} + \overline{T}Q_n$$

JK 触发器的特性方程为

$$Q_{n+1} = J\overline{Q_n} + \overline{K}Q_n$$

变换 T 触发器的特征方程，使之与 JK 触发器的特征方程相同，即将该式与 JK 触发器的特性方程做比较可得

$$J = K = T$$

将下降沿触发 JK 触发器的 J、K 两个输入信号端连接在一起称为输入端 T，就构成了 T 触发器。可画出由下降沿触发 JK 触发器改造得到的下降沿触发 T 触发器的逻辑图，如图 14.13(a) 所示，逻辑符号如图 14.13(b) 所示。

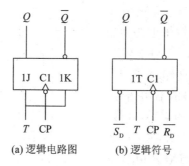

(a) 逻辑电路图　　(b) 逻辑符号

图 14.13　下降沿触发 T 触发器逻辑电路和逻辑符号

【例 14.6】　用上升沿触发 D 触发器构成 T 触发器。

解： T 触发器的特性方程为

$$Q_{n+1} = T\overline{Q_n} + \overline{T}Q_n$$

D 触发器的特性方程为

$$Q_{n+1} = D$$

变换 T 触发器的特征方程，若令

$$D = T \oplus Q_n$$

则形式与 D 触发器的特征方程相同，于是可画出逻辑图如图 14.14(a) 所示，逻辑符号如图 14.14(b) 所示。

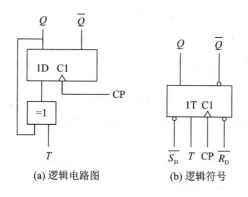

(a) 逻辑电路图　　　　(b) 逻辑符号

图 14.14　上升沿触发 T 触发器逻辑电路和逻辑符号

由上升沿触发 T 触发器构成的 T' 触发器在脉冲上升沿计数；由下降沿触发 T 触发器构成的 T' 触发器在脉冲下降沿计数。

14.2　时序逻辑电路分析

在第 13 章讨论的组合逻辑电路中，任一时刻的输出信号仅取决于当时的输入信号。本节介绍的**时序逻辑电路(sequential logic circuit)的特点是，任一时刻的输出不仅取决于当时的输入信号，而且还取决于电路原来的状态**。因此，时序逻辑电路中必须含有存储电路，由它将该时刻前的电路状态保存下来。存储电路可由延迟元件组成，也可由触发器构成。本节只讨论由触发器构成存储电路的时序电路。

图 14.15 所示为时序逻辑电路的基本结构框图。由该图可见，时序逻辑电路由组合电路和存储电路两部分组成。其中 $X(X_1,$ $\cdots, X_i)$ 是时序逻辑电路的输入信号，$Z(Z_1, \cdots, Z_j)$ 是时序逻辑电路的输出信号，$Y(Y_1, \cdots, Y_k)$ 是存储电路的输入信号，$Q(Q_1, \cdots, Q_r)$ 是存储电路的输出信号，Q 被反馈到组合电路的输入端，与输入信号 X 共同决定时序逻辑电路的输出状态。

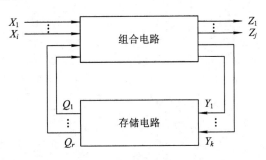

图 14.15　时序逻辑电路的结构框图

按照存储单元状态变化的特点，时序逻辑电路可以分为同步时序逻辑电路和异步时序逻辑电路两大类。同步时序逻辑电路的工作特点是：所有触发器共用同一个时钟信号。异步时序逻辑电路的工作特点是：各个触发器的时钟信号不同。

时序逻辑电路的分析一般按照以下几个步骤进行：

（1）**写出触发器的驱动方程。**

（2）**求得状态方程和输出方程。**根据触发器的逻辑功能类型，首先写出各触发器的特性方程，然后将各触发器的驱动方程代入特性方程中，就可得到触发器的状态方程。输出方程可由电路输出端的连接关系得到。

（3）**列状态转换表。**

（4）**根据状态转换表的关系画出电路的波形图。**

（5）**分析电路的逻辑功能。**

14.2.1　同步时序逻辑电路的分析

本节将举例介绍同步时序逻辑电路的分析方法。

【例 14.7】　分析图 14.16 所示时序逻辑电路的逻辑功能，设触发器初始状态为 0 态，给定输入信号 X 波形。

解：由于图 14.16 电路的两个 D 触发器共用一个时钟脉冲(CP)，故属于同步时序电路。按照分析步骤，其功能分析如下：

（1）由电路连接关系，首先写出触发器的驱动方程为

$$D_0 = X$$

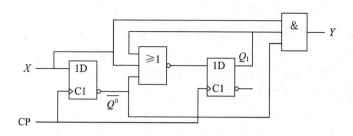

图 14.16　例 14.7 电路图

$$D_1 = \overline{X + \overline{Q_n^0} + Q_n^1} = \overline{X}\,\overline{Q_n^1}Q_n^0$$

（2）将驱动方程代入 D 触发器的特性方程，得到以下的触发器状态方程：

$$Q_{n+1}^1 = D_1 = \overline{X}\,\overline{Q_n^1}Q_n^0$$

$$Q_{n+1}^0 = D_0 = X$$

由电路输出端的连接关系，可直接写出输出方程为

$$Y = XQ_n^1\,\overline{Q_n^0}$$

（3）列出状态转换表。将输出方程右边变量的二进制组合取值代入状态方程和输出方程中进行计算，求得各个触发器的 Q_{n+1} 及输出，得到状态转换表，如表 14.6 所示。

表 14.6　例 14.7 电路的转换状态表

X	Q_n^0	Q_n^1	Q_{n+1}^0	Q_{n+1}^1	Y
0	0	0	0	0	0
0	1	0	0	1	0
0	0	1	0	0	0
0	1	1	0	0	0
1	0	0	1	0	0
1	1	0	1	0	0
1	0	1	1	0	1
1	1	1	1	0	0

（4）根据状态转换表画出波形图，如图 14.17 所示。需要注意的是，该题触发器为上升沿触发的 D 触发器，因此触发器状态都在 CP 上升沿改变。

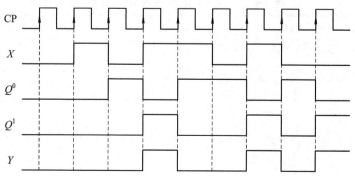

图 14.17　例 14.7 波形图

（5）分析逻辑功能。由波形图看出，一旦 $XQ_n^1Q_n^0$ 出现"110"组合，Y 输出便产生一个相应的"1"，其他情况下 Y 输出都为"0"。因此，该电路实现了对 $Q_n^1Q_n^0$ 为 10 状态的检测功能。

【例 14.8】 分析图 14.18 所示时序逻辑电路的逻辑功能，设触发器的初始状态为 0 态，电路中各触发器都为 TTL 下降沿触发 JK 触发器。

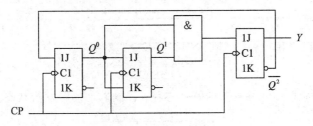

图 14.18　例 14.8 图

解： 在图 14.18 所示电路中，由于各触发器使用同一个 CP 信号，所以为同步时序电路。其分析过程如下：

（1）写出触发器的驱动方程。在 TTL 电路中，触发器的输入端悬空时，相当于接"1"（高）电平。因此，图中各触发器的驱动方程为

$$J_0 = \overline{Q_n^2} \qquad K_0 = 1$$
$$J_1 = Q_n^0 \qquad K_1 = Q_n^0$$
$$J_2 = Q_n^1 Q_n^0 \qquad K_2 = 1$$

（2）求得状态方程和输出方程。将各驱动方程代入 JK 触发器特性方程，可得到各触发器状态方程为

$$Q_{n+1}^0 = J_0 \overline{Q_n^0} + \overline{K_0} Q_n^0 = \overline{Q_n^2}\,\overline{Q_n^0}$$
$$Q_{n+1}^1 = J_1 \overline{Q_n^1} + \overline{K_1} Q_n^1 = Q_n^1 \oplus Q_n^0$$
$$Q_{n+1}^2 = J_2 \overline{Q_n^2} + \overline{K_2} Q_n^2 = \overline{Q_n^2} Q_n^1 Q_n^0$$

输出方程为

$$Y = Q_n^2$$

（3）列出状态转换表。将 $Q_n^2 Q_n^1 Q_n^0$ 的 8 种二进制组合代入状态方程和输出方程，得到各个触发器的 Q_{n+1} 及输出 Y，如表 14.7 所示。

表 14.7　例 14.8 电路的转换状态表

Q_n^2	Q_n^1	Q_n^0	Q_{n+1}^2	Q_{n+1}^1	Q_{n+1}^0	Y
0	0	0	0	0	1	0
0	0	1	0	1	0	0
0	1	0	0	1	1	0
0	1	1	1	0	0	0
1	0	0	0	0	0	1
1	0	1	0	1	0	1
1	1	0	0	1	0	1
1	1	1	0	1	1	1

在表 14.7 中，触发器从初态 000 开始，时序电路每来 5 个时钟脉冲，触发器的输出态 $Q_{n+1}^2 Q_{n+1}^1 Q_{n+1}^0$ 又恢复到初态 000，完成一个状态循环。所以 000～100 这 5 个状态称为有效状态，有效状态构成的循环为有效循环体；而 101、110、111 不参与有效循环，称为无效状态。

（4）根据状态转换表画出波形图，如图 14.19 所示。需要注意的是，该题中触发器为下降沿触发的 JK 触发器，因此触发器状态都在 CP 后沿改变。

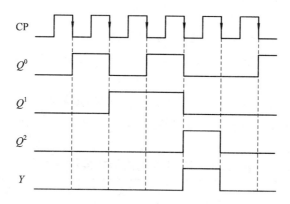

图 14.19　例 14.8 波形图

（5）分析逻辑功能。通过分析上述电路知道，该电路是一个每输入 5 个（计数）时钟脉冲就循环一周的时序电路，通常将它称为同步五进制计数器。

14.2.2　异步时序逻辑电路的分析

异步时序电路和同步时序电路的分析方法基本上是相同的，不同之处是分析异步时序电路时，各触发器没有统一的时钟脉冲。因此，必须先分析各触发器的时钟是否为有效触发。当触发器有效触发时，其 Q_{n+1} 可由电路状态方程计算求得；否则，触发器将保持原来状态 Q_n 不变。因此，分析异步时序电路，一般要写出触发器的时钟方程。

【例 14.9】　分析图 14.20 所示的时序电路的逻辑功能，电路中触发器为 TTL 下降沿触发 JK 触发器。设触发器初始状态为 0 态。

解：由于图 14.20 所示电路的三个 JK 触发器不共用时钟脉冲，故属于异步时序电路。

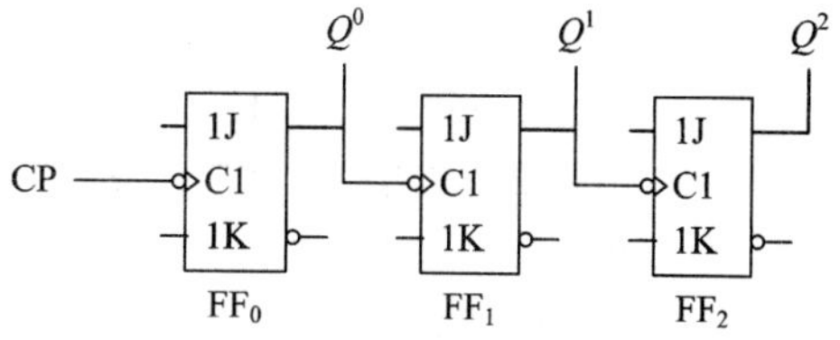

（1）由电路连接关系，首先写出触发器的驱动方程。在 TTL 电路中，当触发器的输入端悬空时，相当于接"1"（高）电平。因此，图中各 JK 触发器的驱动方程为

图 14.20　例 14.9 图

$$J_0 = K_0 = 1$$
$$J_1 = K_1 = 1$$
$$J_2 = K_2 = 1$$

（2）将驱动方程代入 JK 触发器的特性方程，得到以下触发器的状态方程：

$$Q_{n+1}^0 = J_0 \overline{Q_n^0} + \overline{K_0} Q_n^0 = \overline{Q_n^0}$$
$$Q_{n+1}^1 = J_1 \overline{Q_n^1} + \overline{K_1} Q_n^1 = \overline{Q_n^1}$$

$$Q_{n+1}^2 = J_2\,\overline{Q_n^2} + \overline{K_2}Q_n^2 = \overline{Q_n^2}$$

与同步时序电路不同，异步时序电路的时钟信号来源不同，因此其时钟方程不可省略，时钟方程为

$$CP_0 = CP,\ CP_1 = Q_n^0,\ CP_2 = Q_n^1$$

（3）列出状态转换表。三个触发器都是下降沿触发。当外来 CP 脉冲为下降沿时，FF_0 状态翻转；而只有当 $\overline{Q_n^0}$ 由 1 变 0 时，FF_1 状态才能翻转；当 $\overline{Q_n^1}$ 由 1 变 0 时，FF_2 状态才能翻转。

第一个 CP 脉冲下降沿到来时，$Q_{n+1}^0 = 1$，所以 Q^0 由 0 变 1，为上升沿，因此 FF_1 没有被有效触发，Q_{n+1}^1 仍然为 0，Q_{n+1}^2 仍然为 0；第二个 CP 脉冲下降沿到来时，$Q_{n+1}^0 = 0$，Q^0 由 1 变 0，为下降沿，因此 FF_1 被有效触发，Q_{n+1}^1 翻转为 1，Q^1 由 0 变 1，为上升沿，因此 FF_2 没有被有效触发，Q_{n+1}^2 仍然为 0；第三个 CP 脉冲下降沿到来时，$Q_{n+1}^0 = 1$，Q^0 由 0 变 1，为上升沿，因此 FF_1 未被有效触发，Q_{n+1}^1 仍然为 1，Q_{n+1}^2 仍然为 0；依次推导下去，得到状态转换表 14.8。

表 14.8　例 14.9 电路的转换状态表

CP（下降沿有效）	Q_n^2	Q_n^1	Q_n^0	Q_{n+1}^2	Q_{n+1}^1	Q_{n+1}^0
1	0	0	0	0	0	1
2	0	0	1	0	1	0
3	0	1	0	0	1	1
4	0	1	1	1	0	0
5	1	0	0	1	0	1
6	1	0	1	1	1	0
7	1	1	0	1	1	1
8	1	1	1	0	0	0

（4）根据状态转换表画出波形图，如图 14.21 所示。需要注意的是，该题触发器为下降沿触发的 JK 触发器，因此触发器状态都在各自时钟脉冲的下降沿改变。

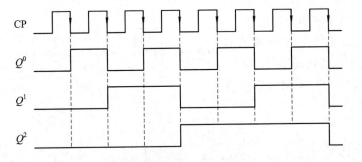

例 14.9Multisim
电路仿真

图 14.21　例 14.9 波形图

（5）分析逻辑功能。通过分析上述电路知道，该电路是一个每输入 8 个（计数）时钟脉冲就循环一周的时序电路，通常将它称为三位异步二进制计数器或异步八进制计数器。

（6）采用软件 Multisim 进行电路仿真。电路和输出结果仿真图见图 14.22(a)、(b)。

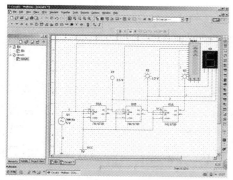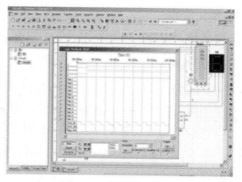

(a) 例 14.9 电路仿真图 (b) 例 14.9 输出结果仿真图

图 14.22 仿真图

14.3 寄 存 器

寄存器(register)是数字电路中用来存放数码和指令等的主要部件。按功能的不同,寄存器可分为数码寄存器(digital register)和移位寄存器(shift register)两种。数码寄存器只供暂时存储数码,然后根据需要取出数码。移位寄存器不仅能存储数码,而且具有移位的功能,即每从外部输入一个移位脉冲,其存储数码的位置就同时向左或向右移动一位。这是进行算术运算时所必需的。按存放和取出数码方式的不同,寄存器又有并行和串行之分,前者一般用在数码寄存器中,后者一般用在移位寄存器中。

14.3.1 数码寄存器

图 14.23 是一个可以存放 4 位二进制数码的数码寄存器。一般来说,一个双稳态触发器可以存放 1 位二进制数码。因此,该寄存器需要四个双稳态触发器。图中采用了 4 个高电平触发的 RS 触发器。它们的输入和输出端都利用门电路来进行控制。$A_4 \sim A_1$ 是数码存入端,$Q_4 \sim Q_1$ 是数码寄存端,$O_4 \sim O_1$ 是数码取出端。图中双稳态触发器的 $\overline{Q}$ 和 S_D 端不用,在图中未画出。

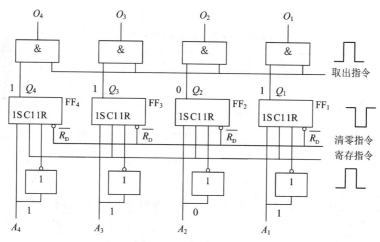

图 14.23 数码寄存器

1. 预先清零

在清零输入端输入清零负脉冲，使得各触发器都预置 0 态。

2. 存入数码

设待存数码为 1101，将它们分别加到 $A_4 \sim A_1$ 端，利用 CP 脉冲作为寄存指令。在寄存指令未到时，CP 端为 0，各触发器保持原态，即 0 态，这时数码尚未存入。寄存指令到来时，CP 端为 1，触发器 FF4、FF3 和 FF1 的 $R=0$、$S=1$，Q_4、Q_3、Q_1 都为 1，FF2 的 $R=1$，$S=0$，$Q_2=0$，故 $Q_4Q_3Q_2Q_1$ 为 1101，数码被存入。寄存指令过后，各触发器保持原态，即数码被寄存。

3. 取出数码

取出指令未到时，由于四个与门的右边输入为 0，它们的输出也为 0，即 $O_4O_3O_2O_1$ 为 0000，故数码虽然已经存入但未取出。取出指令到来时，四个与门右边输入都为 1，即门打开，输出取决于另一端输入 $Q_4Q_3Q_2Q_1$。由于 $Q_4Q_3Q_2Q_1$ 为 1101，所以 $O_4O_3O_2O_1$ 为 1101，即数码被取出。

14.3.2　移位寄存器

移位寄存器按移位方向不同又有右移、左移和双向移位之分。图 14.24 是一个 4 位的右移寄存器，由 4 个上升沿触发的 D 触发器组成，只有一个输入端和一个输出端。数码从输入端 D_4 逐位输入，从输出端 Q_1 逐位输出。工作过程见状态转换表 14.9。

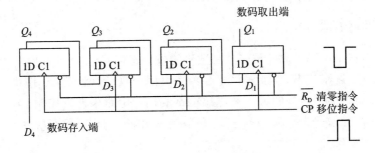

图 14.24　移位寄存器

表 14.9　移位寄存器状态转换表

CP 顺序	D_4	Q_4	Q_3	Q_2	Q_1	存取过程
0	Φ	0	0	0	0	清零
1	1	1	0	0	0	存入 1 位
2	0	0	1	0	0	存入 2 位
3	1	1	0	1	0	存入 3 位
4	1	1	1	0	1	存入 4 位
5	0	0	1	1	0	取出 1 位
6	0	0	0	1	1	取出 2 位
7	0	0	0	0	1	取出 3 位
8	0	0	0	0	0	取出 4 位

1. 预先清零

在清零输入端输入负脉冲,使得 $Q_4Q_3Q_2Q_1$ 为 0000。

2. 存入数码

设待存数码仍是 1101。将它按时钟脉冲(即移位脉冲)CP 的节拍从低位数到高位数依次串行送到数码输入端 D_4。由于 D_3、D_2、D_1 分别接至 Q_4、Q_3、Q_2,因此在每个 CP 脉冲上升沿到来时,D_3、D_2、D_1 分别等于前一个 CP 脉冲时的 Q_4、Q_3、Q_2。于是可知存入数码的过程如下:

(1) 令 $D_4=1$(第 1 位数)在第 1 个 CP 脉冲上升沿到来时,由于 $D_4D_3D_2D_1=1000$,所以 $Q_4Q_3Q_2Q_1=1000$,存入第 1 位"1"。

(2) 令 $D_4=0$(第 2 位数),在第 2 个 CP 脉冲上升沿到来时,由于 $D_4D_3D_2D_1=0100$,所以 $Q_4Q_3Q_2Q_1=0100$,存入第 2 位"0"。

(3) 令 $D_4=1$(第 3 位数),在第 3 个 CP 脉冲上升沿到来时,由于 $D_4D_3D_2D_1=1010$,所以 $Q_4Q_3Q_2Q_1=1010$,存入第 3 位"1"。

(4) 令 $D_4=1$(第 4 位数),在第 4 个 CP 脉冲上升沿到来时,由于 $D_4D_3D_2D_1=1101$,所以 $Q_4Q_3Q_2Q_1=1101$,存入第 4 位"1"。

3. 取出数码

只需令 $D_4=0$,再连续输入 4 个移位 CP 脉冲,结合表 14.9 可知,所存的 1101 将从低位到高位逐位由数码输出端 Q_1 输出。

在移位脉冲作用下,寄存器 Q_4、Q_3、Q_2、Q_1 的波形如图 14.25 所示。

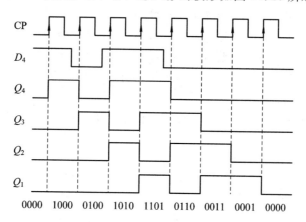

图 14.25　移位寄存器波形图

上述寄存器,数码是逐位串行输入,逐位串行输出的,所以又称为**串行输入串行输出的寄存器**。

如果将上述寄存器中每个触发器的输出端都引到外部,则 4 位数码经 4 个移位脉冲串行输入后,便可从各个触发器的输出端 Q_4、Q_3、Q_2、Q_1 并行输出,这样就构成了串行输入并行输出的移位寄存器。

从以上的分析可以看到,右移寄存器的特点是:右边的触发器受左边的触发器控制。在移位脉冲作用下,寄存器内存放的数码均从高位向低位移一位。如果反过来,左边触发器受右边触发器控制，待存数码从高位数到低位数依次串行送到输入端，在移位脉冲作用下，寄存器内存放的数码均从低位向高位移一位，则这样的寄存器称为左移寄存器。

目前国产集成寄存器的种类很多。CT1194 为 4 位双向移位寄存器，其外引线排列见图 14.26。这种寄存器功能比较全面，既可并行输入，也可串行输入；既可并行输出，也可串行输出；既可右移，又可左移。Q_4、Q_3、Q_2、Q_1 是并行输出端，A_4、A_3、A_2、A_1 是并行输入端，$\overline{S_0}$ 和 $\overline{S_1}$ 是功能控制端。例如串行右移时，令 $\overline{S_0}=1$、$\overline{S_1}=0$，数码由 D_{SR} 逐位输入，由 Q_1 端输出；串行左移时，令 $\overline{S_0}=0$、$\overline{S_1}=1$，数码由 D_{SL} 逐位输入，由 Q_4 端输出；并行输入时，$\overline{S_0}=1$、$\overline{S_1}=1$。

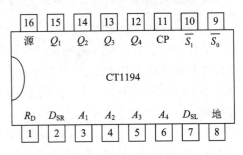

图 14.26　CT1194 外引线排列图

14.4　计　数　器

计数器(counter)可以用来累计脉冲数目，还可以用作分频、定时和数学运算，在数字电路中应用得十分广泛。

按计数器中各触发器翻转情况的不同，计数器可分为**同步计数器**和**异步计数器**两种。在同步计数器中，输入计数脉冲作为各触发器的时钟脉冲同时作用于各触发器的 CP 端，动作同步；在异步计数器中，有的触发器将输入计数脉冲作为时钟脉冲，受其直接控制，有的触发器是将其他触发器的输出作为时钟脉冲，因而动作有先后，是异步的。

按数制的不同，计数器由分为二进制计数器、十进制计数器和 N(任意)进制计数器。一般来说，**几个状态构成一个计数循环，就称为几进制计数器**，但二进制计数器是个例外。n 位的二进制计数器共有 2^n 个状态，例如 4 位二进制计数器有 0000～1111 共 16 个状态，故也可称为十六进制计数器。

按计数过程中数字的增减来分，计数器又有加法计数器、减法计数器和既可加又可减的可逆计数器三种。

下面通过几个例子说明计数器的工作原理。

14.4.1　二进制计数器

图 14.27 为利用 4 个下降沿触发 T 触发器构成的二进制计数器(binary counter)。CP 是计数脉冲。如果以 Q_4、Q_3、Q_2、Q_1 作为计数器输出端，则该电路为一个二进制加法器；由于 4 个触发器采用的时钟脉冲不统一，故为 4 位异步二进制加法器，或称异步十六进制计数器。加法器工作前首先清零，工作时，每来一个 CP 脉冲，便增加 1 个数。由于 4 个触发器只能累计 4 位二进制数，所以到第 16 个 CP 脉冲到来时，已超过计数的范围，这种现象称为"溢出"，这时，计数器应回到 0000。

在图 14.27 所示电路中，由于 T 触发器的翻转条件是 $T=1$，而这四个触发器的输入端都接高电平 1，所以每来一个 CP 脉冲，触发器都应翻转一次。由于各触发器都是采用下降沿触发，所以触发器在每个 CP 脉冲下降沿到来时状态翻转。

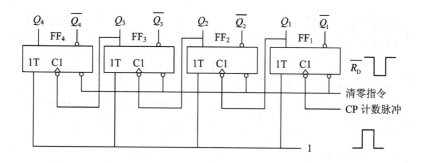

图 14.27　二进制计数器电路

因此，触发器 FF_1 在每个 CP 脉冲到来时都应翻转，故 Q_1 应由 0 变 1，再由 1 变 0······

由于触发器 FF_2 的 CP 端是接至 Q_1 的，即 Q_1 的输出就是 FF_2 的时钟脉冲，因而每当 Q_1 由 1 变 0 时，FF_2 改变状态。

同理，触发器 FF_3 和 FF_4 的输出状态的翻转时间应分别在每个 Q_2 和 Q_3 由 1 变 0 时。

由电路图结合以上分析得到该 4 位二进制加法器的输出状态，如表 14.10 中 Q_4、Q_3、Q_2、Q_1 所示。其波形图如图 14.28 所示。需要注意的是，该电路的所有触发器状态的改变均应在各自时钟脉冲的下降沿进行。若采用 4 个上升沿触发的 D 触发器构成 T 触发器组成异步二进制计数器，则各触发器状态的改变均在各自时钟脉冲的上升沿进行。

表 14.10　二进制加法计数器状态表

CP 顺序	Q_4	Q_3	Q_2	Q_1	$\overline{Q_4}$	$\overline{Q_3}$	$\overline{Q_2}$	$\overline{Q_1}$
0	0	0	0	0	1	1	1	1
1	0	0	0	1	1	1	1	0
2	0	0	1	0	1	1	0	1
3	0	0	1	1	1	1	0	0
4	0	1	0	0	1	0	1	1
5	0	1	0	1	1	0	1	0
6	0	1	1	0	1	0	0	1
7	0	1	1	1	1	0	0	0
8	1	0	0	0	0	1	1	1
9	1	0	0	1	0	1	1	0
10	1	0	1	0	0	1	0	1
11	1	0	1	1	0	1	0	0
12	1	1	0	0	0	0	1	1
13	1	1	0	1	0	0	1	0
14	1	1	1	0	0	0	0	1
15	1	1	1	1	0	0	0	0
16	0	0	0	0	1	1	1	1

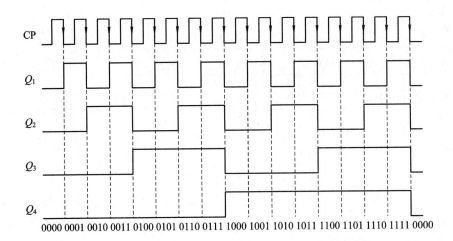

图 14.28　二进制加法计数器波形图

　　反之，如果将该电路中的 $\overline{Q_4}$、$\overline{Q_3}$、$\overline{Q_2}$、$\overline{Q_1}$ 作为计数器的输出端，则该电路便成为二进制减法计数器。二进制减法计数器的输出状态如表 14.10 中 $\overline{Q_4}$、$\overline{Q_3}$、$\overline{Q_2}$、$\overline{Q_1}$ 所示。工作前，$\overline{Q_4}$、$\overline{Q_3}$、$\overline{Q_2}$、$\overline{Q_1}$ 先被置 1111，每来一个 CP 脉冲便减少 1 个数，当第 16 个 CP 脉冲到来时，计数器溢出，返回到 1111。

　　由波形图还可以看出，每经过一个触发器，脉冲的周期就增加了一倍，频率减为一半，于是从 Q_1 端引出的波形为**二分频**，从 Q_2 端引出的波形为**四分频**，依此类推，从 Q_n 端引出的波形为 n 分频。因此**计数器又常用作分频器**。

14.4.2　十进制计数器

　　前面介绍的是异步二进制计数器，现在介绍同步十进制计数器(decimal counter)。十进制加法计数器电路如图 14.29 所示。它由 4 个下降沿触发的 JK 触发器组成，4 个触发器采用相同的 CP 脉冲，故称同步计数器，C 为进位端。每个触发器都有直接置 0 端 $\overline{R_D}$，在计数前预先置 0，图中未画出。根据前面所讲的同步时序电路分析方法，读者可自行根据电路图分析其逻辑功能，这里不再赘述。

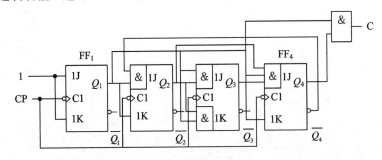

图 14.29　十进制加法计数器

　　十进制计数器与二进制计数器的工作原理基本相同，只是将十进制数的每一位都用二进制数来表示而已。最常用的是采用 8421BCD 码。由于十进制数只有 0～9 十个数码，因此采用 4 位二进制计数器来累计十进制数的每一位数时，只能取用 0000～1001，其余的 1010～1111 六个数舍去。也就是说当计数到 9，即 4 个触发器的状态为 1001 时，再来一个计数脉冲,计数器不能像二进制计数器那样翻转成 1010,而必须返回到 0000,同时向另一组十进制计数器进位。图 14.29 所示的十进制加法计数器状态表见表 14.11。

表 14.11 十进制加法计数器状态表

CP 顺序	Q_4	Q_3	Q_2	Q_1	C	十进制数
0	0	0	0	0	0	0
1	0	0	0	1	0	1
2	0	0	1	0	0	2
3	0	0	1	1	0	3
4	0	1	0	0	0	4
5	0	1	0	1	0	5
6	0	1	1	0	0	6
7	0	1	1	1	0	7
8	1	0	0	0	0	8
9	1	0	0	1	0	9
10	0	0	0	0	1	进位
11	1	0	1	1	0	无效
12	0	1	0	0	1	无效
13	1	1	0	1	0	无效
14	0	1	0	0	1	无效
15	1	1	1	1	0	无效
16	0	0	0	0	1	无效

表中,每一行的 Q_n 均作为下一行(下一个 CP 脉冲)的 Q_{n+1} 来计算得到下一行的 Q_n。由表中可以看出,1010~1111 是 6 个无效状态。十进制加法计数器波形如图 14.30 所示,无效状态不在波形图上画出。

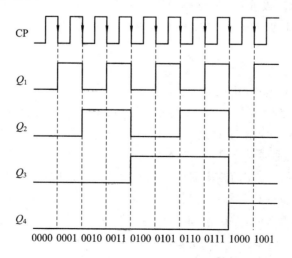

图 14.30 十进制加法计数器波形图

14.4.3　中规模集成计数器组件及应用

目前，计数器有多种集成电路产品可供选用。CT1192 是一种具有双时钟脉冲的十进制可逆计数器，其外引线排列见图 14.31。$\overline{\text{LD}}$ 是置数端，与数据输入端 g_4、g_3、g_2、g_1 配合可以预先并行置数，$CP_- = 1$ 时，CP_+ 加入计数脉冲，可进行加法计数；$CP_+ = 1$ 时，CP_- 加入计数脉冲，可以进行减法计数。O_R 为串行借位输出端。当减法计数到 Q_4、Q_3、Q_2、Q_1 为 0000 时，向下一个高位计数器发出借位脉冲，使高位计数器减 1。O_C 为串行进位输出端，当加法计数到 Q_4、Q_3、Q_2、Q_1 为 0000 时，向下一个高位计数器发出进位脉冲，使高位计数器加 1。

双时钟二—五—十进制计数器 74LS90 也是一种常用集成计数器组件，由于其功能灵活，因此常用于构成任意进制计数器。74LS90 外引线排列见图 14.32。

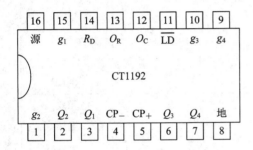

图 14.31　CT1192 外引线排列图

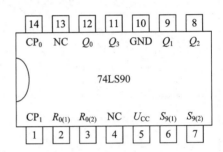

图 14.32　74LS90 外引线排列图

74LS90 的功能如下：

(1) 计数脉冲由 CP_1 输入，单独使用 Q_0 即为二进制计数器；计数脉冲由 CP_1 输入，使用 $Q_3 \sim Q_1$ 即为五进制计数器；将 Q_0 和 CP_1 连接起来，由 CP_0 输入计数脉冲，就构成十进制计数器。

(2) 当 $R_{0(1)}$ 和 $R_{0(2)}$ 全为 1 时，计数器的各触发器被清零。当 $S_{9(1)}$ 和 $S_{9(2)}$ 全为 1 时，Q_0 和 Q_3 被置 1，Q_1 和 Q_2 被置 0，即 $Q_3 Q_2 Q_1 Q_0 = 1001$。

(3) 当计数器工作时，$R_{0(1)}$ 和 $R_{0(2)}$ 中至少有一个为 0，$S_{9(1)}$ 和 $S_{9(2)}$ 中也至少有一个为 0。

(4) 时钟脉冲后沿为触发沿。

【例 14.10】　用 74LS90 组成七进制计数器。

解：采用反馈清零法将第 7 个脉冲到来后计数器的输出状态反馈到直接清零端 $R_{0(1)}$ 和 $R_{0(2)}$，使计数器在第 7 个脉冲时清零，此后再从 0 开始计数，从而实现七进制计数。74LS90 接成十进制计数器，当第 7 个脉冲到来时，计数器输出 $Q_3 Q_2 Q_1 Q_0 = 0111$，因此将 $Q_2 Q_1 Q_0$ 接到与门输入端，与门输出端接 $R_{0(1)}$ 和 $R_{0(2)}$ 端，这样，只要第 7 个脉冲到达，计数器就被清零，此后再输入计数脉冲时则从 0 开始计数，计数器的状态每经过 7 个计数脉冲就循环一次，实现了七进制计数。外部连线图见图 14.33。

【例 14.11】　用 74LS90 组成五十进制计数器。

解：采用级联法用两片 74LS90 构成五十进制计数器。74LS90(A) 接成五进制计数器，74LS90(B) 接成十进制计数器。74LS90(B) 的 Q_3 接到 74LS90(A) 的 CP_1 端，74LS90(B) 的

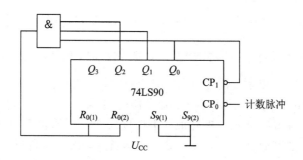

图 14.33　用 74LS90 构建的七进制计数器

CP_0 端接计数脉冲，所以这种接法属于异步级联方式。片 B 逢十进一，当第 9 个计数脉冲输入时，片 B 的状态 $Q_3Q_2Q_1Q_0=1001$；当第 10 个计数脉冲输入时，片 B 的状态清零，$Q_3Q_2Q_1Q_0=0000$，所以 Q_3 由 1 变 0，因此片 A 被有效触发。外部接线图见图 14.34。

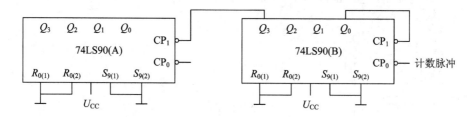

图 14.34　用 74LS90 构建的五十进制计数器

14.5　555 集成定时器

555 集成定时器(integrated timer)是将模拟电路和数字电路相结合的中规模集成电路。以它为核心，在其外部配上少量阻容元件，就可方便地构成多谐振荡器、施密特触发器、单稳态触发器等。它使用灵活方便，带负载能力强，目前广泛应用在波形产生与变换、测量与控制、家用电器、电子玩具等领域。

图 14.35(a)所示为 555 定时器的内部结构图，它包括以下几部分：

(1) 由 3 个阻值均为 5 kΩ 的电阻串联起来构成分压器(555 因此而得名)。其作用是为后面的电压比较器 C_1 和 C_2 提供参考电压，如果在电压控制端 CO 另加控制电压，则可改变 C_1、C_2 的参考电压。

(2) 电压比较器 C_1 和 C_2。C_1 的同相输入端电压为 $\frac{2}{3}U_{DD}$，C_2 的反相输入端电压为 $\frac{1}{3}U_{DD}$。

(3) 与非门组成的基本 RS 触发器。C_1 和 C_2 的输出作为基本 RS 触发器的输入，从而确定该触发器的输出状态。

(4) MOS 管或晶体管。

整个组件共有 8 个引线端，排列如图 14.35(b)所示。各个引脚的功能如下：

- TH 是高电平触发端。当该端的电压小于 $\frac{2}{3}U_{DD}$ 时，C_1 输出为高电平 1；该端电压

大于 $\frac{2}{3}U_{DD}$ 时，C_1 输出为低电平 0，使触发器置 0 态，即 $Q=0$。

- TL 是低电平触发端。当该端的电压大于 $\frac{1}{3}U_{DD}$ 时，C_2 输出为高电平 1；小于 $\frac{1}{3}U_{DD}$ 时，C_2 输出为低电平 0，使触发器置 1 态，即 $Q=1$。

- u_o 是定时器的输出端，即基本 RS 触发器的 Q 端。

- CO 是电压控制端，此端可以外加一电压以改变电压比较器的参考电压。工作中如果不使用 CO 端，一般都通过一个 0.01 μF 的电容接地，以旁路高频干扰。

- $\overline{R_D}$ 是复位端，是专门设置的以便基本 RS 触发器可以从外部进行直接置 0。需要置 0 时，从该端输入负脉冲，即 $\overline{R_D}=0$ 时，$Q=0$。

- D 是放电端，从 MOS 管的漏极 D 引出。MOS 场效应管构成开关，其状态受 $\overline{Q}$ 控制。$\overline{Q}=1$ 时，MOS 管导通，为外接电容元件提供放电通路；$\overline{Q}=0$ 时，MOS 管截止。

- U_{DD} 是电源端，电压范围为 4.5～18 V。

- GND 是接地端。

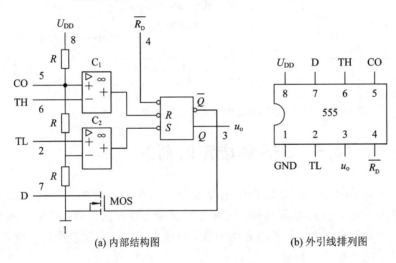

(a) 内部结构图 (b) 外引线排列图

图 14.35　555 集成定时器

555 定时器的应用

综上所述，555 集成定时器的状态见表 14.12。

表 14.12　555 集成定时器状态表

U_{TH}	U_{TL}	R	S	Q	$\overline{Q}$	MOS 管
$>\frac{2}{3}U_{DD}$	$>\frac{1}{3}U_{DD}$	0	1	0	1	导通
$<\frac{2}{3}U_{DD}$	$<\frac{1}{3}U_{DD}$	1	0	1	0	截止
$<\frac{2}{3}U_{DD}$	$>\frac{1}{3}U_{DD}$	1	1	保持	保持	保持

可见，555 集成定时器不仅提供了复位电平 $\frac{2}{3}U_{DD}$ 和置位电平 $\frac{1}{3}U_{DD}$，而且提供了可通

过 $\overline{R_D}$ 直接置 0 的基本 RS 触发器，还提供了一个状态受该触发器控制的 MOS 管开关或晶体管开关，因此使用方便、应用广泛。只需通过外部适当地连接合适的电阻、电容，555 集成定时器便能以多种方式工作。

14.6 时序逻辑电路的应用举例

14.6.1 数字钟

图 14.36 为数字钟原理电路，由三部分组成。

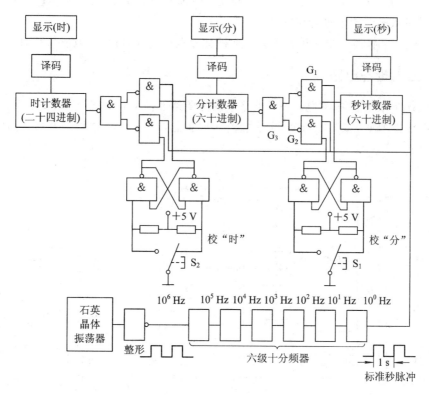

图 14.36 数字钟的原理电路

1. 标准秒脉冲发生电路

这部分电路由石英晶体振荡器和六级十分频器组成。

石英晶体的振荡频率十分稳定，因而用它构成的多谐振荡器产生的矩形波脉冲的稳定性很高。为了进一步改善波形，在其输出端接一个非门起整形作用。

十进制计数器是十分频器，因而每输入 10 个计数脉冲，第四级触发器的 Q_3 端便输出一个脉冲。如果石英晶体振荡器的频率为 10^6 Hz，则经六级十分频后，输出脉冲频率为 1 Hz，即周期为 1 s，此脉冲即为标准秒脉冲。

2. 时、分、秒计数、译码、显示电路

这部分电路包括 2 个六十进制计数器、1 个二十四进制计数器以及相应的译码器和显示器。标准秒脉冲进入秒计数器，经过 60 个脉冲后得出分脉冲；分脉冲进入分计数器，60 个分脉冲后得出时脉冲；时脉冲进入时计数器。时、分、秒各计数器的计数经译码显示，最大显示值为 23 小时 59 分 59 秒，再输入一个秒脉冲后，显示复零。

3. 时、分校准电路

校"时"和校"分"的电路相同。现以校"分"电路为例进行说明。

(1) 在正常计时时，与非门 G_1 的输入端为 1，G_1 门打开，秒计数器输出的分脉冲进入 G_1 的另一输入端，并经 G_3 进入分计数器。此时由于 G_2 输入端为 0，G_2 门封锁，校准用的秒脉冲进入不了。

(2) 在校"分"时，按下开关 S_1，情况与正常计时相反。G_1 门被封锁，G_2 门打开，标准秒脉冲直接进入分计数器进行校"分"。

同理，在校"时"时，按下开关 S_2，标准秒脉冲直接进入时计数器进行校"时"。

14.6.2　四人抢答电路

图 14.37(a) 是四人抢答电路图。电路中的主要器件是 CT74LS175 型 4 上升沿 D 触发器，其外引线排列见图 14.37(b)，清零端 $\overline{R_D}$ 和时钟脉冲 CP 是四个 D 触发器共用的。$G_1 \sim G_3$ 为与非门。

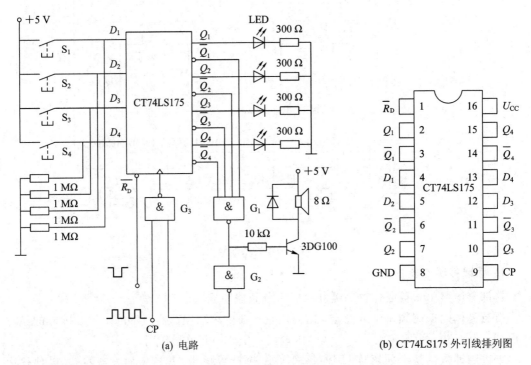

(a) 电路　　　　　　　　　　　　(b) CT74LS175 外引线排列图

图 14.37　四人抢答电路

抢答前先清零，使 $Q_1 \sim Q_4$ 均为 0，相应的发光二极管 LED 都不亮；$\overline{Q_1} \sim \overline{Q_4}$ 均为 1，与非门 G_1 输出为 0，扬声器不响。同时 G_2 门输出为 1，将 G_3 门打开，时钟脉冲 CP 可以经过 G_3 进入 D 触发器的 CP 端。此时，由于 $S_1 \sim S_4$ 均未按下，$D_1 \sim D_4$ 均为 0，所以触发器的状态不变。

抢答开始，若 S_1 首先被按下，D_1 和 Q_1 均变为 1，相应的发光二极管亮；$\overline{Q_1}$ 变为 0，G_1 门的输出为 1，扬声器响。同时，G_2 门输出为 0，将 G_3 门封闭，时钟脉冲 CP 便不能经过 G_3 进入 D 触发器。由于没有时钟脉冲，因此再按其他按钮都不起作用。触发器的状态不变。

抢答判决完毕，清零，准备下次抢答。

14.7　小　　结

1. 基本 RS 触发器

	逻辑符号	特性方程
与非门组成	Q　$\overline{Q}$ S　R	$Q_{n+1}=S+\overline{R}Q_n$ $\overline{S}+\overline{R}=1$

2. 同步触发器

	逻辑符号	特性方程	触发方式	备注
同步 RS 触发器	(a) 高电平触发　(b) 低电平触发	$Q_{n+1}=S+\overline{R}Q_n$ $RS=0$	高电平触发：CP＝1 期间接收信号并输出状态。低电平触发：CP＝0 期间接收信号并输出状态	R、S 有约束条件 $RS=0$，输出有"空翻"现象

3. JK 触发器

	逻辑符号	特性方程	触发方式	备注
边沿触发 JK 触发器	(a) 上升沿触发　(b) 下降沿触发	$Q_{n+1}=J\overline{Q_n}+\overline{K}Q_n$	上升沿触发：CP 上升沿到来状态改变。下降沿触发：CP 下降沿到来状态改变	输出没有"空翻"现象，输出在一个脉冲周期内恒定

4. D 触发器

	逻辑符号	特性方程	触发方式	备注
边沿触发 D 触发器	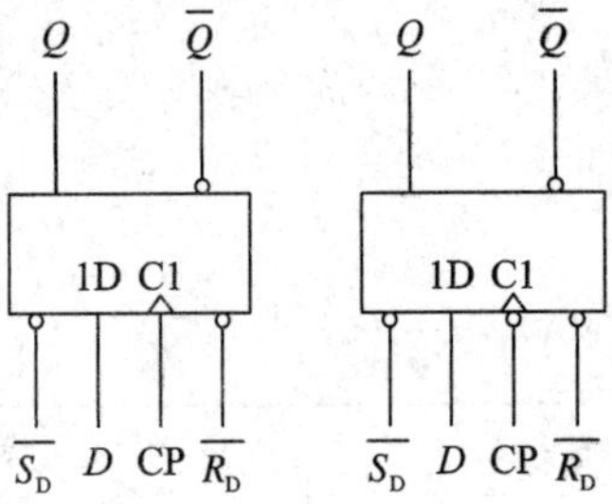 (a) 上升沿触发　　(b) 下降沿触发	$Q_{n+1}=D$	同边沿触 发 JK 触发器	同边沿触 发 JK 触发器

5. T 触发器

	逻辑符号	特性方程	触发方式	备注
边沿 触发 T 触发器	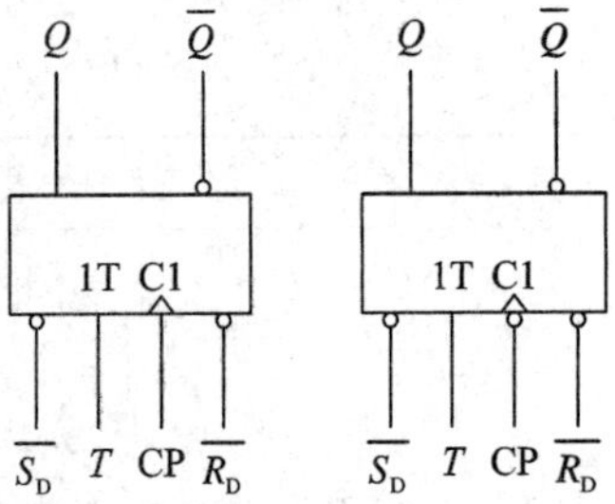 (a) 上升沿触发　　(b) 下降沿触发	$Q_{n+1}=T\overline{Q_n}+\overline{T}Q_n$	同边沿触发JK触发器	

6. 时序电路

同步时序电路的分析方法如下：

(1) 写出触发器的驱动方程。

(2) 求得状态方程和输出方程。

(3) 列状态转换表。

(4) 根据状态转换表的关系画出电路的波形图。

(5) 分析电路的逻辑功能。

异步时序电路：

异步时序电路和同步时序电路的分析方法基本上是相同的，不同之处是分析异步时序电路时，各触发器没有统一的时钟脉冲。因此，必须先分析各触发器的时钟是否为有效触发。当触发器有效触发时，其次态可由电路状态方程计算求得；否则，触发器将保持原来状态不变，即不必计算次态。因此，分析异步时序电路，一般要写出触发器的时钟方程。

7. 寄存器

(1) 数码寄存器：并行输入、并行输出。

（2）移位寄存器：既可并行输入，也可串行输入；既可并行输出，也可串行输出；既可右移，又可左移。

8. 计数器

（1）二进制计数器：n 位二进制计数器需采用 n 个触发器，能计数 2^n 个。

（2）十进制计数器：多采用 8421BCD 码，采用四个触发器，因此 1010～1111 六个代码为无效代码，需要在 1001 后下一个脉冲到来时回到状态 0000。

9. 555 集成定时器

555 集成定时器不仅提供了复位电平 $\frac{2}{3}U_{DD}$ 和置位电平 $\frac{1}{3}U_{DD}$。而且提供了可通过 $\overline{R}_D$ 直接置 0 的基本 RS 触发器，还提供了一个状态受该触发器控制的 MOS 管开关或晶体管开关，因此使用方便、应用广泛。只需通过外部适当地连接合适的电阻、电容，555 集成定时器便能以多种方式工作。

习 题 14

14.1 填空题

（1）时序逻辑电路的特点是输出不仅取决于电路当时_____的状态，而且还与电路_____的状态有关，电路中必须包含有记忆功能的_____电路。

（2）描述时序电路的功能需要三个方程，它们是_____方程、_____方程和_____方程。

（3）同步 RS 触发器的特性方程为 $Q^{n+1}=$_____，其约束方程是_____。

（4）要使触发器正常工作，异步置位（$\overline{S}_D$）、复位（$\overline{R}_D$）端的正确接法是 $\overline{S}_D =$_____、$\overline{R}_D =$_____。要使触发器复位，应使 $\overline{S}_D =$_____、$\overline{R}_D =$_____。

（5）JK 触发器具有置 0、置 1、_____和_____功能。要使 JK 触发器实现 $Q_{n+1}=\overline{Q}_n$ 的功能，应使 $J =$_____、$K =$_____。

（6）JK 触发器当 $J=0$、$K=1$ 时，可实现_____的功能。

（7）仅具有置 0 和置 1 功能的触发器称为_____触发器。T 触发器具有_____和_____功能。用 JK 触发器接成 T 触发器，正确的接法是将输入端 J、K_____。

（8）T 触发器的特性方程 $Q_{n+1}=$_____。

（9）按触发器的功能分类，可将触发器分为_____、_____、_____、_____。

（10）寄存器用来暂存二进制代码，在时钟脉冲的作用下，能完成对数据的清除、接收、____和输出（或移位）。

（11）按各个触发器状态转换与 CP 的关系，计数器可分为_____计数器和异步计数器。按计数长度，计数器可分为_____计数器和_____计数器。

（12）用三个触发器组成的计数器最多可有_____个有效状态，它称为_____进制计数器。若要构成六进制计数器，则最少用_____个触发器，有_____个无效状态。

（13）若要构成七进制计数器，则最少用_____个触发器，它有_____个无效状态。

14.2 选择题

(1) 在逻辑时序电路中( )。

A. 必定有触发器

B. 必定无触发器

C. 有无触发器应视具体情况而定

(2) 在以下各电路中,( )属于时序电路。

A. 译码器

B. 计数器

C. 加法器

(3) JK 触发器的特性方程是( )(触发器输入用 A、B 表示)。

A. $Q_{n+1}=A\overline{Q}_n+\overline{B}Q_n$

B. $Q_{n+1}=A+\overline{B}Q_n$

C. $Q_{n+1}=A\overline{Q}_n+\overline{A}Q_n$

(4) D 触发器( )。

A. 只有置 0 功能 B. 只有置 1 功能 C. 具有置 0 和置 1 功能

(5) T 触发器( )。

A. 可实现三种逻辑功能

B. 可实现两种逻辑功能

C. 只能实现一种逻辑功能

(6) 在题 14.2 -(6)图所示的触发器电路中,能实现 $Q_{n+1}=Q_n$ 功能的有( )。

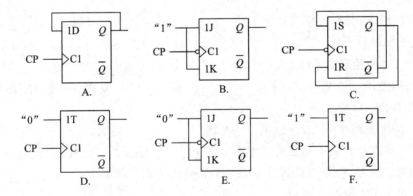

题 14.2 -(6)图

(7) 题 14.2 -(7)图所示的触发器电路中,能实现 $Q_{n+1}=\overline{Q}_n$ 功能的有( )。

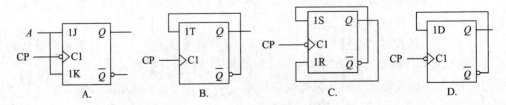

题 14.2 -(7)图

（8）对于同步时序电路而言（　　）。

A. 电路由同一类型触发器构成

B. 电路中触发器必须具有复位功能

C. 电路中各触发器由同一时钟触发

（9）在同步时序电路的分析中，得到一个关系式：

$$Q_0^{n+1} = D_0 = \overline{Q_0^n}; \quad Q_1^{n+1} = D_1 = Q_1^n \overline{Q_0^n} X \text{（X 为输入逻辑变量）}$$

则上式为（　　）。

A. 驱动方程　　　　B. 状态方程　　　　C. 特性方程

14.3　触发器电路如题 14.3 图所示。试根据给定的 CP 及输入波形，画出对应的输出 Q_1、Q_2 和 Q_3 的波形。初始状态均为 0。

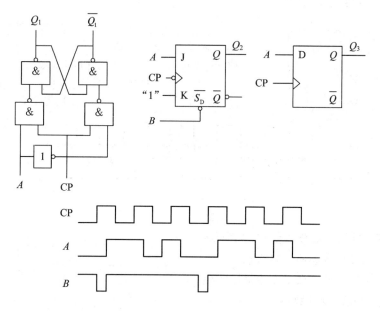

题 14.3 图

14.4　由两个触发器构成的时序电路如题 14.4 图所示，且设初始状态 $Q_1 = Q_2 =$ "1"。试根据 CP 波形图，画出 Q_1、Q_2 的输出波形图。

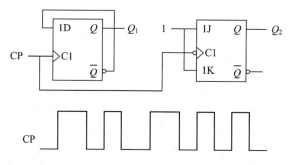

题 14.4 图

14.5　触发器电路如题 14.5 图所示。试根据给定输入波形对应画出输出 Q 的波形。设触发器的初始状态为 0。

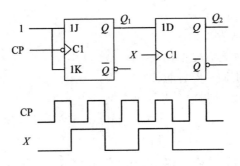

题 14.5 图

14.6 触发器电路如题 14.6 图所示,试根据 CP 及输入波形画出输出 Q_1、Q_2 和 Q_3 端的波形,设触发器初始态均为 0。

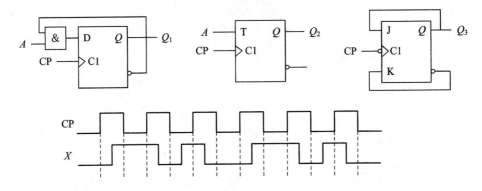

题 14.6 图

14.7 一个计数器电路如题 14.7 图所示。

(1) 该计数器是同步还是异步的?

(2) 画出该计数器的状态转换图 (Q_1Q_0),分析该计数器为几进制计数器。

(3) 在 CP 计数周期内,画出 CP、Q_1、Q_0 的波形。

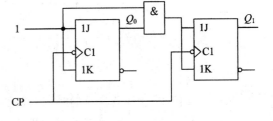

题 14.7 图

14.8 试分析题 14.8 图所示电路的逻辑功能。写出驱动方程、状态方程,画出状态转换图,说明电路是几进制计数器。设触发器的初始状态 $Q_3Q_2Q_1 = 000$(FF$_3$ 触发器 J 输入端的两个输入信号表示逻辑与关系)。

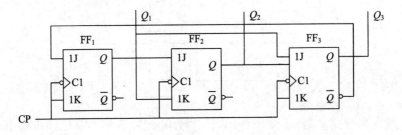

题 14.8 图

14.9 题 14.9 图为两个异步二进制计数器，试分析哪个是加法计数器，哪个是减法计数器，并分析它们的级间连接方式有何不同。

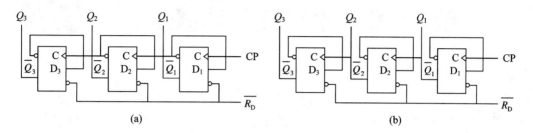

(a)   (b)

题 14.9 图

题 14.9 解答

第15章　半导体存储器

第 15 章知识点

教学内容及要求：大规模集成的半导体存储器可以用来存储大量的二进制信息，由于其具有集成度高、功耗低、速度快、体积小、价格便宜等优点，所以被广泛应用于数字系统中。根据功能的不同，半导体存储器分为只读存储器（ROM）和随机存取存储器（RAM）。本章介绍不同类型 ROM 和 RAM 的基本结构和工作原理。

15.1　半导体存储器概述

15.1.1　半导体存储器的性能指标

大规模集成的半导体存储器可以用来存储大量的二进制信息，由于其具有集成度高、功耗低、速度快、体积小、价格便宜等优点，所以被广泛应用于数字系统中。

1. 容量

容量是指一个存储芯片所能存储的二进制信息量。

容量有以下两种表示方法：

（1）位容量：一个存储芯片能存储多少位二进制信息，即

$$位容量＝存储单元数 \times 每单元的位数$$

（2）单元容量：一个存储芯片能存储多少字节的二进制信息，即有多少个字节单元。

位容量与单元容量之间的计算关系为

$$位容量＝单元容量\times 8$$

一般在芯片的技术参数描述中，用位容量来表示。如某芯片型号为 27C64，表示其容量为 64 K 位，即 64 Kb。而在存储系统中，常用单元容量来描述。如某电脑的内存为 128 MB，8086 系统的寻址空间是 1 MB，都指的是单元容量。

2. 存取时间

对存储器进行一次读或写操作所需要的时间称为存取时间。存取时间是描述存储器读/写速度的重要参数，为了提高内存的工作速度，使之与 CPU 的速度匹配，总是希望存取时间越短越好。

15.1.2　半导体存储器的分类

半导体存储器（Memory）的种类很多，从功能上可分为随机存取存储器（Random Access Memory，RAM）和只读存储器（Read Only Memory，ROM）两大类，见图 15.1。

图 15.1　半导体存储器分类

从电路结构上可把半导体存储器分为双极型和单级型（MOS）两大类。双极型存储器有 TTL、ECL、I²L 三种电路形式，其中 I²L 电路结构简单、集成度高、功耗低，因而发展较快，应用较多。双极型存储器主要用于对速度要求较高的场合。MOS 存储器具有 PMOS、NMOS、CMOS 三种电路形式，其中 PMOS 由于速度慢、集成度低等原因，已被 NMOS 所取代；CMOS 电路具有功耗低、存取时间短等优点，但制造工艺复杂。NMOS 存储器速度较快、功耗较低、结构简单、具有较高的性价比，在大容量存储器和微型计算机中被普遍采用。MOS 型 RAM 又分为静态 RAM 和动态 RAM。动态 RAM 的存储单元比静态 RAM 的存储单元结构简单、集成度高、功耗低，但使用不如静态 RAM 方便，需要刷新。

15.2　只读存储器（ROM）

只读存储器（ROM）内的信息是制造商或使用者根据功能要求预先写好的，固定不变，断电后信息也不会丢失。正常工作时，只能从 ROM 中读取数据，而不能随时修改和写入新的数据。在数字系统或计算机中常用 ROM 存入一些固定信息，如常用数据、专用程序、管理程序等。

ROM 按数据写入的方式可分为固定 ROM、可编程 ROM（PROM）、可擦除可编程 ROM（EPROM）三种。固定 ROM 的存储数据是厂家在制造 ROM 时写好的，用户无法改变它里面的信息。PROM 内的数据可由用户自己写入，但只能被写入一次，一经写入就无法改变了。EPROM 内的数据可由用户写入，但只能在特定条件下用特殊手段进行擦除，然后重新写入新的数据，正常工作时 EPROM 数据只能被读取。

15.2.1　固定 ROM 与 PROM

1. 固定 ROM

固定 ROM 由地址译码器、存储矩阵和输出缓冲级三部分组成。

地址译码器由与门组成，将输入的地址代码译成相应的地址控制信号送入存储矩阵中，读取相应的字。若地址译码器有 n 位地址输入码，则译码器有 2^n 个输出端，称为"字线"。每输入一组地址码，对应一个字线输出为"1"（其余字线为"0"），可读取存储矩阵中的字线为 1 的字。即输入不同地址码，读取存储矩阵中不同的字，每次只能读取一个字。

存储矩阵由大量的存储单元按矩阵形式排列组成，每个存储单元可以由二极管、晶体管或 MOS 管构成，用于存储一位二进制数码 0 或 1。整个存储矩阵相当于一个存储二进制代码的"货栈"，有众多按顺序排列好的地址，同一个地址确定的存储单元的集合称为字。

每个字存储的二进制代码的位数称为存储矩阵的"位线",因此存储矩阵的输入是字线,输出是位线(又称为数据线)。

输出缓冲级采用三态门,其作用是提高存储器的带负载能力,实现对输出状态的三态控制,使之与系统总线连接,另外将输出电平调整为标准的逻辑电平值。

图 15.2 所示为一个晶体管构成的 2×2 固定 ROM 结构图。

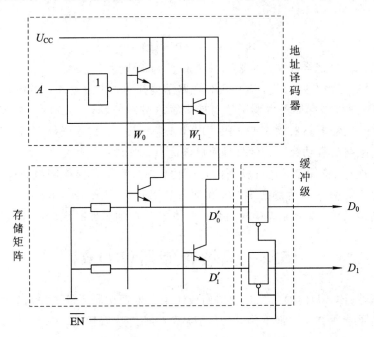

图 15.2 2×2 固定 ROM 结构图

图中,地址译码器输入一位地址码 A,对应两种组态 A 和 $\overline{A}$,由 2 根字线 W_0 和 W_1 输出。$A = 0$ 时,$W_0 = 1$,$W_1 = 0$;$A = 1$ 时,$W_1 = 1$,$W_0 = 0$。若为二位地址码 A_0、A_1 输入,则对应四种组态 $\overline{A_1 A_0}$、$\overline{A_1} A_0$、$A_1 \overline{A_0}$、$A_1 A_0$,有 4 根字线 W_0、W_1、W_2 和 W_3 输出。$A_1 A_0 = 00$ 时,$W_0 = 1$;$A_1 A_0 = 01$ 时,$W_1 = 1$;$A_1 A_0 = 10$ 时,$W_2 = 1$;$A_1 A_0 = 11$ 时,$W_3 = 1$。可见输入一组地址码,译码器输出端 $W_0 \sim W_3$ 中仅有一根字线输出为高电平,其余为低电平。地址译码器输入端为与门关系。

存储矩阵以字线 W_0、W_1 为输入,D_0' 和 D_1' 为两根位线输出。每根字线和位线的交叉点都是一个存储单元,每个存储单元可以存储一位二进制数。在交叉点接有晶体管的相当于存 1,没接晶体管的相当于存 0。交叉点的数目就是存储矩阵中存储单元的总数,即存储器的容量为字数与位数的乘积。由图 15.2 中可以看出存储矩阵是或门逻辑关系。由于字线数 m 和输入地址线数 n 有关系式 $m = 2^n$,所以得到该存储器有 1 根地址线、2 根数据线。

输出缓冲级由三态门组成,使能端 $\overline{EN} = 1$ 时,存储器输出端呈高阻态,不允许从存储器中读取数据;当 $\overline{EN} = 0$ 时,允许从存储器中读取数据(一个字),$D_1 D_0 = D_1' D_0'$。

图 15.2 所示电路的数据表如表 15.1 所示。

表 15.1　2×2 固定 ROM 数据表

输入的地址	输出的数据	
A	D_1	D_0
0	0	1
1	1	0

2. 可编程 ROM(PROM)

PROM 是用户根据要求将存储信息一次性写入的只读存储器。出厂时，厂家在 ROM 存储矩阵的每个存储单元上均制作了存储元件且每个存储元件均与熔丝串联，这相当于每个存储单元全部存入了 1。要写入数据时，对于需要写入 0 的那些存储单元，用户只要按地址在短时间内给这些存储单元的熔丝提供足够大的脉冲电流，使这些存储单元的熔丝烧断，即串接的存

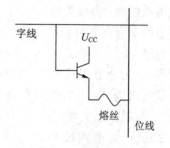

图 15.3　熔丝型 PROM 存储单元结构

储元件不起作用，这样，熔丝烧断的存储单元存 0，未烧断的存储单元存 1。这种 ROM 可实现一次编程。晶体管组成的熔丝型 PROM 存储单元结构如图 15.3 所示，所有字线与位线的交点处均为该结构。

15.2.2　各种可擦除的 ROM(EPROM)

EPROM 器件按可擦除的方式又分为紫外线擦除的 EPROM(UVEPROM) 和电信号擦除的 EPROM(EEPROM) 两种。用紫外线擦除 EPROM 通常需要十几分钟，所需时间较长。用电信号擦除的 EPROM 擦洗速度较快，在几毫秒左右。在 EPROM 中存储单元为叠栅 MOS 管，下面介绍叠栅 MOS 管的结构和工作原理。

叠栅 MOS 管的结构原理图及符号如图 15.4 所示。

叠栅 MOS 管是一种特殊的 N 沟道增强型 MOS 管，与普通 MOS 管的不同之处在于有一个浮置栅极 G_1。浮置栅极 G_1 是由多晶硅做成的，被绝缘物质 SiO_2 所包围，呈浮置状态且没有引出端，所以称浮置栅极。栅极 G_2 也是由多晶硅制成的，有引出点，可以加控制电压，所以称为控制栅极。

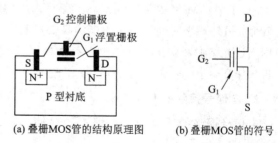

(a) 叠栅MOS管的结构原理图　　(b) 叠栅MOS管的符号

图 15.4　叠栅 MOS 管的结构原理图和符号图

若在控制栅极 G_2 和漏极 D 上同时加高压脉冲(25 V)，漏极和衬底之间的 PN 结发生雪崩击穿，雪崩击穿产生的高能电子在电场的作用下穿透 SiO_2 绝缘层，堆积在浮置栅极 G_1 上。俘获电子后的浮置栅极 G_1 与衬底表面形成的电场排斥 N 沟道中的电子，不利于导电沟道的形成，使 MOS 管的开启电压变高，因此 MOS 管导通更加困难。若浮置栅极 G_1 没有积累电荷，则 MOS 管的开启电压低、易导通。总之，若浮置栅极 G_1 没有积累电荷，

则当控制栅极 G_2 为正常逻辑 1 时,叠栅 MOS 管导通;若浮置栅极 G_1 有积累电荷,则当控制栅极 G_2 为正常逻辑 1 时,叠栅 MOS 管截止。

1. 紫外线擦除的 EPROM

紫外线擦除的 EPROM 存储单元如图 15.5 所示。

每个存储单元为叠栅 MOS 管,控制栅极 G_2 受字线电压控制,漏极为位线输出,负载管 V 为一根位线上的所有存储单元所共有。当某一根字线为正常高电平 1 时,接在此字线上的叠栅 MOS 管的浮置栅极 G_1 若没有积累电子,则该 MOS 管导通,相应位线输出为 0,相当于该存储单元存 0。用户要写入 1,可根据地址在相应存储单元的叠栅 MOS 管的控制栅极 G_2 和漏极 D 上同时加高压(远大于正常逻辑 1 的电压值),使浮置栅极 G_1 充电积累电子。此时,当与该叠栅 MOS 管相连接的字线为逻辑 1 时,该叠栅 MOS 管截止,使与之连接的位线

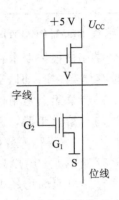

图 15.5 紫外线擦除的 EPROM 存储单元

输出为 1,相当于该存储单元存 1。由于 SiO_2 具有良好的绝缘性,因此浮置栅极 G_1 上的电荷可以永久保存,在 125℃ 的环境下,70% 以上的电荷可以保存 10 年以上。

当用户改写存储器信息时,首先要擦去存储器中的原有信息。这种 EPROM 集成芯片的外壳上有一块透明的石英盖板,将紫外线透过这个窗口照射到 SiO_2 绝缘层上时,SiO_2 因光激励获得微弱的导电性,使 SiO_2 产生电子-空穴对,为浮置栅极 G_1 上的存储电子提供了临时泻放通路,当光照结束后,SiO_2 的通路随之消失。浮置栅极 G_1 放电结束,EPROM 所有的存储单元存 0。此时,用户用编程器对要写入 1 的存储单元通电,写入新的信息。用专用的紫外线灯擦洗器擦除时,一般需要十几分钟可擦洗干净;若擦洗的次数过多或擦洗不干净,EPROM 集成芯片则不能正确写入新的信息;若照射时间过长还会影响 EPROM 的寿命。另外擦洗时间过长也不能满足快速改写数据的要求。使用时需注意:不擦除时,应使用不透光薄膜将集成芯片上的石英盖板遮掩密封,避免阳光和日光灯照射,否则信息不会长久保存。

2. 电信号擦除的 EPROM

电信号擦除的 EPROM 电路中的存储单元结构如图 15.6 所示。

每个存储单元由叠栅 MOS 管 V_1 和普通 N 沟道增强型 MOS 管 V_2 串联而成。当 V_1 的浮置栅极 G_1 没有充电时,若控制栅极为正常逻辑 1,叠栅 MOS 管 V_1 导通,相当于该存储单元存 0。在 V_1 的控制栅极 G_2 加正高压脉冲(远大于正常逻辑 1 的电压值 5 V)时,由于浮置栅极 G_1 与衬底表面间的 SiO_2 层极薄(1000 nm 左右),在强场作用下产生隧道效应,使 P 区电子流向浮置栅极,V_1 开启电

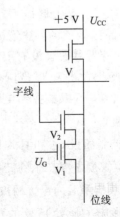

图 15.6 电信号擦除的 EPROM 存储单元

压变高，当控制栅极 G_2 为正常逻辑 1 时，叠栅 MOS 管 V_1 截止，相当于该存储单元被存 1。

擦除时在 V_1 的控制栅极 G_2 加很高的负电压脉冲，使浮置栅极上的电荷泻放，这样可通过电压信号较快地对 ROM 进行擦除和写入，擦除和写入的时间为十几毫秒以上。擦除可以按"位"进行，克服了紫外线擦除的 EPROM 只能整体擦除的弊端。

15.3　随机存取存储器(RAM)

随机存取存储器(RAM)又称为读/写存储器。其特点是：当 RAM 正常工作时，可以从 RAM 中读出数据，也可以往 RAM 中写入数据。与 ROM 相比较，RAM 的优点是读/写方便、使用灵活，特别适用于经常快速更换数据的场合；其缺点是易失性，一旦停电，存储的内容会全部丢失。RAM 电路比 ROM 电路复杂，集成度比 ROM 低，成本比 ROM 高。目前，市场上的 RAM 品种繁多，且没有一个统一的命名标准。

根据存储单元结构和工作原理的不同，可将 RAM 分为静态随机存取存储器(SRAM)和动态随机存取存储器(DRAM)两种类型。SRAM 和 DRAM 这两类 RAM 的整体结构基本相同，不同之处在于存储单元的结构和工作原理。SRAM 以静态触发器作为存储单元，依靠触发器的自保持功能存储数据，因此不需要刷新；DRAM 以 MOS 管栅极电容的电荷存储效应来存储数据，因此需要定期刷新。

15.3.1　静态 RAM(SRAM)

SRAM 主要由存储体与外围电路两部分构成。

1. 存储体

SRAM 的基本存储单元由 RS 触发器构成，如图 15.7 所示。其中，V_1、V_2 为控制管，V_3、V_4 为负载管。若 $Q=1$，$\bar{Q}=0$，则使 V_2 导通，V_1 截止，确保了 $Q=1$。当 $Q=0$ 时情况也一样。因此这是一种稳定结构，除非通过外部加以改变。这样，一个基本单元可存储一位信息。

那么如何进行信息的读出与写入呢？这就得依靠门控管 V_5、V_6、V_7 与 V_8 来进行：当 X 译码输出为高电平时，V_5、V_6 管导通；当 Y 译码输出为高电平时，V_7 与 V_8 管导通。于是，Q、$\bar{Q}$ 分别与外部的 I/O 数据信号连通，从而实现数据的读/写。这种读是非破坏性读。由于有电源和负载管向存储单元补充电荷，因此，只

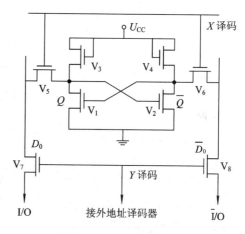

图 15.7　SRAM 的基本存储单元

要不掉电，存入的信息就可以一直得到保持而不需要刷新。

2. 外围电路

1) 地址译码电路

地址译码电路对外部地址信号译码，用以选择要访问的存储单元。

目前主要采用双译码结构（二维寻址结构），即把地址译码器输入线平均分成两部分：X 译码器（行地址译码器输入），输出为存储矩阵的行选择线；Y 译码器（列地址译码器输入），输出为存储矩阵的列选择线。两组地址译码器在输入一组地址后，译码器输出均只有一根行选择线和一根列选择线为高电平，其余输出均为低电平，处于高电平的行选择线和列选择线共同确定要访问的地址单

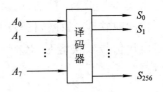

图 15.8　RAM 单译码结构

元。双译码结构的优点是大大减少了译码器输出线的根数。比如：如果某存储芯片的地址线为 8 根，很显然其寻址范围是 256 个存储单元。如果采用单译码方式，其地址译码器的输出线为 256 条，如图 15.8 所示。

反之，如图 15.9 所示，采用双译码结构，将地址译码器分成 X 译码器与 Y 译码器两部分。X 译码器与 Y 译码器各有 4 条输入地址线，X 译码器的 16 条输出线（$X_0 \sim X_{15}$）与 Y 译码器的 16 条输出线（$Y_0 \sim Y_{15}$）配合，也可寻址 256 个单元，但总共地址译码器输出线只有 32 条，比单地址译码器的 256 条输出线大大减少，当地址线多时效果更为明显。

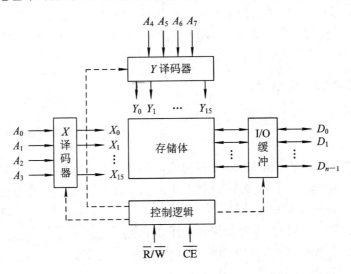

图 15.9　RAM 双译码结构

2）I/O 缓冲器

I/O 缓冲器处于外部的数据总线与存储器芯片的内部数据线之间，在读/写控制信号与片选信号等作用下控制是否将外部的数据总线与存储器芯片的内部数据线连接起来并控制着数据的传输方向（即读出还是写入）。

15.3.2　动态 RAM(DRAM)

1. 存储体与基本存储单元

DRAM 的存储体为电容，基本存储单元如图 15.10 所示。其基本存储单元由一个 MOS 管 V_1 和位于其栅极上的分布电容 C 构成。当栅极电容 C 上存有电荷时，表示该存储单元保存信息"1"；反之，当栅极电容上没有电荷时，表示该存储单元保存信息"0"。在进

行写操作时，字线为高电平，V_1 管导通，写信号通过位线（数据线）存入电容 C 中；在进行读操作时，字线仍为高电平，存储在电容 C 上的电荷通过 V_1 输出到数据线上。

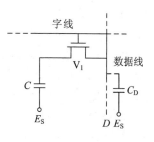

由于在数据读出过程中（V_1 导通），C 上的电荷会通过分布电容C_D释放，使信息遭到破坏，因此需要周期性地恢复 C 上的电荷。这一过程称为刷新（Refresh）。

图 15.10 DRAM 的基本存储单元

2. SRAM 与 DRAM 的特点

（1）SRAM 具有工作稳定、速度快、不需要刷新、外围电路简单等优点；缺点是集成度低（不容易做到大容量）、功耗大、相对较贵等。

（2）DRAM 具有存储单元简单、集成度高、容量大、功耗小与价格便宜等优点；但也具有速度慢、需要刷新、外围支持电路复杂等缺点。

基于以上原因，目前电脑中，一般采用DRAM及其改进产品作为主存，而采用SRAM及其改进产品作为缓存（Cache）。

15.4 可编程逻辑阵列

1. 专用集成电路的分类

集成电路按使用的广泛程度可分为通用型和专用型两大类。通用型集成电路的应用面广，使用十分方便，用量大，适合大批量生产，成本低廉。专用型集成电路（ASIC）是指为某些专门用途而制作的集成电路。任何一种专用型集成电路的性能原则上均可以用若干个通用集成电路的组合来实现，若做成一片专用集成电路芯片，可使电路体积小、可靠性高、保密性强，但由于用量少，所以成本高，研制周期长。为了解决这一矛盾，厂家先制作一批通用型集成电路的半成品，然后根据用户的使用要求通过编程加工成所需的专用型集成电路。

根据用户提出的要求，由厂家进行编程而制成的集成电路称为半定制集成电路（SCIC），这种器件出厂后不能对编程的内容再行修改。前面讲过的固定 ROM 就为此型。常用的半定制集成电路主要有可编程逻辑阵列（PLA）和门阵列（GA）。如果编程工作可以由用户自己进行甚至可以改写，则这类专用集成电路称为可编程逻辑器件（PLD），如PROM、EPROM。目前，常用的可编程逻辑器件中，主要有可编程阵列逻辑（PAL）和通用阵列逻辑（GAL），它们的编程工作通常由用户借助 PLD 的开发工具完成。PLD 的开发工具包括硬件（编程器）和软件（专用程序）两大部分。将软件在计算机上运行后产生 PLD 编程器所需的阵列逻辑图，再通过适当的硬件接口把得到的阵列逻辑图送入编程器，完成编程工作。

可编程逻辑阵列（PLA）的与门阵列和或门阵列均可编程，灵活性较大，完成同样功能的 PLA 的结构远比 ROM 简单，便于集成化，但编程困难，价格也较高。而可编程阵列逻辑（PAL）器件是在 PLA 基础上改进的，它由一个可编程的与门阵列、一个固定的或门阵列和输出电路组成。由于在一些 PAL 的输出电路中设置了寄存器，所以它不仅能构成各种组合逻辑电路，还可能构成各种时序逻辑电路。另外，不同型号的 PAL 输出电路具有不同的输出和反馈形式，为研制各种逻辑电路提供了方便，可用来对数字系统硬件加密，工作速度快，价格较 PLA 便宜，因此目前应用较广。但是 PAL 采用双极型熔丝工艺，器件编程后不能修改，另外它的结构形式种类太多，这些都给研究设计带来不便。通用阵列逻辑（GAL）器件和 PAL 器件的结构类似，主要由一个可编程的与门阵列、一个固定的或门阵列和输出电路组成，不同的是 GAL 采用电擦除的 CMOS 工艺制成，能在很短时间内完成电擦除和电改写任务；另外在输出电路中采用了可编程的输出逻辑宏单元（OLMC），输出由用户定义，这种灵活的可编程输入/输出结构使 GAL 具有更大的设计灵活性和通用性。

GAL 电路功耗比 PAL 电路低，克服了 PAL 的两个缺点，能快速擦除和编程，是一种理想的硬件加密电路，可使系统具有体积小、可靠性高、设计灵活、保密性强等优点，目前使用较广泛，但使用 GAL 芯片需要特殊的开发器。

下面仅介绍 PLA，对 PAL、GAL 器件感兴趣的读者可参阅有关书籍。在使用时，要选用合适的器件类型，选择适当的型号，熟悉有关资料。

2. PLA 的结构特点

可编程逻辑阵列（PLA）的结构形式与 ROM 很相似，它由译码矩阵（简称与阵列）和存储矩阵（简称或阵列）组成，它与 ROM 不同的是译码矩阵不再是固定的，PLA 的与阵列和或阵列都可以根据需要编程，而且编程工作由厂家在后期制作过程中完成。

PLA 被预先制成系列化的定型产品后，其规格一般用地址输入端个数、与阵列输出端个数、或阵列输出端个数三者的乘积表示。例如，若给出 PLA 的规格为 $16 \times 96 \times 8$，这表示该 PLA 有 16 个地址输入端、与阵列输出 96 个最简与项（与项不一定是最小项，这点区别于 ROM）、或阵列有 8 个数据输出端。

3. PLA 的应用

【例】 用 PLA 实现下列逻辑函数：

$$Y_3 = C \oplus D$$
$$Y_2 = B \oplus C$$
$$Y_1 = A \oplus B$$
$$Y_0 = A$$

解：在 PLA 中，地址译码器的与阵列可以通过编程完成。因此，可先将要实现的逻辑函数表达式化简为最简与或式，再用最简与或型表达式中的与项来编制 PLA 的与阵列。

取 PLA 的 4 个地址输入为 $A_3 \sim A_0$，4 个位线输出为 $D_3 D_2 D_1 D_0$，令 $A_3 = A$，$A_2 = B$，$A_1 = C$，$A_0 = D$；$D_3 = Y_3$，$D_2 = Y_2$，$D_1 = Y_1$，$D_0 = Y_0$。

将上述函数表达式变化成最简与或式：

$$Y_3 = C \oplus D = C\bar{D} + \bar{C}D$$
$$Y_2 = B \oplus C = B\bar{C} + \bar{B}C$$
$$Y_1 = A \oplus B = A\bar{B} + \bar{A}B$$
$$Y_0 = A$$

根据上述最简与或式中的 7 个与项，可画出 PLA 的与阵列，与阵列中有 7 根字线输出分别对应表达式中的 7 个与项；再由最简与或式中的 4 个或项画出 PLA 的或阵列，或阵列有 4 根位线输出，每根位线输出表示一个输出函数。与逻辑阵列如图 15.11 所示。由此可知，用 PLA 实现上述组合逻辑函数时，所需存储元件的个数较少。图中用"×"表示被编程接通单元。

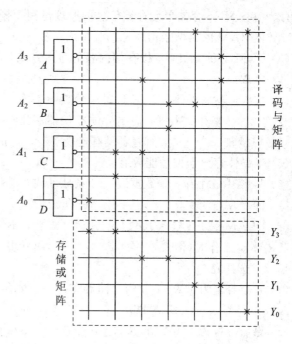

图 15.11 PLA 阵列逻辑图

可编程逻辑器件简介

15.5 小 结

1. 半导体存储器的分类

半导体存储器可分为只读存储器（ROM）和随机存储器（RAM）两大类，绝大多数属于由 MOS 工艺制成的大规模数字集成电路。ROM 是一种非易失性的存储器，存储的是固定数据，一般只能被读出。根据数据写入方式不同，ROM 又可分为固定 ROM 和可编程 ROM。RAM 是一种时序逻辑电路，具有记忆功能。它所存储的数据随电源断电而消失，因此是一种易失性的读/写存储器。它有 SRAM 和 DRAM 两种类型，前者用触发器记忆数据，后者靠 MOS 管栅极电容存储数据。因此在不停电的情况下，SRAM 数据可以长久保存，而 DRAM 则必须定期刷新。

2. ROM 的应用

ROM 是由地址译码器的与门阵列和存储矩阵的或门阵列构成的组合逻辑电路。ROM 的输出是输入变量最小项的组合，因此采用 ROM 可以方便地实现各种逻辑函数。

习 题 15

15.1 填空题

(1) 存储器的_____和_____是反映系统性能的两个重要指标。

(2) 动态 MOS 存储单元存储信息的原理是利用栅极_____具有_____的作用。半导体 RAM 的典型结构由三部分组成:_____、_____和_____。

(3) ROM 的种类很多,按存储内容的写入方式,可分为_____、_____和_____。

(4) 按构成材料的不同,存储器可分为磁芯和半导体存储器两种。磁芯存储器利用_____来存储数据,而半导体存储器利用_____来存储数据。两者相比,前者一般容量较_____,而后者具有速度_____的特点。

(5) 半导体存储器按功能分有_____和_____两种。

(6) 某 EPROM 有 8 条数据线、13 条地址线,则存储容量为_____。

(7) DRAM 速度_____SRAM,集成度_____SRAM。

(8) DRAM 是_____RAM,工作时(需要,不需要)_____刷新电路;SRAM 是_____RAM,工作时(需要,不需要)_____刷新电路。

15.2 选择题

(1) 一个容量为 1 K×8 b 的存储器有( )个存储单元。

A. 8 b B. 8 Kb C. 8000 b D. 8192 b

(2) 寻址容量为 16K×8b 的 RAM 需要( )根地址线。

A. 4 B. 8 C. 14 D. 16

(3) ROM 在运行时具有( )功能。

A. 读/无写 B. 无读/写 C. 读/写 D. 无读/无写

(4) RAM 在运行时具有( )功能。

A. 读/无写 B. 无读/写 C. 读/写 D. 无读/无写

(5) 当电源断掉后又接通时,ROM 中的内容( )。

A. 全部改变 B. 全部为 0 C. 不确定 D. 保持不变

(6) 当电源断掉后又接通时,RAM 中的内容( )。

A. 全部改变 B. 全部为 0 C. 不确定 D. 保持不变

(7) 一个容量为 512×1b 的静态 RAM 具有( )。

A. 地址线 9 根,数据线 1 根 B. 地址线 1 根,数据线 9 根
C. 地址线 512 根,数据线 9 根 D. 地址线 9 根,数据线 512 根

(8) 若 ROM 的地址译码器有 10 位输入地址码,那么它的最小项数目为( )。

A. 512 B. 1024 C. 2048

(9) 在 PROM 中,可编程的是( )。

A. 地址译码器 B. 存储矩阵 C. 两者均可编程

15.3 图 15.3 是 2×4 位 ROM,$A_1 A_0$ 为地址输入,$D_2 D_1 D_0$ 为数据输出,试说明 ROM 存储的内容并分别写出 D_2、D_1 和 D_0 的逻辑表达式。

15.4　用 16×4 位 ROM 做成两个两位二进制数相乘($A_1A_0 \times B_1B_0$)的运算器,列出真值表,画出存储矩阵的阵列图。

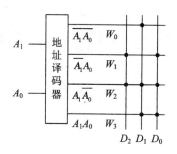

题 15.3 图

题 15.3 解答

题 15.4 解答

第16章 模拟信号与数字信号的转换

第16章知识点

教学内容及要求：自然界中遇到的物理量，如温度、压力、流量等都是连续变化的量，即模拟量。这些模拟量只有被转换为数字量后才能输入计算机进行运算和处理；同时，若要实现对被控制量的控制，则需将处理得到的数字量再转换成模拟量。模拟量与数字量的转换，需要用到模/数转换器（ADC）或数/模转换器（DAC）。本章介绍 $R-2R$ 型 DAC 和逐次逼近型 ADC 的工作原理。

当计算机用于数据采集和过程控制的时候，采集对象往往是连续变化的物理量（如温度、压力、声波等），但计算机只能处理离散的数字信号，因此需要对连续变化的物理量（模拟信号）进行采样、保持，将模拟信号转换为数字信号后才可由计算机处理、保存等。这个过程由**模/数转换器（Analog to Digital Converter，ADC）**来完成。数字信号有时也需要转换为模拟信号来控制某些执行元件，**数/模转换器（Digital to Analog Converter，DAC）**用于实现数字信号与模拟信号的转换。上述转换过程如图16.1所示。

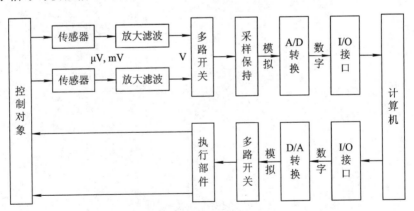

图 16.1 实际控制信号系统的转换过程

16.1 D/A 转换器

D/A 转换器的基本思想是将数字量转换成与它等值的十进制数成正比的模拟量。D/A 转换器的种类很多，本节以常用的 $R-2R$ 型 D/A 转换器为例来说明 D/A 转换器的基本原理。图16.2为 $R-2R$ 型 D/A 转换器原理图。

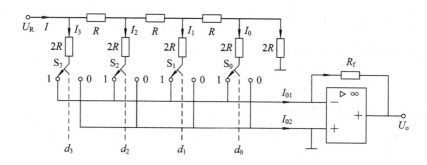

图 16.2　R-$2R$ 型 D/A 转换器原理图

16.1.1　R-$2R$ 型 D/A 转换器的电路结构

1. 模拟开关

图 16.2 中，$S_3 \sim S_0$ 是模拟开关。模拟开关的导通压降要尽可能小且相等。模拟开关的状态受输入数字 $d_3 \sim d_0$ 的控制，若某位数字为 1，则开关合向 1 侧；反之，则合向 0 侧。

2. 电流求和及电流电压转换电路

对模拟开关 $S_3 \sim S_0$，当开关合向 1 侧时，其所在支路的电流流向运算放大器的反相输入端；当开关合向 0 侧时，其所在支路的电流流向运算放大器的同相输入端。I_{01} 是数字量为 1 对应的几个支路电流的和。根据运放的运算规律，I_{01} 与电阻 R_f 的乘积就是 D/A 转换器输出的模拟电压。

3. 基准电压

U_R 是由具有极高稳定度的电源提供的，是 D/A 转换器的基准电压。

16.1.2　R-$2R$ 型 D/A 转换器的工作原理

图 16.2 中的运算放大器接成反向比例运算电路。根据"虚地"的概念，反相端与同相端等电位，即"0 V"，由此可知，无论模拟开关合向 0 侧还是合向 1 侧，与各开关相接的 $2R$ 电阻都接地，所以流经各 $2R$ 电阻的电流与开关的位置无关。因此，在分析计算时，可以将电阻网络等效为图 16.3 所示的电路。

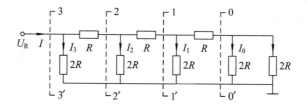

图 16.3　R-$2R$ 型 D/A 转换器电阻网络的等效电路

由图 16.3 可以看出，从 0-$0'$、1-$1'$、2-$2'$、3-$3'$ 看进去的等效电阻均为 R，所以电阻网络的总电流 $I = \dfrac{U_R}{R}$，各支路电流为

$$I_3 = \frac{U_R}{2R} = \frac{U_R}{2^1 R} \qquad I_2 = \frac{U_R}{4R} = \frac{U_R}{2^2 R} \qquad I_1 = \frac{U_R}{8R} = \frac{U_R}{2^3 R} \qquad I_0 = \frac{U_R}{16R} = \frac{U_R}{2^4 R}$$

所以流向运算放大器反相端的电流为

$$I_{01} = \frac{U_R}{2^4 R}(d_3 \cdot 2^3 + d_2 \cdot 2^2 + d_1 \cdot 2^1 + d_0 \cdot 2^0)$$

从而运算放大器的输出电压为

$$U_o = -I_{01}R_f = -\frac{U_R R_f}{2^4 R}(d_3 \cdot 2^3 + d_2 \cdot 2^2 + d_1 \cdot 2^1 + d_0 \cdot 2^0)$$

当 $R_f = R$，二进制数为 n 位时，U_o 可表示为

$$U_o = -\frac{U_R}{2^n R}(d_{n-1} \cdot 2^{n-1} + d_{n-2} \cdot 2^{n-2} + \cdots + d_0 \cdot 2^0)$$

上式说明，D/A 转换器输出的模拟量与输入的数字量成正比。

16.1.3　D/A 转换器的主要技术指标

1. 分辨率

分辨率表明 D/A 转换器对微小输入量变化的敏感程度，它是用其输出的最小模拟电压和最大模拟电压的比值来表示的。它确定了能由 D/A 转换器产生的最小模拟量的变化，因此分辨率还可以被定义为其输出模拟电压可能被分离的等级。输入数字量的位数越多，输出模拟电压的可分离等级越多，所以也可以用输入二进制数的位数来表示分辨率。二进制数的位数越多，分辨率越高。

2. 线性误差

D/A 转换器的实际转换值与理想转换特性之间的最大偏差相对于满量程的百分比称为线性误差。

3. 建立时间

建立时间是 D/A 转换器的一个重要性能参数，定义为：从输入数字信号起，到输出模拟电压或电流达到稳定值所用的时间。单片 D/A 转换器的建立时间最短可在 $0.1~\mu s$ 以内。

4. 温度灵敏度

温度灵敏度是指输入的数字信号不变的情况下，模拟输出信号随温度的变化。一般 D/A 转换器的温度灵敏度为 $\pm 50 \times 10^{-6}/^\circ\text{C}$。

5. 输出电平

不同型号 D/A 转换器的输出电平相差较大，一般为 $5\sim10~\text{V}$，有的高压输出型的输出电平高达 $24\sim30~\text{V}$。

16.2　A/D 转换器

A/D 转换器的功能是将输入的模拟信号转换成一组多位的二进制数字输出。实现 A/D 转换的方法很多，常用的有逐次逼近法、双积分法及电压频率转换法等。A/D 转换器的种类也很多，其中并联比较型 A/D 转换器转换速度快，但使用的比较器和触发器很多，随着

分辨率的提高，所需元件数目按几何级数增加；双积分型 A/D 转换器的性能比较稳定，转换精度高，具有很强的抗干扰能力，电路结构简单，其缺点是工作速度较低，适用于对转换精度要求较高，而对转换速度要求较低的场合，如数字万用表等检测仪器；逐次逼近型 A/D 转换器的分辨率较高、误差较低、转换速度较快，在一定程度上兼顾了以上两种转换器的优点，因此得到了普遍应用。下面就以逐次逼近型 ADC 为例说明 A/D 转换器的工作原理。

16.2.1　*n* 位逐次逼近型 A/D 转换器的电路结构

n 位逐次逼近型 A/D 转换器框图如图 16.4 所示。它由置数控制逻辑电路、时序脉冲发生器、逐次逼近寄存器、D/A 转换器及电压比较器等组成。

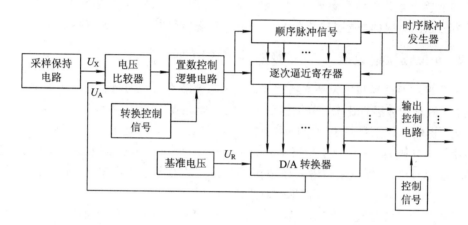

图 16.4　*n* 位逐次逼近型 A/D 转换器框图

1. 时序脉冲发生器

时序脉冲发生器由移位寄存器或计数器组成，作用是产生在时间上有先后顺序的脉冲信号，使 A/D 转换器的转换工作能有序进行。

2. D/A 转换器

D/A 转换器的作用是把逐次逼近寄存器中的数字量转换成模拟电压，并将其输出的模拟电压 U_A 传送到电压比较器的输入端。

3. 电压比较器

电压比较器的作用是将输入的模拟电压 U_X 与 D/A 转换器的输出电压 U_A 进行比较，并将比较结果提供给置数控制逻辑电路。

4. 置数控制逻辑电路

置数控制逻辑电路的作用是，根据电压比较器输出的信号，对应每个顺序脉冲，输出一个置数控制信号。若 $U_X > U_A$，则置数控制逻辑电路产生的信号使逐次逼近寄存器中本次置 1 的数字位保留 1；若 $U_X < U_A$，则置数控制逻辑电路产生的信号使逐次逼近寄存器中本次置 1 的数字位变为 0。

5. 逐次逼近寄存器

逐次逼近寄存器的作用是，在顺序脉冲信号的作用下，根据置数控制逻辑电路的状态产生相应的数字量，并保存数据。逐次逼近寄存器第一次置数应使 n 位数字量的最高位置 1，其余位置 0。以后怎样置数取决于置数控制逻辑电路的状态。这部分的作用就好像用砝码称物时一次次加减砝码一样。

6. 采样保持电路

采样保持电路的作用是，把随时间连续变化的模拟量转换成时间离散的模拟量。为了更真实地反映实际模拟量的变化，必须使采样电路有足够高的工作频率，使转换出来的数字量更接近其对应的模拟量。另外，由于模拟量和数字量的转换需要一定的时间，因此采样取得的模拟电压必须在一段时间内保持不变。

7. 输出控制电路

A/D 转换器输出的数字量要先通过输出控制电路，再向外部电路传送。一般输出控制电路是由三态门组成的，通过输出控制电路可以对输出数据进行三态控制。

16.2.2 n 位逐次逼近型 A/D 转换器的工作原理

逐次逼近转换过程和用天平称物重非常相似。天平称重物的过程是：从最重的砝码开始试放，与被称物体进行比较，若物体重于砝码，则该砝码保留，否则移去；再加上第二个次重砝码，由物体的重量是否大于砝码的重量决定第二个砝码是留下还是移去；照此一直加到最小一个砝码为止；将所有留下的砝码重量相加，就得此物体的重量。仿照这一思路，逐次逼近型 A/D 转换器就是将输入模拟信号与不同的参考电压作多次比较，使转换所得的数字量在数值上逐次逼近输入模拟量对应值。

为了进一步理解逐次逼近 A/D 转换器的工作原理及转换过程。下面用实例加以说明。

【例】 设图 16.4 电路为 4 位 A/D 转换器，输入模拟量 $U_X = 5.4$ V，D/A 转换器基准电压 $U_R = 8$ V。电压比较器按图 16.5 连接。写出输出的数字量。

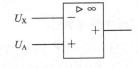

图 16.5　A/D 转换器中的比较器

解：根据逐次逼近 D/A 转换器的工作原理，转换过程如下：

(1) 在第一个顺序脉冲 CP 到来时，置数控制逻辑电路产生的信号使逐次逼近寄存器第一次置数，将 4 位二进制数的最高位置 1，其余位置 0，即置数为 1000。1000 经 D/A 转换输出的模拟电压为 $U_A = \dfrac{8}{2^4}(2^3 + 0 + 0 + 0) = 4$ V，由于 $4 < 5.4$，即 $U_A < U_X$，所以电压比较器的输出为低电平，这个低电平信号送到置数控制逻辑电路。

(2) 由于 $4 < 5.4$，所以第一次置数使最高位所置的 1 应保留。在第二个顺序脉冲 CP 到来时，置数控制逻辑电路产生的信号使逐次逼近寄存器置数为 1100，即将次高位也置 1，其余位置 0。1100 经 D/A 转换输出的模拟电压为 $U_A = \dfrac{8}{2^4}(2^3 + 2^2 + 0 + 0) = 6$ V，由于 $6 > 5.4$，即 $U_A > U_X$，所以电压比较器的输出为高电平，这个高电平信号送到置数控制逻辑电路。

(3) 由于 $6 > 5.4$，所以次高位置数 1 应去除而变为 0。第三个顺序脉冲 CP 到来时，置数控制逻辑电路产生的信号使逐次逼近寄存器置数为 1010，1010 经 D/A 转换输出的模拟

电压为 $U_A = \frac{8}{2^4}(2^3 + 0 + 2^1 + 0) = 5$ V，由于 $5 < 5.4$，即 $U_A < U_X$，所以电压比较器的输出为低电平，这个低电平信号送到置数控制逻辑电路。

（4）由于 $5 < 5.4$，所以从高至低第三位置数 1 应保留。第四个顺序脉冲 CP 到来时，置数控制逻辑电路产生的信号使逐次逼近寄存器置数为 1011，1011 经 D/A 转换输出的模拟电压为 $U_A = \frac{8}{2^4}(2^3 + 0 + 2^1 + 2^0) = 5.5$ V。

这样，经过四个顺序脉冲后，输入的模拟量 5.4 V 被转换成数字量 1011，这个数字量通过数据线输出，转换误差是 0.1 V。表 16.1 表示了这个置数过程。显然，如果 A/D 转换器中逐次逼近寄存器的二进制数位数越多，误差将会越小。

表 16.1　顺序置数表

顺序脉冲 CP	置　　数				D/A 转换器的输出	比较判别	保留/去除本次置 1
	D_3	D_2	D_1	D_0			
1	1	0	0	0	4 V	$4 < 5.4$	留
2	1	1	0	0	6 V	$6 > 5.4$	去
3	1	0	1	0	5 V	$5 < 5.4$	留
4	1	0	1	1	5.5 V	$5.5 > 5.4$	留

16.2.3　A/D 转换器的主要技术指标

1. 分辨率

A/D 转换器的分辨率以输出二进制数的位数来表示。它说明 A/D 转换器对输入信号的分辨能力。从理论上讲，n 位输出的 A/D 转换器能区分 2^n 个不同等级的输入模拟电压，能区分输入电压的最小值为满量程输入的 $1/2^n$。在最大输入电压一定时，输出位数愈多，分辨率愈高。例如 A/D 转换器输出为 8 位二进制数，输入信号最大值为 5 V，那么这个转换器应能区分出输入信号的最小电压为 19.53 mV。

2. 转换误差

转换误差通常是以输出误差的最大值形式给出。它表示 A/D 转换器实际输出的数字量和理论上的输出数字量之间的差别，常用最低有效位的倍数表示。例如给出相对误差不大于 $\pm LSB/2$，这就表明实际输出的数字量和理论上应得到的输出数字量之间的误差小于最低位的半个字。

3. 转换速度

转换速度是指 A/D 转换器从转换控制信号到来开始，到输出端得到稳定的数字信号所经过的时间。A/D 转换器的转换时间与转换电路的类型有关。不同类型的转换器转换速度相差甚远。其中并行比较 A/D 转换器的转换速度最高，8 位二进制输出的单片集成 A/D 转换器转换时间可达到 50 ns 以内；逐次比较型 A/D 转换器次之，它们多数转换时间在 $10 \sim 50$ μs 以内；间接 A/D 转换器的速度最慢，如双积分 A/D 转换器的转换时间大都在几十毫秒至几百毫秒之间。

4. 相对精度

A/D 转换器的相对精度是指实际的各个转换点偏离理想特性的误差。在理想状态下，所有的转换点应当在一条直线上。

5. 电源抑制

在输入模拟电压不变的前提下，当转换电路的供电电源发生变化时，对输出也会产生影响。这种影响可以用输出数字量的绝对变化量来表示。A/D 转换器中基准电压的变化会直接影响转换结果，所以必须保证电源电压稳定。

除上述几项外，A/D 转换器还有功率消耗、温度系数、输入模拟电压范围和输出数字信号的逻辑电平等指标。

常用的集成逐次逼近型 A/D 转换器有 ADC0808/0809（8 位输出）、AD575（10 位输出）、AD574A（16 位输出）等。

16.3 小 结

1. A/D 转换器和 D/A 转换器的功能

A/D 转换器的功能是将模拟量转换为与之成正比的数字量；D/A 转换器的功能是将数字量转换成与之成正比的模拟量。两者是数字电路和模拟电路的接口电路。

2. 典型 D/A 转换器和 A/D 转换器的工作原理

$R-2R$ 型 D/A 转换器只有 R 和 $2R$ 两种电阻，便于集成制造。其工作原理是产生一个与输入的二进制信号权值成比例的权电流，这些权值相加形成模拟输出。

逐次逼近型 A/D 转换器的转换精度和速度都比较高，因此得到了广泛应用。其工作原理类似砝码称重，从最高位置 1 开始，逐次将置数控制逻辑电路产生的二进制信号经 D/A 转换输出的模拟电压与输入电压相比较，若小于输入电压，则本次置数 1 保留；若大于输入电压，则本次置数 1 去除变为 0。由高至低逐位进行后得到最接近输入模拟电压的对应数字量。

3. 主要技术指标及发展趋势

A/D 转换器和 D/A 转换器的主要技术指标是分辨率和转换速度。目前，A/D 转换器和 D/A 转换器的发展趋势是高速度、高分辨率及易于与微机接口，用以满足各个应用领域对信号处理的要求。

习 题 16

16.1 填空题

(1) 8 位 D/A 转换器当输入数字量只有最高位为高电平时输出电压为 5 V，若只有最低位为高电平，则输出电压为_____；若输入为 10001000，则输出电压为_____。

(2) A/D 转换的一般步骤包括_____、_____、_____和_____。

(3) 衡量 A/D 转换器性能的两个主要指标是_____和_____。

（4）就逐次逼近型和双积分型两种 A/D 转换器而言，_____抗干扰能力强，_____转换速度快。

16.2　在题 16.2 图所示的电路中，若 $U_R=5\,V$，$R_f=3R$，其最大输出电压 U_o 是多少？

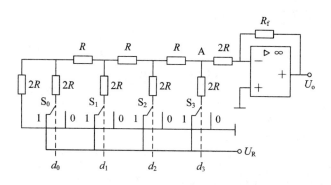

题 16.2 图

16.3　一个 8 位的 T 型电阻网络 D/A 转换器，设 $U_R=5\,V$，$R_f=3R$，试求 $d_7\sim d_0$ 分别为 11111111、11000000、00000001 时的输出电压 U_o。

16.4　有一个 8 位逐次逼近型 A/D 转换器，电压砝码与输入电压 U_i 逐次比较的波形如题 16.4 图所示，则 A/D 转换器的输出为多少？

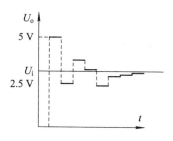

题 16.4 图

16.5　在 4 位逐次逼近型 A/D 转换器中，基准电压 $U_R=10\,V$，输入的模拟电压 $U_i=6.92\,V$，试说明逐次比较的过程，并求出最后的转换结果。

题 16.3 解答　　　　题 16.5 解答

部分习题答案

习题 1 答案

1.1 判断题
    (1) ×   (2) ×   (3) ×   (4) ×

1.2 填空题
    (1) 参考方向   (2) -70 mW   (3) 线性   (4) 3300 Ω,22 W
    (5) 3 A   (6) 2.5 A,2 Ω

1.3 选择题
    (1) B   (2) C   (3) A   (4) C   (5) D
             (6) A   (7) B   (8) A   (9) C

1.4 开关断开时 $V_A=V_B=24$ V,$V_C=0$;开关闭合时 $V_A=24$ V,$V_B=V_C=8$ V。

1.5

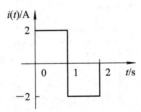

1.6 (a) $I=1$ A,$P_A=5$ W(吸收),$P_B=15$ W(吸收);
    (b) $P_B=18$ W(提供),$P_C=54$ W(吸收)

1.7 388.8 kW·h

1.8 $R_2=9$ kΩ,$R_3=90$ kΩ

1.9 $I=1$ A,$U=9$ V

1.10 $U=10$ V,3 A 电流源上电压为 5 V,10 A 电流源上电压为 -15 V

1.11 (a) 7 A;(b) 6 A

1.12 (a) 2 A;(b) -3 V;(c) 6 V;(d) 7 A

1.13 $I_1=6$ A,$I_2=4$ A,$I_3=-10$ A

1.14 $R=0.5$ Ω 或 $R=2$ Ω

1.15 $I_3=-1$ A,电流源的电压 $U=7$ V

1.16 $I=2$ A

1.17 $I_3=-1$ A

1.18 $U=24$ V

1.19 $R=18\ \Omega$

1.20 (a) $U_{oc}=18$ V，$R_{eq}=7\ \Omega$；(b) $U_{oc}=16$ V，$R_{eq}=4\ \Omega$；(c) $I_{sc}=5$ A，$R_{eq}=2\ \Omega$

1.21 $V_a=5$ V，$I=-2.5$ mA

1.22 电压表读数 $U=8$ V，电流表读数 $I=2$ mA

习题 2 答案

2.1 判断题与填空题

　　(1) ×　　(2) √　　(3) ×　　(4) ×　　(5) ×

2.2 填空题

　　(1) $50\angle-30°$A；$\dfrac{60}{\sqrt{2}}e^{j60°}$A

　　(2) 电阻　　(3) 500 Ω，$i=\sqrt{2}\sin(100t-60°)$A

　　(4) 500 Ω，0.02 A，0 W

　　(5) 60°，0.5，50 W，86.6 var，100 V·A

　　(6) 80 V　　(7) $(1-2j)\Omega$，$(0.2+0.4j)$S

2.3 选择题

　　(1) C　(2) A　(3) B　(4) D　(5) B　(6) C　(7) D　(8) D　(9) A

2.4～2.6 答案略

2.7 (1) $i_C=0.6\sqrt{2}\sin(\omega t+90°)$A；　(2) $\dot{U}_C=200\angle(-150°)$V

2.8 (1) $\dot{I}=10\angle83°$A，$i=10\sqrt{2}\sin(\omega t+83°)$A；

　　(2) $\dot{U}=5\sqrt{2}\angle-75°$V，$u=10\sin(\omega t-75°)$V

2.9 当 $f=50$ Hz，$U=100$ V 时：

　　S 接到 a 时 $I_R=1$ A，$P_R=100$ W；

　　S 接到 b 时 $I_L=10$ A，$Q_L=1000$ var；

　　S 接到 c 时 $I_C=10$ A，$Q_C=1000$ var

　　当 $f=1000$ Hz，$U=100$ V 时：

　　S 接到 a 时 $I_R=1$ A，$P_R=100$ W；

　　S 接到 b 时 $I_L=0.5$ A，$Q_L=50$ var；

　　S 接到 c 时 $I_C=200$ A，$Q_C=20\ 000$ var

2.10 $R=5\ \Omega$，$C=57.5$ mF

2.11 (1) $R=8\ \Omega$，$X=6\ \Omega$，感性，$\varphi=36.9°$；

　　(2) $R=30\ \Omega$，$X=0\ \Omega$，电阻，$\varphi=0°$；

　　(3) $R=14.14\ \Omega$，$X_C=14.14\ \Omega$，容性，$\varphi=-45°$

2.12 (1) $X_C=8\ \Omega$；$I=2$ A；(2) $X_C=4\ \Omega$；$I=\dfrac{10}{3}$ A

2.13 (1) $\dot{I}=2\angle(-36.9°)$A，$\dot{U}_1=4\angle(-36.9°)$V，$\dot{U}_2=7.2\angle19.4°$V；

　　(2) Z_1 为电感时 U 最大，U 为 14 V；

(3) Z_1 为电容时 U 最小，U 为 2 V。

2.14　$\dot I_1=20\angle-36.9°\mathrm{A}$，$\dot I_2=10\angle45°\mathrm{A}$，$Z=4.24\angle-12.1°\Omega$

2.15　$\dot I_1=\dot I_2+\dot I_3$；$2\dot I_1+(-\mathrm{j}2)\dot I_2=\dot U$；$(1+\mathrm{j})\dot I_3+\mathrm{j}2\dot I_2=0$

2.16　$\dot U_{\mathrm{oc}}=20\sqrt2\,\mathrm{V}$，$Z_{\mathrm{eq}}=\sqrt2\angle-45°\Omega$，$\dot I_3=10\sqrt2\,\mathrm{A}$

2.17　$P=200\ \mathrm{W}$，$Q=150\ \mathrm{var}$，$S=250\ \mathrm{V\cdot A}$，$\lambda=0.8$

2.18　(1) $I=0.377\ \mathrm{A}$，$U=114\ \mathrm{V}$；

　　　(2) $P=43.1\ \mathrm{W}$，$Q=71.3\ \mathrm{var}$，$S=82.9\ \mathrm{V\cdot A}$，$\lambda=0.52$(感性)

2.19　$R=8\ \Omega$，$L=0.058\ \mathrm{H}$

2.20　$P=1200\ \mathrm{W}$，$Q=-1200\ \mathrm{var}$，$S=1200\sqrt2\,\mathrm{V\cdot A}$，$\lambda=0.707$

2.21　ⓋV的读数是 220 V，Ⓐ的读数是 11 A，Ⓐ₁的读数是 15.6 A，Ⓐ₂的读数是 11 A；
　　　$R=10\ \Omega$，$L=0.03\ \mathrm{H}$，$C=159\ \mu\mathrm{F}$，$P=2420\ \mathrm{W}$

2.22　$\dot U_{\mathrm{S}}=22.4\angle63.4°\mathrm{V}$，$P=150\ \mathrm{W}$

2.23　$L=1.69\ \mathrm{H}$，$\lambda=0.5$，$C=3.27\ \mu\mathrm{F}$

2.24　(1) $I_{\mathrm{N}}=91\ \mathrm{A}$　(2) 250 盏，91 A　(3) 50.5 A，820 $\mu\mathrm{F}$

2.26　$Q_{\mathrm{f}}=25$，$L=25\ \mu\mathrm{H}$，$U_C=250\ \mathrm{V}$

2.27　$\omega=2500\ \mathrm{rad/s}$，$I=40\ \mathrm{mA}$

2.28　答案略

习题 3 答案

3.1　判断题
　　　(1) √　　(2) ×　　(3) √　　(4) √　　(5) ×

3.2　填空题
　　　(1) $\sqrt3$，1
　　　(2) 220 V，380 V
　　　(3) $-105°$
　　　(4) $10\angle(-90°)\mathrm{A}$
　　　(5) $\sqrt3U_\mathrm{L}I_\mathrm{L}$，$S\sqrt{1-\lambda^2}$

3.3　选择题
　　　(1) A　　(2) C　　(3) A　　(4) B　　(5) D　　(6) B　　(7) D

3.4　$I_\mathrm{P}=22\ \mathrm{A}$，$I_\mathrm{L}=22\ \mathrm{A}$

3.5　$I_\mathrm{P}=38\ \mathrm{A}$，$I_\mathrm{L}=38\sqrt3\,\mathrm{A}$

3.6　相线电流相等 $\dot I_{1\mathrm{P}}=5.5\angle(-25°)\mathrm{A}$，$\dot I_{2\mathrm{P}}=5.5\angle(-145°)\mathrm{A}$，$\dot I_{3\mathrm{P}}=5.5\angle(95°)\mathrm{A}$

3.7　(1) 采用星形连接；
　　　(2) 相线电流相等，为 44 A；
　　　(3) $P=23.23\ \mathrm{kW}$，$Q=17.42\ \mathrm{kvar}$，$S=29\ \mathrm{kV\cdot A}$

3.8　20 A

3.9 　80＋j60Ω

3.10 　(1) 不能称为对称负载；

(2) $\dot{I}_{1R}=10\angle0°$A，$\dot{I}_{2C}=10\angle(-30°)$A，$\dot{I}_{3L}=10\angle(30°)$A，$\dot{I}_{N}=27.3\angle0°$A；

(3) $P=2.2$ kW

3.11 　$\dot{I}_{1L}=4.56\angle-75°$A，$\dot{I}_{2L}=4.56\angle(-105°)$A，$\dot{I}_{3L}=8.8\angle90°$A

3.12 　采用星形接法

3.13 　三角形接法时 $R_{\triangle}=38$ Ω；星形接法时 $R_{Y}=12.74$ Ω

3.14 　39.32 A

3.15 　$U_{L}=1018.3$ V，$S=9700$ V·A，$Z=256.6+j192.4$Ω

习题 4 答案

4.1 　判断题

(1) ×　　(2) √　　(3) ×

4.2 　填空题

(1) 初始电流 $i_L(0_+)=0$

(2) $\tau\ll t_p$，输出信号从电阻端输出

(3) 稳态值 $f(\infty)$，初始值 $f(0_+)$，时间常数 τ

4.3 　选择题

(1) D　　(2) C　　(3) B　　(4) A

4.4 　6 V，2 A

4.5 　1 A，0

4.6 　$10(1-e^{-t})$V，$2e^{-t}$A

4.7 　$u_C(t)=4e^{-t}$V，$i(t)=-0.8e^{-t}$A

4.8 　$u_C(t)=(-2+6e^{-\frac{3}{4}t})$V，$i=\left(-\frac{1}{2}-3e^{-\frac{3}{4}t}\right)$A

4.9 　$u(t)=9e^{-t}$V

4.10 　$i_L(t)=(2-e^{-2t})$A，$u_L(t)=e^{-2t}$V

4.11 　输出电压 u_2 为尖脉冲，该电路是微分电路。

u_2 波形如下：

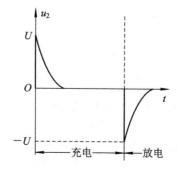

习题 5 答案

5.1 判断题

(1) √   (2) √   (3) ×   (4) √   (5) ×   (6) √   (7) √

5.2 填空题

(1) 铜，磁滞，涡流，铁，铁，铜

(2) 短路，开路，铁芯和副绕组

(3) 电压，电流，阻抗

(4) 空载电流，铁损耗

(5) 基本维持不变

(6) 电磁感应，铁芯，绕组

5.3 选择题

(1) B   (2) C   (3) B   (4) C   (5) B   (6) B   (7) A

5.4 (1) 0.001 35 Wb, 1.04 T;   (2) 18 V

5.5 8.36 A, 114 A

5.6 0.53 V

5.7 150 Ω

5.8 56

5.9 166 盏

5.10 5 A, 217A, 2.6%

5.11 (1) 90, 30;   (2) 0.27 A;   (3) 60 V·A

5.12 答案略

5.13 380 V, 220 V

5.14 30 kV·A, 10000/380 V, 1.73/45.5 A

5.15 227 匝

5.16 (1) $U_2 = 110$ V;   (2) $I_2 = 22$ A;   (3) $P_2 = 1936$ W

习题 6 答案

6.1 判断题

(1) ×   (2) ×   (3) √   (4) ×   (5) √   (6) ×   (7) √   (8) √

6.2 填空题

(1) 机械，定子，转子

(2) 定子，转子

(3) 绕组，铁芯，机座，铁芯，绕组，转轴

(4) 3, 1000

(5) 1500, 2, 0.033

(6) 直接，降压

(7) 变极，变频，变转差率

(8) 能耗，反接，再生

6.3　选择题

(1) A　(2) B　(3) B　(4) C　(5) C　(6) D　(7) A

6.4　1500 r/min，1455 r/min

6.5　0.047，0.033；2.35 Hz，1.65 Hz

6.6　$\lambda = 2.0$

6.7　答案略

6.8　(1)～(3)答案略；(4) 86%；(5) 27 N·m

6.9　(1) 4.65 kW；(2) 14.4/8.31 A；(3) 26 N·m

6.10　0.6，80%

6.11　(1) 不可以；(2) 可以；(3) 不可以

6.12　2316 r/min，3474 r/min

习题 7 答案

7.1　判断题

(1) √　(2) √　(3) ×　(4) ×　(5) ×　(6) ×　(7) √

7.2　填空题

(1) 短路，过载

(2) 并联，串联

(3) 主电路，辅助电路

(4) 短路保护，过载保护，零压和欠压保护

(5) 手动电器，自动电器

(6) 按钮式，滑轮式

7.3　选择题

(1) C　　(2) B　　(3) A　　(4) B　　(5) D

7.4　52～87 A

7.5　答案略

7.6　(1) 熔断器 FU_1 接错，FU_1 应在 QS 后。

(2) 辅助电路接错，两线都应接在 QS 后、KM 主触点前。

(3) 热继电器 FR 画错，应为动断触点(常闭)。

(4) 接触器常开辅助触点 KM 位置接错，应在常开(动合)按钮两端。

(5) 常闭(动断)按钮 SB_{st} 应为 SB_{stP} 停止按钮。

7.7～7.14　答案略

习题 8 答案

8.1　判断题

(1) √　(2) ×　(3) √　(4) ×　(5) ×　(6) √

8.2 填空题

(1) 输入电路，中央处理器，外围设备　　(2) 中央处理器

(3) 操作系统，用户程序　　(4) 输入采样，输出刷新

(5) 递增计数器，增减计数器　　(6) 整体式，模块式

8.3 选择题

(1) B　(2) A　(3) C　(4) A　(5) C　(6) B

8.4～8.10　答案略

习题 9 答案

9.1 判断题

(1) ×　(2) √　(3) ×　(4) ×　(5) ×　(6) √

(7) ×　(8) √　(9) ×　(10) √

9.2 填空题

(1) 导体，绝缘体　(2) PN 结，电极引线

(3) 最大正向电流，因过热而损坏　(4) 最大反向电压值，有可能被击穿

(5) 越好　(6) 单向导电性

(7) 大，好　(8) 0.1 V, 0.5 V

(9) 0.3 V, 0.7 V　(10) 正极，负极，截止，单向导电性

(11) 导通, 0.5 V, 0.1 V, 死区　(12) 锗，硅　(13) 短路，断路

9.3 选择题

(1) D　(2) B　(3) D　(4) D　(5) B　(6) C

9.4 简答题

(1) 答：把万用表拨至 $R \times 100$ 或 $R \times 1$k 挡位，先判断二极管的好坏，如果是好的再测量二极管的正向阻值，如果阻值在 $3 \sim 10$ kΩ 之间就是硅管，阻值在 500 Ω～1 kΩ 之间则是锗管。

(2) 答：把万用表拨至 $R \times 100$ 或 $R \times 1$ k 挡位，测量二极管的正反向阻值，如果两次测量阻值相差很大，则说明二极管是好的。以指针摆动幅度大的那次为准，黑表笔接的是正极。

(3) 答：在判断出正、负极的基础上，将万用表拨至 $R \times 10$ k 挡位，测量二极管的反向电阻，如果阻值变小，则二极管为稳压二极管。

9.5 (a) $U_o \approx 5.3$ V; (b) $U_o \approx 0.7$ V; (c) $U_o \approx 11.3$ V; (d) $U_o \approx -0.7$ V

9.6 答案略

9.7 (a) 图：(1) $V_F = 0$ V;　(2) $V_F = 0$ V;　(3) $V_F = 3$ V

(b) 图：(1) $V_F = 0$ V;　(2) $V_F = 3$ V;　(3) $V_F = 3$ V

9.8 $I = 1.375$ A; $U_2 = 244.44$ V; $I_M = 4.321$ A

9.9 $U_2 = 122.22$ V; $I_o = 2$ A; $I_D = 1$ A; $U_{RM} = 172.82$ V

9.10 (1) 负载开路；(2) 电容开路；(3) 正常；(4) 电容和某个二极管同时开路

9.11 $U_o = 12$ V

9.12 答案略

习题 10 答案

10.1 判断题

(1) √ (2) √ (3) × (4) ×

10.2 填空题

(1) 发射极，基极，集电极，发射结，集电结

(2) 断开，闭合

(3) 发射，集电

(4) 截止，上移

(5) 静，动，动，直流静态，交流动态

(6) 电压放大倍数，输入信号，输出信号，输入电阻，输出电阻

10.3 选择题

(1) C (2) B (3) C (4) A (5) A (6) B

10.4 (a) $U_{BE}=1.7\ V-1\ V=0.7\ V>0$，$U_{BC}=1.7\ V-1.3\ V=0.4\ V>0$，

NPN 型硅管，工作在饱和状态；

(b) $U_{BE}=0.7\ V>0$，$U_{BC}=0.7\ V-3\ V=-2.3\ V<0$，

NPN 型硅管，工作在放大状态；

(c) $U_{BE}=0.5\ V-1.5\ V=-1\ V<0$，$U_{BC}=0.5\ V-6\ V=-5.5\ V<0$，

NPN 型硅管，工作在截止状态；

(d) $U_{BE}=-1.7\ V-(-1)V=-0.7\ V<0$，$U_{BC}=-1.7\ V-(-3\ V)=1.3\ V>0$，

PNP 型硅管，工作在放大状态。

10.5 (1) $I_B=30\ \mu A$，$I_C=1.2\ mA$，$U_{CE}=7.2\ V$；(2) 答案略；

(3) $A_u=-80$，$r_i\approx r_{be}=1\ k\Omega$，$r_o=4\ k\Omega$

10.6 $R_B=250\ k\Omega$，$R_C=3\ k\Omega$

10.7~10.19 答案略

习题 11 答案

11.1 判断题

(1) × (2) √ (3) √ (4) √ (5) √

11.2 填空题

(1) 虚短 (2) 输出信号，反馈，负，正 (3) 负，开环或者正

(4) 同相，反相，同相，反相，双端 (5) 虚短，虚断

11.3 选择题

(1) A，A，B (2) C (3) A (4) D (5) C (6) A

11.4 $u_o=5\ V$

11.5 $A_f=-10$

11.6 $U_o = 10U_3 - 5(U_1 + U_2)$

11.7 (1) $U_o = \pm 8$ V，运放工作在线性区

(2) $U_o = \pm 10$ V，运放工作在临界区

(3) $U_o = \pm 10$ V，运放工作在饱和区

11.8 $u_o = \dfrac{2R_f}{R_1} u_i$

11.9 $R_1 = 100$ kΩ；$R_2 = 100$ kΩ

11.10 $u_o = -\dfrac{R_f}{R_1} u_i$

11.11 $u_o = (1+K)(u_{i2} - u_{i1})$

11.12 $u_o = -\dfrac{R_2}{R_1}\left(\dfrac{R_4}{R_2} + \dfrac{R_4}{R_3} + 1\right) u_i$

11.13 答案略

习题 12 答案

12.1 判断题

(1) ×　　(2) ×　　(3) √

12.2 填空题

(1) 阳极，阴极，控制极

(2) 正向阻断，反向阻断

(3) 导通角，高

(4) 正向，反向

(5) 交流，直流，直流，交流

12.3 选择题

(1) C　　(2) D　　(3) C　　(4) A　　(5) B

12.4 答案略

12.5 $\alpha = 60°$时，$U_o = 67.5$ V，$I_o = 13.5$ A，$I_T = 6.75$ A

$\alpha = 90°$时，$U_o = 45$ V，$I_o = 9$ A，$I_T = 4.5$ A

12.6 $\alpha = 90°$，$U_2 = 55.6$ V

12.7 $\alpha = 83.62°$，$\theta = 96.38°$

12.8 答案略

习题 13 答案

13.1 填空题

(1) 离散，0，1

(2) 与，或，非，与非，或非，异或，同或

(3) 0，1，1，0

(4) $\overline{A}+\overline{B}$；$\overline{A}\cdot\overline{B}$

(5) $(\overline{A\overline{B}+C}+D)\cdot\overline{C}$

(6)、(7) 答案略

(8) ① ×　　② ×　　③ √

(9)～(12) 答案略

13.2　选择题

(1) A　　(2) C　　(3) A　　(4) A　　(5) C　　(6) A　　(7) A

13.3　(1) $(43)_{10}=(01000011)_{8421BCD}$

(2) $(127)_{10}=(000100100111)_{8421BCD}$

(3) $(254.25)_{10}=(001001010100.00100101)_{8421BCD}$

(4) $(2.718)_{10}=(0010.011100011000)_{8421BCD}$

13.4　(1) 1　　(2) $F_2=AD$

(3) $A+CD$　　(4) $A+\overline{B}C$

13.5　(1) $A+\overline{B}$　　(2) B

(3) $A\overline{B}+\overline{A}B$　　(4) $A+B$　　(5) 1

13.6～13.9　答案略

13.10　当 A、B、C 三个变量不一致时，电路输出 1，实现对信号是否相同的比较功能。

13.11、13.12　答案略

13.13　$Y=ABC+ACD+ABD=\overline{\overline{ABC}\cdot\overline{ACD}\cdot\overline{ABD}}$

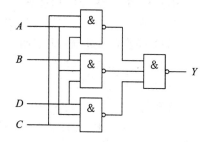

A	0	1	1	1	1	1	1	1	1
B	X	0	0	0	0	1	1	1	1
C	X	0	0	1	1	0	0	1	1
D	X	0	1	0	1	0	1	0	1
Y	0	0	0	0	1	0	1	1	1

13.14

A	0	0	0	0	1	1	1	1
B	0	0	1	1	0	0	1	1
C	0	1	0	1	0	1	0	1
Y_A	0	0	0	0	1	1	1	1
Y_B	0	0	1	1	0	0	0	0
Y_C	0	1	0	0	0	0	0	0

组合逻辑电路图略。

13.15 $F=AB+AC=\overline{\overline{AB}\cdot\overline{AC}}$

电路图：

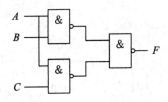

习题 14 答案

14.1   填空题

(1) 输入，信号作用前，存储

(2) 驱动，状态，输出

(3) $S+\overline{R}Q^n$，$RS=0$

(4) 1，1，1，0

(5) 翻转，保持，1，1

(6) 置 0

(7) D，计数，保持，连接到一起

(8) 答案略

(9) RS 触发器，JK 触发器，D 触发器，T 触发器

(10) 保存

(11) 同步，二进制，十进制

(12) 8，三位二，3，2

(13) 3，1

14.2   选择题

(1) A   (2) B   (3) A   (4) C   (5) B   (6) ADE

(7) CD   (8) C   (9) B

14.3   答案略

14.4

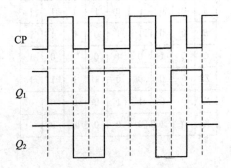

14.5

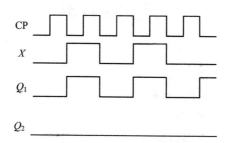

14.6

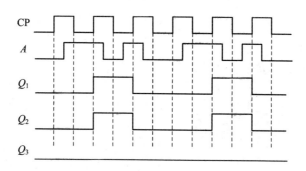

14.7 （1）该计数器是同步的（功能：四进制加法计数器）。（2）、（3）答案略

14.8 同步五进制计数器

14.9 （1）答案略。

（2）该计数器是同步八进制减法计数器。

习题 15 答案

15.1 填空题

（1）容量，读写速度

（2）电容，电荷存储效应，地址译码器，存储矩阵，读/写控制电路

（3）固定 ROM，可编程 ROM，可擦除可编程 ROM

（4）正负剩磁，器件的开关状态，大，快

（5）ROM，RAM

（6）$2^{13} \times 8b$

（7）低于，高于

（8）动态，需要，静态，不需要

15.2 选择题

（1）A　（2）C　（3）B　（4）C　（5）D　（6）B　（7）A　（8）B　（9）B

15.3～15.4　答案略

习题 16 答案

16.1　填空题

(1) 40 mV, 5.32 V

(2) 采样，保持，量化，编码

(3) 转换精度，转换速度

(4) 双积分型，逐次逼近型

16.2　$U_\circ = -\dfrac{5}{2^4}(2^3 + 2^2 + 2^1 + 2^0) = -4.6875\ \text{V}$

16.3　答案略

16.4　01001111。

16.5　输出数字量 1011

参 考 文 献

[1]　吉培荣. 电工学[M]. 北京：中国电力出版社，2012.

[2]　王艳红，蒋学华，戴纯春. 电路分析[M]. 北京：北京大学出版社，2008.

[3]　王智忠. 电工电子学[M]. 西安：西安电子科技大学出版社，2013.

[4]　蒋中，刘国林. 电工学[M]. 北京：北京大学出版社，2006.

[5]　唐介. 电工学（少学时）[M]. 3 版. 北京：高等教育出版社，2009.

[6]　徐淑华，宫淑贞. 电工电子技术[M]. 北京：电子工业出版社，2004.

[7]　刘建平，高玉良，李继林. 电工电子[M]. 北京：人民邮电出版社，2008.

[8]　陈小虎. 电工电子技术[M]. 北京：高等教育出版社，2000.

[9]　叶挺秀. 电工电子学[M]. 2 版. 北京：高等教育出版社，2004.

[10]　梦兰. 集成运算放大器应用实例[J]. 电子世界，1999(4).

[11]　韩焱，张艳花，王康谊，等. 数字电子技术基础[M]. 北京：电子工业出版社，2009.

[12]　张虹. 新编数字电路与数字逻辑[M]. 北京：电子工业出版社，2010.

[13]　宋学君，朱明刚，邬鸿彦. 数字电子技术[M]. 北京：科学出版社，2002.

[14]　林育兹，陈文芗，郭光真. 数字电子技术[M]. 北京：科学出版社，2003.

[15]　阎石. 数字电子技术基础[M]. 4 版. 北京：高等教育出版社，1998.

[16]　秦曾煌. 电工学[M]. 5 版. 北京：高等教育出版社，1999.